Klaus Pichhardt · Qualitätsmanagement Lebensmittel

Springer

Berlin
Heidelberg
New York
Barcelona
Budapest
Hongkong
London
Mailand
Paris
Santa Clara
Singapur
Tokio

Klaus Pichhardt

Qualitätsmanagement Lebensmittel

Vom Rohstoff bis zum Fertigprodukt

Zweite, völlig überarbeitete und erweiterte Auflage

Mit 128 Abbildungen und 18 Tabellen

 Springer

Dipl.-Ing. Klaus Pichhardt

Karl-Ullrich-Straße 24
67574 Osthofen

Die 1. Auflage erschien unter dem Titel „Qualitätssicherung Lebensmittel – präventives und operatives Qualitätsmanagement vom Rohstoff zum Fertigprodukt".

ISBN 3-540-62692-1 Springer-Verlag Berlin Heidelberg New York

Die Deutsche Bibliothek – CIP-Einheitsaufnahme

Pichhardt Klaus:
Qualitätsmanagement Lebensmittel : vom Rohstoff bis zum
Fertigprodukt / Klaus Pichhardt. – 2., völlig überarb. und erw. Aufl. –
Berlin; Heidelberg; New York; Barcelona; Budapest; Hong Kong;
London; Mailand; Paris; Santa Clara; Singapur; Tokio : Springer,
1997
   1. Aufl. u.d.T.: Pichhardt, Klaus: Qualitätssicherung – Lebensmittel
   ISBN 3-540-62692-1

Satz: perform k + s textdesign GmbH, Heidelberg
Einbandgestaltung: Konzept & Design, Werbeagentur, 68549 Ilvesheim
SPIN 10539598   39/3137 – 5 4 3 2 1 0 – Gedruckt auf säurefreiem Papier

Vorwort zur 2. Auflage

Langsam, aber doch stetig vollzieht sich auch in der Lebensmittelindustrie ein Umdenkprozeß – vom traditionellen und schwerfälligen Unternehmen weg und hin zu einem modernen TQM-ausgerichteten Betrieb. Das internationale Normenwerk DIN EN ISO 9000er Reihe unterstützt diese Aufbruchstimmung, denn hiermit ist die Möglichkeit der Zertifizierung des unternehmenseigenen Qualitätsmanagementsystems verbunden, womit die Mühen der Umrüstung belohnt werden.

Bereits die erste Auflage des Buches hat eine breite Leserschaft gefunden. Die vielen freundlichen Rezensionen haben mich angespornt, das Buch zu überarbeiten, zu ergänzen – treu dem Qualitätsgedanken der stetigen Verbesserung – und eine völlig neu bearbeitete Auflage herauszugeben. Die erste Auflage des Buches gab vor allem Hilfestellung bei den Aktivitäten zur Qualitätssicherung. Überarbeitung und notwendige Erweiterung brachten es mit sich, daß der Titel des Buches den nun behandelten Schwerpunkten angepaßt werden mußte: Von der **Qualitätssicherung Lebensmittel** zum **Qualitätsmanagement Lebensmittel**. Das erforderte eine völlige Neugliederung der überarbeiteten und teilweise erheblich ergänzten Kapitel. Durch die vielen zusätzlich aufgenommenen Abbildungen wird das Textverständnis erleichtert.

Beschrieben werden in der 2. Auflage hauptsächlich Strategien, Prinzipien, Techniken und Methoden zu Aufbau bzw. der Erhaltung und Verbesserung eines wirksamen Qualitätsmanagement-(QM-)Systems. Die gebräuchlichsten Methoden des Quality Engineering werden dargestellt und erklärt. Fehler kosten Geld bzw. schmälern den Gewinn (und das Image). Daher wird vertieft auf die Qualitätskosten eingegangen. Als weiterer wichtiger Punkt wird das Produkthaftungsrisiko erörtert und damit verbunden die Sicherheits- und Benutzererwartungen der Konsumenten, mit denen der Hersteller rechnen muß.

Mit der Verordnung (EWG) Nr. 1836/93 des Rates vom 29. Juni 1993 über die freiwillige Beteiligung gewerblicher Unternehmen an einem Gemeinschaftssystem für das Umweltmanagement und die Umweltbetriebsprüfung stehen auch die europäischen lebensmittelproduzierenden Unternehmen vor einer neuen Herausforderung.

Mit dem neuen Kapitel 12 „Einführung in das Umweltmanagement" soll auf Synergien mit dem Qualitätsmanagement hingewiesen werden. Dabei werden aber auch die Probleme angesprochen, die dagegen sprechen, beide Managementsysteme direkt unter einem Dach integrieren zu wollen. In aller Regel wird bei einem solchen Versuch ein System auf der Strecke bleiben.

Für sachliche Kritik aus der Praxis bin ich jederzeit dankbar. Dem Springer-Verlag mit seinen Mitarbeiterinnen und Mitarbeitern sage ich wiederum Dank für die nun schon über 10 Jahre während gute Zusammenarbeit.

Osthofen, im Juni 1997   Klaus Pichhardt

Inhaltsverzeichnis

4 Qualität in der Fertigung

6   Chemische, physikalische und mikrobiologische Qualitätsprüfungen

7   Rechnergestützte Qualitätssicherung

8   Schulung und Fortbildung

9   Krisenmanagement – Produktrückruf- und Warnrufkonzept

Kapitel 1

Unternehmensweite Qualitätskonzeption

1.1
Qualität – Verpflichtung der Geschäftsleitung

Das ausgewiesene Ziel eines jeden Unternehmens ist sein ökonomisches, ökologisches und soziales Wohlergehen. Dieses Ziel kann langfristig nur erreicht bzw. gesichert werden, wenn das Unternehmen seiner Verpflichtung zur hohen Qualität nachkommt – d.h. seinen Kunden, aber auch seinen Mitarbeitern ein besseres Unternehmen zu sein, bessere Produkte innerhalb einer Anspruchsklasse, bessere Dienstleistungen und besseren Service zu bieten. Die Qualität des betrieblichen Umweltschutzes orientiert sich an den Forderungen der Gesellschaft sowie den gesetzlichen und technischen Vorgaben für einen Produktionsstandort.

Hinzu kommt, daß die EG-Kommission[1] in großen Schritten die Harmonisierung des Lebensmittelrechts vollzieht, um den freien Warenverkehr in der Europäischen Union zu ermöglichen. Beispielhaft sei die „Richtlinie 93/43/EWG des Rates vom 14. Juni 1993 über Lebensmittelhygiene" genannt; sie verweist explizit auf die Anwendung der Normen der EN-29000-Reihe (jetzt: DIN EN ISO 9000ff.) und auf die Ausgestaltung des HACCP-Systems (Hazard Analysis and Critical Control Points). Die Generaldirektion Binnenmarkt und die gewerbliche Wirtschaft veröffentlichte den Entwurf III/3308/91-DE einer Mitteilung der Kommission an den Rat und das Europäische Parlament („Instrumente zur Qualitätssicherung in der Lebensmittelindustrie"); dieses Papier beschäftigt sich u. a. mit Zertifizierungstechniken.

Für die Verordnung Nr. 1836/93/EWG des Rates vom 29. Juni 1993 über die freiwillige Beteiligung gewerblicher Unternehmen an einem Gemeinschaftssystem für das Umweltmanagement und die Umweltbetriebsprüfung ist das nationale Ausführungsgesetz in Kraft getreten und erste Umwelterklärungen – auch im Lebensmittelbereich – sind bereits erfolgreich validiert worden.

---

[1] Anmerkung: Nach einer Empfehlung des Bundesministeriums der Justiz von Ende 1994 ist „Europäische Gemeinschaft" bzw. „EG" weiterhin die korrekte Bezeichnung, soweit es um Rechtsmaterien auf der Basis des EG-Vertrages geht. Demgegenüber ist die Bezeichnung „Europäische Union" bzw. „EU" unter anderem zu verwenden, wenn es um die gemeinsame Außen- und Sicherheitspolitik und die Zusammenarbeit in den Bereichen Justiz und Inneres geht.

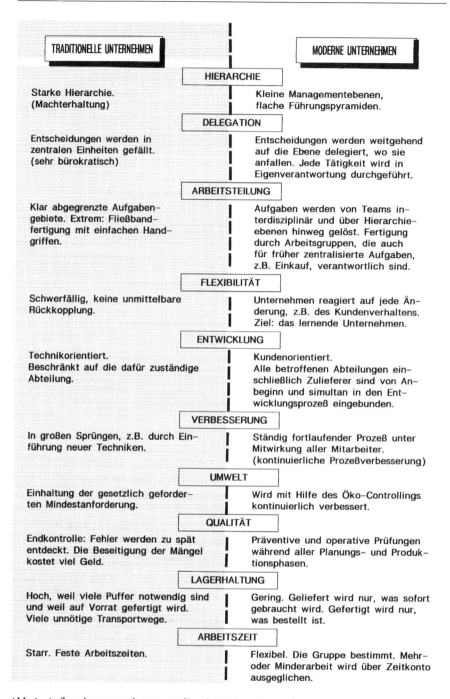

TRADITIONELLE UNTERNEHMEN

MODERNE UNTERNEHMEN

HIERARCHIE

Starke Hierarchie.
(Machterhaltung)

Kleine Managementebenen,
flache Führungspyramiden.

DELEGATION

Entscheidungen werden in
zentralen Einheiten gefällt.
(sehr bürokratisch)

Entscheidungen werden weitgehend
auf die Ebene delegiert, wo sie
anfallen. Jede Tätigkeit wird in
Eigenverantwortung durchgeführt.

ARBEITSTEILUNG

Klar abgegrenzte Aufgaben-
gebiete. Extrem: Fließband-
fertigung mit einfachen Hand-
griffen.

Aufgaben werden von Teams in-
terdisziplinär und über Hierarchieebenen hinweg gelöst. Fertigung
durch Arbeitsgruppen, die auch
für früher zentralisierte Aufgaben,
z.B. Einkauf, verantwortlich sind.

FLEXIBILITÄT

Schwerfällig, keine unmittelbare
Rückkopplung.

Unternehmen reagiert auf jede Änderung, z.B. des Kundenverhaltens.
Ziel: das lernende Unternehmen.

ENTWICKLUNG

Technikorientiert.
Beschränkt auf die dafür zuständige
Abteilung.

Kundenorientiert.
Alle betroffenen Abteilungen einschließlich Zulieferer sind von Anbeginn und simultan in den Ent-
wicklungsprozeß eingebunden.

VERBESSERUNG

In großen Sprüngen, z.B. durch Einführung neuer Techniken.

Ständig fortlaufender Prozeß unter
Mitwirkung aller Mitarbeiter.
(kontinuierliche Prozeßverbesserung)

UMWELT

Einhaltung der gesetzlich geforderten Mindestanforderung.

Wird mit Hilfe des Öko-Controllings
kontinuierlich verbessert.

QUALITÄT

Endkontrolle: Fehler werden zu spät
entdeckt. Die Beseitigung der Mängel
kostet viel Geld.

Präventive und operative Prüfungen
während aller Planungs- und Produk-
tionsphasen.

LAGERHALTUNG

Hoch, weil viele Puffer notwendig sind
und weil auf Vorrat gefertigt wird.
Viele unnötige Transportwege.

Gering. Geliefert wird nur, was sofort
gebraucht wird. Gefertigt wird nur,
was bestellt ist.

ARBEITSZEIT

Starr. Feste Arbeitszeiten.

Flexibel. Die Gruppe bestimmt. Mehr-
oder Minderarbeit wird über Zeitkonto
ausgeglichen.

Abb. 1. Aufbruch zum modernen, qualitätsintensiven Unternehmen

Eine allumfassende Ausrichtung des gesamten Unternehmens bzgl. Qualitätserfüllung läßt sich allerdings nicht auf Knopfdruck einführen, sondern muß stufenweise entwickelt werden. Das bedeutet allerdings nicht nur Methoden und Techniken zur Qualitätsbeherrschung zu erarbeiten und einzuführen, sondern, auf dem Weg *vom traditionellen zum modernen Unternehmen* gesamtheitlich umzudenken und dazu zu lernen (Abb. 1).

Haist und Fromm (1991) sprechen von einer Qualitätsbewegung – einem Unterfangen, das das Unternehmen bis zur vollständigen Umsetzung in allen Geschäftsabläufen begleiten muß, es zielt auf die *Verhaltensänderung* aller Mitarbeiter und Führungskräfte. Die Autoren verweisen auch auf eine Zeit von etwa 10 Jahren, mit der in multinationalen und auch nationalen Großunternehmen gerechnet werden muß, bis Qualität ein integraler Bestandteil der täglichen Arbeits- und Verhaltensweisen aller im Unternehmen Beschäftigten geworden ist. Für Klein- und Mittelbetriebe prognostizieren sie aufgrund weniger komplexer Geschäftsabläufe sowie einfacherer Kommunikation, kürzere Zeiten. Bereits zertifizierte Unternehmen werden die genannten Prognosen bestätigen können. Dem ersten „Run" auf das Zertifikat folgt die stetige Weiterentwicklung erkannter Defizite. Der einmal bekanntgegebene Geschäftsleitungsentscheid zur Qualitätsverpflichtung, wird zum bloßen *Lippenbekenntnis* verkümmern, wenn er nicht konsequent *vorgelebt* wird; und zwar über alle Ebenen, begonnen bei der obersten Leitung. Nur so wird der Weg *zur Erfüllung aller Qualitätsanforderungen zur vollsten Kundenzufriedenheit* geebnet. Das muß sowohl für die externe als auch für die interne Kunden/Lieferantenbeziehung zutreffen.

Hilfestellung bietet die Normenreihe nach DIN EN ISO 9000ff. sofern diese verstanden, umgesetzt und zum Total Quality Management ausgebaut wird (Abb. 2).

Butz (1993) verweist auf ein funktionierendes Qualitätsmanagement, gerade angesichts wirtschaftlich schwieriger Zeiten. Obwohl die Herausforderung der Zukunft bereits begonnen hat, ist eine Verweigerungshaltung gegenüber TQM im deutschen Management feststellbar. Gründe hierfür liegen auch in einem dubiosen Werterhaltungssystem, das noch immer in Unternehmen oder der Gesellschaft gelebt wird:

- Welche Werte werden mir täglich vorgelebt
- Anstrengen ist für Dumme
- Vorsätzliches Handeln gegen Spielregeln = clever
- Denken in eigenen Rechten und fremden Pflichten
- Unternehmen kann man nicht vertrauen

Gemäß der DIN EN ISO 9001 (siehe 4.1) ist die oberste Leitung nicht nur zur Entwicklung der Qualitätskultur aufgerufen, sie hat auch die unternehmensspezifischen Qualitätsziele zu definieren und als Qualitätspolitik festzuschreiben und übernimmt somit nicht nur die Qualitätsverantwortung, sondern auch die Verantwortung zum Handeln und alleinig auch die schriftlich fixierte Bewertung des QM-Systems.

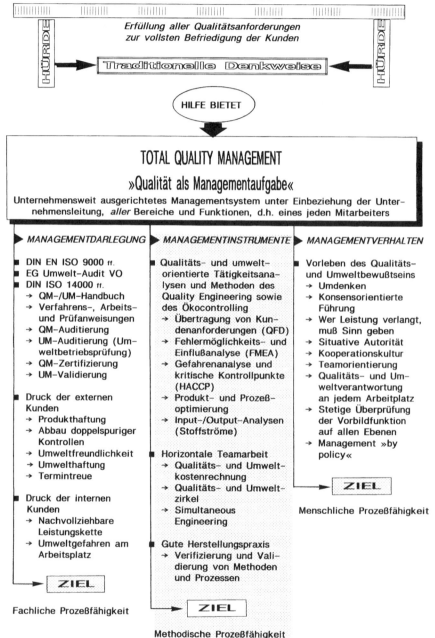

Abb. 2. Grundkonzept des Total Quality Management (TQM)

Die Einführung der *Qualität als Managementaufgabe* erfordert gründliche Vorarbeiten, die mit einer intensiven Schulung der „Top Etage" beginnen muß, da nur ein Hinter-der-Sache-Stehen nicht ausreicht, um die einzelnen Phasen erfolgreich umzusetzen. Eine weitere notwendige Voraussetzung für eine unternehmensweite Qualitätsbeherrschung zumindest der wichtigsten Geschäftsprozesse wie

- Geschäftsplanung
- Qualitätsplanung von Produkten und Produktionsverfahren
- Produktentwicklung und Verfahrensrealisierung
- Beschaffung (technische Belange); Einkauf (kaufm. Belange)
- Produktions- und Technologieplanung
- Herstellung und Verpackung
- Qualitätsprüfung
- Lager und Versand

ist ein gegenläufiges Informationssystem (Abb. 3). Die „top-down"-Entwicklung zu den Qualitätszielen, die bis zum einzelnen Arbeitsplatz eins jeden Mitarbeiters geht, stellt sicher, daß sich die Qualitätskultur durchgehend und transparent bilden kann und die Veränderungen vom Führungskreis und allen Mitarbeitern beobachtbar und somit korrigierbar sind.

Die Qualitätspolitik, ein gleichwertiger Bestandteil anderer Praktiken der allgemeinen Unternehmenspolitik dient als Basis der einzelnen Qualitätsstrategien.

Eine wesentliche Voraussetzung zur Verwirklichung von *Qualität als Managementaufgabe* ist der Wille, das Managementinstrument der Team- bzw. Gruppen-

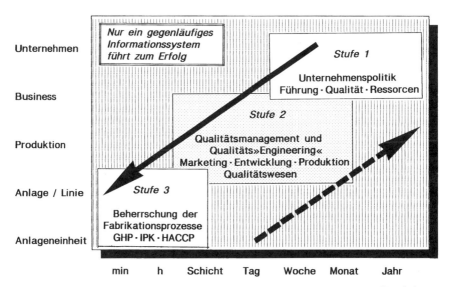

Abb. 3. „Top down – bottom up": Voraussetzung zur unternehmensweiten Qualitätsbeherrschung

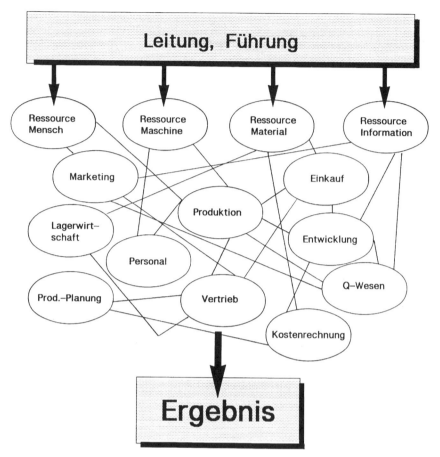

Abb. 4. Horizontale und vernetzte Strukturen modern geführter Unternehmen. (Es herrscht durchlässige Information)

arbeit einzuführen. Voraussetzung dafür ist allerdings ein konsensorientierter Führungsstil und eine unternehmensweite Kooperationskultur.

Das heißt, Die herkömmliche Denkweise, welche die Firmenbereiche innerhalb des Unternehmens mit klar definierten Grenzen belegte, sollte aufgegeben werden zu Gunsten von durchlässigen Informationswegen sowie der Kennzeichnung ablauffunktionaler Verbindungen (Warnke 1993). Nicht die Bereiche sondern die Ressourcen bestimmen die Hierarchie unterhalb der obersten Führungsebene; die Bereiche, Abteilungen, Funktionen haben gleichberechtigte Verpflichtung am Zustandekommen des optimalen Ergebnisses (Abb. 4).

All zu oft ist man geneigt bei sogenannten neuen Strategien nur das Schlagwort aufzusaugen, das in aller Regel *Profitsteigerung* signalisiert. Welche Wege und Anstrengungen allerdings erforderlich sind, bleibt praktisch unberücksichtigt.

Lean Management oder *Lean Production* bspw. sind entgegen langfädiger Meinungen keine Strategien der kurzfristigen Profitsteigerung durch Einsparung von

Personalkosten. Vielmehr dienen diese Konzepte der Kundenzufriedenheit. Die Kundenzufriedenheit ist wichtiger als Profit. Wer die Kunden nicht zufriedenstellt, der hat auch bald keinen Gewinn und keine Arbeitsplätze mehr. Wer *lean* werden will, muß systematisch daran arbeiten, die menschlichen Ressourcen nicht weiter zu verschwenden, sondern sie zu entfalten, also Rahmenbedingungen zu schaffen, die Kreativität und Kompetenz zum Zuge kommen lassen. Voraussetzungen sind:

- Hierarchien insgesamt verflachen
- Betroffene in Entscheidungen einzubeziehen, die sie selbst treffen
- Ziele zu vereinbaren, statt sie vorzugeben
- in Teams zu arbeiten und voneinander zu lernen
- Kompetenz wichtiger zu nehmen als Statusfragen
- Führungskräfte mehr als Berater, denn als Vorgesetzte handeln zu lassen.

Zur Qualitätsstärke eines Unternehmens gehört es, die qualitätsbeherrschte Prozeßorientierung stetig weiter zu entwickeln und zwar auf jeder Ebene und zu jeder Zeit. Das gesamte Unternehmensgeschehen muß als Reihe *miteinander* (nicht nacheinander) verknüpfter Prozesse gesehen werden.

Für eine tragfähige Umsetzung ist das Vermögen des technikorientierten Denkens, der tiefe Einblick in die Herstellung eines Produktes, die reiche Kenntnis auf dem Gebiet der Prozeßketten-Abläufe absolut erforderlich.

1.1.1
Qualitätspolitik im Rahmen der Unternehmenspolitik

Die allgemeine Unternehmenspolitik bestimmt die langfristige Ausrichtung eines Unternehmens hinsichtlich seiner Marktstellung. Sie stützt sich auf Bezugsebenen wie die Geschäfts-, Markt-, Führungs-, Ressourcen- und Qualitätspolitik (Abb. 5) – in jüngerer Zeit auch verstärkt auf die Umweltpolitik.

Die Qualitätspolitik muß als Leitlinie formuliert und allen Unternehmensangehörigen in verständlicher Weise bekannt gemacht werden. Dabei sollten zu folgenden Fragen verbindliche Aussagen getroffen werden:

Was ist der Zweck unseres Unternehmens, welche generellen Unternehmensziele haben wir?

- Wir entwickeln, produzieren und vermarkten Spezialitäten, die einen besonderen Nährwertnutzen haben, sich im weiteren durch überdurchschnittliche Standards (DIN ISO EN 8402 „Anspruchsklasse") in Bezug auf Zusammensetzung, Sicherheit und Verbraucherfreundlichkeit auszeichnen. Unser Unternehmen ist bestrebt, sich in den entscheidenden Parametern (Qualität, Wachstum und Profit) über den Durchschnitt seinen Mitbewerber zu entwickeln.

Warum hat Qualität eine strategische Bedeutung?

- Jeder Fehler, jede Unzufriedenheit über dem akzeptablen Durchschnitt der Mitbewerber verursacht einen Rückgang des Verkaufsvolumens.

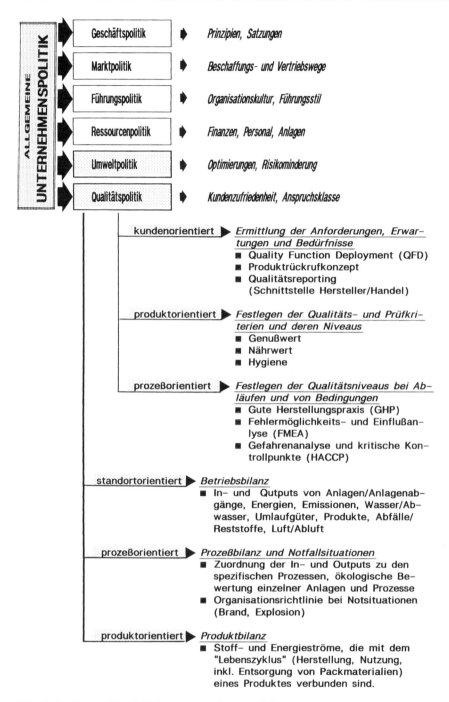

Abb. 5. Qualitätspolitik als Teil der Unternehmenspolitik

Welches Mitarbeiterverhalten benötigen wir?

– Wir wollen gruppenorientiert arbeiten und uns auf das Wie, Warum und Was konzentrieren. Nicht „Wer versagte", sondern „Was ist fehlgeschlagen, wie verbessern wir" soll unser Wahlspruch lauten.

Welche generellen Maßnahmen sind zur Realisierung erforderlich?

– Unsere Führungspolitik soll das selbständige Setzen der Ziele und Maßnahmen unter Verwendung von Fakten und Daten ermöglichen. Die Motivationsbasis ist deshalb nicht Druck sondern Wissen, d.h. die Aufforderung zum intelligenteren und systematischeren Arbeiten.

Welche Steuerungsmaßnahmen treffen wir?

– Wir schulen uns bezgl. des modernen Qualitätsmanagement und bedienen uns der Methoden, die für uns angemessen sind. Die Systematik unseres Qualitätsmanagement ist gemäß der Normen DIN EN ISO 9000ff. auszurichten.

Durch die *Qualitätspolitik* werden die Absichten und Zielsetzungen eines Unternehmens unmißverständlich definiert, wobei die Zweige *Kundenorientierung*, *Produktorientierung* und *Prozeßorientierung* in einer besonderen Weise zu berücksichtigen sind.

Durch eine Dokumentation der Qualitätspolitik und ihrer Grundsätze im Qualitätsmanagement-Handbuch wird der hohe Stellenwert der Qualität am Gesamtziel der Unternehmensorganisation und die Verpflichtung der obersten Leitung zum *Handeln* deutlich – nur die Übernahme der Verantwortung allein genügt nicht.

Die Qualitätspolitik muß die organisatorischen, personellen und technischen Rahmenbedingungen beinhalten, damit die Umsetzung der qualitätssichernden Maßnahmen gemäß den Regeln der qualitätsorientierten Unternehmensführung schrittweise erfolgen kann.

Zur Qualitätsverantwortung des Management gehört es, sich ständig einen Überblick bzgl. Stand und Wirksamkeit der Qualitätssicherungsmaßnahmen zu verschaffen und nötigenfalls auch lenkend in die Abläufe einzugreifen (Abb. 6). Managementwerkzeuge sind Analysen und Bewertungen aufgrund *interner Audits*.

1.1.1.1
Stellung und Aufgabe des Qualitätswesens

Das Qualitätswesen als organisatorische Einheit muß als unabhängige, je nach Größe des Unternehmens, als Stabs- oder Zentralstelle fungieren. In jedem Fall muß die Unabhängigkeit von anderen Unternehmensbereichen sichergestellt sein. Die Stelle Qualitätswesen zeichnet nicht *allein* für die Qualität Verantwortung, da Qualität nicht delegierbar ist, sondern im Verantwortungsbereich eines jeden einzelnen Mitarbeiters liegt. Wohl aber trägt diese Unternehmenseinheit Verantwor-

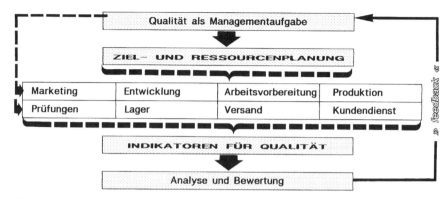

Abb. 6. Qualitätsmonitoring als Managementaufgabe

tung für ihre eigene Qualität, d.h. Qualitätstechniken und Methoden des *Quality Management* und muß neue Erkenntnisse und Erfahrungen den anderen Bereichen zugänglich machen (Abb. 7).

Das Qualitätswesen sollte primär eine beratende und koordinierende Funktion einnehmen.

Hierzu gehören:

– Weiterentwicklung des Qualitätssicherungssystems
– Unterrichtung aller Unternehmensebenen
– Qualitätsbezogene Mitarbeiterschulung und Mitarbeitermotivation
– Bewährte Methoden unternehmensspezifisch adaptieren

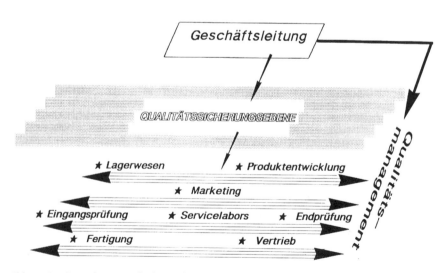

Abb. 7. Horizontale Beraterfunktion des Qualitätswesens

- Hilfestellung bei der Ermittlung von produkt- und prozeßseitigen Qualitätskriterien und Qualitätsniveaus
- Problemlösungen anbieten
- In- und externe Audists mit Vertretern anderer Bereiche durchführen

Die konsequente Umsetzung der Qualitätspolitik mit der Zielsetzung der möglichst frühen Fehlererkennung und der damit verbundenen Fehlervermeidung führt logischerweise zur drastischen Reduzierung der Qualitätskontrollabteilungen alter Prägung.

Entwicklungsbereiche werden aufgrund des „Werdegangs" eines Produktes (Rohstoff- und Packmitteleinsatz, Technologien etc.) die Planung von Prüfparametern übernehmen und dokumentieren. Die Prozeßfähigkeitsanalysen inkl. Validierungsverfahren sind produktionsseitig zu übernehmen – die Produktion kennt die Abläufe, Maschinen und deren potentielle Schwachstellen. Wareneingangsprüfungen werden funktional der Materialwirtschaft zuzuordnen sein.

Das bedeutet einerseits, daß Bereiche, die heute noch ausschließlich mit Kaufleuten besetzt sind, von Technikern geführt oder aber mit Technikern durchsetzt werden. Anderseits wird der „herkömmliche" Qualitätsleiter bisher vertraute Aufgaben an die Linieneinheiten abzugeben haben, um sich seiner Schlüsselrolle beim konzeptionalen Qualitätsmanagement voll widmen zu können (Juran 1993).

1.1.2
Kunden-Lieferanten-Beziehung

Die Frage nach dem Kunden, für den man zufriedenstellend arbeiten möchte, ist nicht leicht zu beantworten. Zu berücksichtigen gilt es, daß es in diesem Zusammenhang nicht nur um die *externen* Abnehmer von Produkten und Leistungen geht, sondern auch um alle *internen* Kunden innerhalb eines Unternehmens; denn jedem Prozeß liegt eine „Kunden-Lieferanten-Beziehung" zu Grunde (Abb. 8).

Dieses bereichsübergreifende, gegenseitige Verpflichtung zur internen Qualitätserfüllung setzt eine funktionierende Organisation innerhalb des Unternehmens voraus. Jedes Produkt ist das Resultat einer Abfolge von Prozessen, bei denen die jeweiligen Arbeitsergebnisse vom Vorgänger angenommen, bearbeitet und so wertgesteigert am Gesamtergebnis an den nächsten Empfänger weitergeleitet werden. Der in der Abb. 9 dargestellte Regelkreis stellt *einen* Prozeß dar, der zu einem Produkt (Ergebnis) führt und hat praktisch für jede Kunden-Lieferanten-Beziehung, ob intern oder extern, Gültigkeit.

1.1.2.1
Internes Kunden-Lieferanten-Spektrum

Der Bereich Marketing ist beispielsweise der interne Lieferant (Was für ein Produkt will der Kunde?) für den Bereich Entwicklung. Der Bereich Produktion ist auf Produktentwicklungen des Bereiches Entwicklung angewiesen und damit interner Kunde des Bereiches.

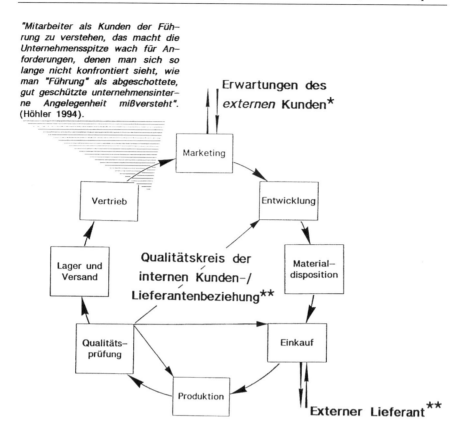

*"Mitarbeiter als Kunden der Füh-
rung zu verstehen, das macht die
Unternehmensspitze wach für Anforderungen, denen man sich so
lange nicht konfrontiert sieht, wie
man "Führung" als abgeschottete,
gut geschützte unternehmensinterne Angelegenheit mißversteht".*
(Höhler 1994).

**Erwartungen des
externen Kunden***

Marketing

Vertrieb

Entwicklung

Lager und
Versand

**Qualitätskreis der
internen Kunden-/
Lieferantenbeziehung****

Material-
disposition

Qualitäts-
prüfung

Einkauf

Produktion

Externer Lieferant**

* Der Begriff *Kunde* wird in aller Regel unspezifisch verwendet – es ist also
unklar, ob eine Organisationseinheit oder eine Person gemeint ist. Daher
ist es von Bedeutung, das *gesamte Kundenspektrum* zu ermitteln, welches
Kaufentscheidungen trifft.
** Präzise Anforderungen ermöglichen die gezielte Umsetzung.

Abb. 8. Qualitätskreis der Kunden-Lieferanten-Beziehung

Jeder *Kunde* nimmt aber auch wechselseitig die Rolle des *Lieferanten* wahr – so
ist etwa die Abteilung Qualitätsprüfung nicht nur Kunde der Produktion, sondern
auch Lieferant von Ergebnissen und Beratungs-Know-how u.a. für die Produktion,
den Einkauf und die Entwicklung – und hat somit als Kunde eine klare Vorstellung
von der zu erwartenden Qualität. Anderseits ist nicht ohne weiteres anzunehmen,
daß er als Lieferant die gleiche Vorstellung bzgl. der Qualität teilt. Aus diesem
Grund ist eine Vereinbarung über einen verpflichtenden Qualitätsstandard zu
treffen. Dies setzt ein Vermögen zur seriösen Bewertung (nicht Kontrolle) der eigenen Arbeit voraus, damit Qualität nicht nur gefordert, sondern auch im eigenen
Verantwortungsbereich geleistet wird. Jeder Mitarbeiter hat seine Kunden, die mit
ihrer Arbeit auf den bisher geleisteten Arbeitsergebnissen aufbauen, um letztendlich die Anforderungen zu erfüllen, – deren Ziel Zufriedenheit heißt.

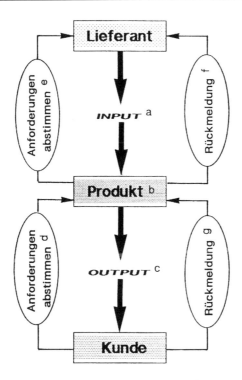

a Welche Rohstoffe, Packmaterialien, Anlagen, Unterlagen etc.
  werden benötigt?

b Welcher Beitrag zum wirtschaftlichen Erfolg soll erreicht werden?

c Welches Fertigprodukt, Spezifikationen, Berichte etc. müssen
  weitergegeben werden?

d Was sind die Anforderungen unseres (meines) Kunden?

e Was sind die Anforderungen an unsere (meine) Lieferanten?

f Wie überwache (n) wir (ich) die Qualität unserer (meiner) Tätigkeiten?

g Ursachen für ungenügende Ergebnisse?

Abb. 9. Regelkreis mit qualitätsorientierten Fragen der Tätigkeitsanalyse

1.1.2.2
Externe Kunden-Lieferanten-Beziehung

Mit externer Kunden-Lieferanten-Beziehung bezeichnet man bei einem produzierenden Unternehmen seine Kontakte zu seinen Vorlieferanten, bspw. Anbieter diverser Rohstoffe und Packmaterialien. Während diese Beziehungen noch klar zu
strukturieren sind (Qualitätsabstimmungen durch Audits sowie präzise Spezifikationen, Absprachen bzgl. Mengengerüste/Preise, Termintreue etc.) sind die Verhältnisse zu Abnehmern (des Endprodukts) nur selten klar definierbar.

Zwischen dem Unternehmen und seinen Endverbrauchern (Konsumenten) tut sich, da sie in der Regel nicht beim Hersteller kaufen, ein breites Kundenspektrum auf: bestehend aus Groß- und Einzelhändlern, Handelsketten und sogenannten Großkonsumenten (Großküchen etc.).

Je dichter die Netzstruktur, um so schwieriger wird es, geeignete Strategien zu entwickeln, die zur Zufriedenstellung der unterschiedlichsten Qualitätsinteressen dienen. Während beim Endverbraucher, dem sogenannten Konsumenten, die Produkteigenschaften (Nährwert, Geschmack, Darbietung, Sicherheit bzgl. Kontaminationen) im Vordergrund steht, erwartet der Handel als Mittler zwischen Hersteller und Endverbraucher zusätzliche Service- und Dienstleistungen (just-in-time, Regalpflege, Unterstützung bei Werbeaktivitäten u.v.a.m.).

1.1.3
Qualitätsfördergruppen

Der Leitgedanke der gruppenorientierten Organisationsform gilt der Einbeziehung aller Mitarbeiter in eine unternehmensweite und unternehmensspezifische Qualitätskonzeption, denn jeder einzelne ist aufgerufen, seinen Beitrag zur Qualitätsverpflichtung zu leisten. In den Mitarbeitern steckt meist ein erhebliches Wissen. Doch in aller Regel bleibt dieser Erfahrungsschatz ungenutzt (warum?), er wird nicht hinterfragt, womit die Motivation zur kreativen Qualitätsbewegung ungeweckt bleibt.

Neues Denken im Sinne des Quality Management und die Willenserklärung der Geschäftsleitung zur Einbeziehung aller Mitarbeiter und Mitarbeiterinnen ist *die* Voraussetzung für die qualitätsorientierte Ideenfindung im Team. Allerdings muß eine Gruppe erst geschult werden, um als Team diese Fähigkeit unter Beweis zu stellen. Die Prinzipien der Teamfähigkeit sind in Abb. 10 dargestellt.

Probleme und Schwachstellen werden am ehesten dort erkannt und beseitigt, wo sie auftreten, denn die Mitarbeiter sind in ihrem Arbeitsbereich die eigentlichen Experten. Die bisherigen *Problemlöser* im Unternehmen, wie z.B. Mitarbeiter in Stabstellen, sind in der Regel von Schwachstellen mehr oder weniger weit entfernt und dazu oft mit den großen Problemen überlastet. Gerade aber die vielen kleinen Schwachstellen summieren sich zu einem erheblichen Potential an *Kosten* und *Unzufriedenheit*.

Die gruppenorientierte Qualitätsförderung unterscheidet zwei Organistionsformen:

- **Task Teams (Fachgruppen)**
  Task Teams sind *zeitlich begrenzte*, bereichs- und hierarchieübergreifende Fachgruppen, mit der *Verpflichtung*, vorgegebene dringliche Themenstellungen projektorientiert zu bearbeiten. Die Problem- und Mitarbeiterauswahl trifft das Management.

HANDLUNGSMAXIMEN, EHER INHALTSORIENTIERT

☆   Schaffe optimale organisatorische Bedingungen
☆   Lege Spielregeln fest und halte sie ein
☆   Erstelle einen Rahmenplan und halte ihn ein
☆   Lege die Rollen fest und halte sie ein

HANDLUNGSMAXIMEN, EHER BEZIEHUNGSORIENTIERT

☆   Betreibe Konfliktmanagement
    (Konflikte nicht verdrängen sondern bewältigen)
☆   Visualisiere
    (Transparenz für jedermann)
☆   Fördere die gegenseitige Diskussion, löse Kommu–
    nikationsstörungen auf
☆   Nutze positive Verstärkung *(Lob)*, vermeide Streß
☆   Dränge eigene Lösungsvorschläge nicht auf

Abb. 10. Prinzipien für eine erfolgreiche Gruppenarbeit

– **Qualitätszirkel (Basisgruppen)**
  Qualitätszirkel sind *auf Dauer angelegte* Kleingruppen, in denen Mitarbeiter einer hierarchischen Ebene und einer gemeinsamen Erfahrungsgrundlage in regelmäßigen Abständen auf *freiwilliger Basis* zusammen kommen. Unter Anleitung eines geschulten Moderators sollen Themen des eigenen Arbeitsbereiches analysiert und mit Hilfe von Problemlösungstechniken Lösungsvorschläge selbständig umgesetzt und die Ergebnisprüfung vorgenommen werden. Die Gruppe ist somit Bestandteil im organisatorischen Rahmen der Qualitätssicherung.

1.1.3.1
Arbeitsweise eines Qualitätszirkels

Die *wichtigste Voraussetzung* für den Erfolg von Basisgruppen (Qualitätszirkeln) ist die *Bereitschaft der Unternehmensleitung* Bestehendes und Bewährtes hinterfragen zu lassen, Veränderungsvorschläge ernsthaft zu prüfen und diese dann in die Praxis umzusetzen, wobei die Zielsetzung zwei Aspekte beinhaltet:

1. Lösungen von konkreten sachbezogenen Problemen, zum Beispiel:
– Verbesserung der Produktqualität
– Gestaltung effizienter Arbeitsabläufe

– Kosteneinsparung durch Erkennen von Vorbeugemaßnahmen
– Steigerung der Produktivität

2. Stärkung der Motivation und Loyalität der Mitarbeiter, zum Beispiel:
– Erhöhung der Identifikation des einzelnen mit seiner Arbeit
– Verbesserung des Betriebsklimas
– Verbesserung der Kommunikation und Kooperation

Durch derartige Zirkel ist der Mitarbeiter nicht mehr bloß als Empfänger und Aus-
zuführender von Anweisungen zu betrachten, sondern als Träger von Ideen und
bisher kaum genutzten Fähigkeiten und Erfahrungen.

Abb. 11 verdeutlicht die Vorgehensweise zur Bewältigung von Aufgaben bzw.
Problemlösungen. Die Teilschritte der Phasen 1 und 2 werden zusammen als sogenannte Planungsphase betrachtet, die zu einem Lösungskonzept führen soll.
Dieses Lösungskonzept muß dann für einen definitiven Stop-/Go-Entscheid in einer klaren Art und Weise präsentiert werden.

Die Entwicklung eines Konzeptes bis zur Präsentation zwingt, die *Gedanken zu
strukturieren*, mit ihnen an einem bestimmten Punkt zu beginnen, sie Schritt für
Schritt aufzubauen und sie ergebnisorientiert zu Ende zu führen.

Eine gute Konzeptpräsentation beginnt mit einem klar verständlichen und wir-
kungsvollen Titel. Im Rahmen des 3-Phasen-Modells der Qualitätszirkel-Arbeit
empfiehlt sich folgende Gliederung:

Ausgangslage
Interesse für das Thema/Projekt/Problem wecken. Grund für die Beschäftigung
mit dem Thema nennen. Gruppenmitglieder und bisherigen Zeitaufwand nennen.

Aufgabenbeschreibung
Analyse der IST-Beschreibung. Stärken und Schwächen auflisten; Fakten statt
Mutmaßungen.

Zielsetzung
Wir wollen unser Qualitätsziel erreichen. Nutzen für den Empfänger, für das Unternehmen. Ziel, für dessen Erreichung es sich lohnt, seine Zeit und Energie zu in-
vestieren (Phase 1).

Lösungsvorschlag
Wie soll das Problem behoben, die Herausforderung angepackt, das Ziel erreicht
werden? Abläufe grob aber klar aufzeigen. Welche Geräte (Maschinen, Apparate)
müssen eingesetzt (angeschafft) werde? Welche Zeit muß bis zur Realisierung investiert werden? Was kostet die Realisierung? Eventuell Lösungsalternativen/Lö-
sungsvarianten aufzeigen. Die bevorzugte Variante begründen (Phase 2).

Weiteres Vorgehen
Nächste Schritte grob skizziert: *was* ist durch *wen* bis *wann* zu tun? Welche Entscheidungen sind durch wen zu fällen? Was sind die Folgen bei entstehenden Ver-
zögerungen?

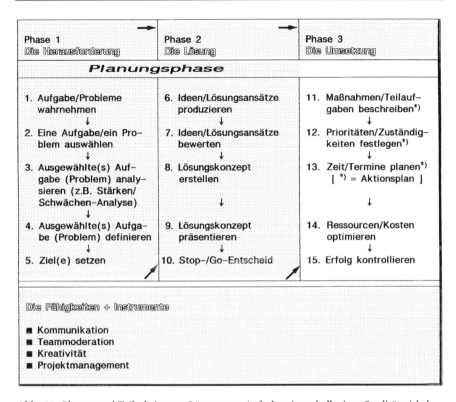

Abb. 11. Phasen und Teilschritte zur Lösung von Aufgaben innerhalb eines Qualitätszirkels

Zusammenfassung

Schlußapell an den Empfänger, weshalb der Qualitätszirkel die Realisierung als sinnvoll erachtet.

Ist nach der erfolgreichen Präsentation der Go-Entscheid gefallen, erfolgt die zügige Umsetzung (Phase 3). Wie jede andere Maßnahme, darf auch diese nicht ohne abschließende Bewertung (Erfolgskontrolle) beendet werden.

1.1.3.2
Charakteristische Merkmale von Gruppen

Man muß sich bewußt sein, daß die Einführung von Gruppenarbeit als *eines* von vielen Qualitätssicherungsinstrumenten, neben Chancen auch Risiken beinhaltet, und das gilt nicht nur für *Qualitätszirkel.*

Chancen

– *Gruppenarbeit fördert die Qualität des Entscheidungsprozesses* und *kann zu besseren Arbeitsergebnissen führen,* wenn die Teammitglieder aus verschiedenen Fachgebieten und unterschiedlichen Blickwinkeln ihren spezifischen Teil zur Problemlösung beitragen.

- *Gruppenarbeit kann helfen, Zeit zu sparen.* Arbeitsverfahren werden verkürzt, indem die Teammitglieder Fragen zu einem betreffenden Problemfeld zusammentragen, *Transparenz schaffen* und gleich beantworten.
- *Gruppenarbeit motiviert zur Leistung.* Ein gesunder Gruppendruck hilft den Mitgliedern, Ideen und Aktivitäten weiterzuverfolgen, die sie alleine längst abgebrochen hätten. Das Zugehörigkeitsgefühl zu einer starken Gruppe gibt *Sicherheit.*
- *Gruppenarbeit* ist immer wieder eine *herausfordernde Lernsituation* mit großem Lernerfolg. *Gemeinsames Wachsen* an einer schwierigen Aufgabe schafft Sinn in der Arbeit und *erhöht das kreativ-innovative Potential* der Teammitglieder nicht nur linear sondern exponetiell. Eine Gruppe ist mehr als die Summe ihrer Teile.

Risiken

- *Gruppenarbeit* kann *mehr Zeit kosten* als Einzelarbeit. Die Anlaufzeit, in der sich die Teammitglieder orientieren, aneinander gewöhnen und sachliche Mißverständnisse ausräumen müssen, ist beträchtlich.
- *Unterschiedliches Fachwissen, unterschiedliche Vorerfahrung* und *unterschiedliche Vorstellungen* der Teammitglieder ergeben eine differenzierte Betrachtungsweise eines Problems. *Es besteht die Gefahr, daß zu lange auf dem eigenen Standpunkt beharrt wird.*
- *Gruppenarbeit* verwischt, welchen *Anteil der Einzelne* beisteuert. Dies frustriert den Tüchtigen. Die Bequemen können sich elegant im gemeinsamen Erfolg sonnen. **TEAM = Toll, Ein Anderer Macht's!**
- Der Informationsaustausch zwischen Gruppenmitgliedern wird stark durch *Sympathie- und Antipathiebeziehungen* beeinflußt. Erforderliche Kritik an Lösungsvorschlägen wird als versteckter Angriff auf die eigene Person erlebt.
- *Gruppenarbeit* kann durch *Hierarchie- und Expertendominanz* massiv beeinflußt werden. Teamwork wird dann zur Alibiübung dekretiert, um bereits vorgefaßte Entscheide durchzuboxen.
- *Rhetorische und didaktische Überlegenheit* einzelner Gruppenmitglieder kann das gemeinsame Arbeiten einseitig stören. Zurückhaltende Mitglieder werden zurückgedrängt oder nicht beachtet. Fazit: Resignation!
- Gruppenarbeit übt einen starken *Nivellierungs- und Konformitätsdruck* auf die Individualität der einzelnen Personen aus. Die Folge: Außenseiter werden als Querkopf oder Störenfried isoliert! Die Heterogenität von Meinungen geht verloren.

Nach Berryman-Fink (1989) sind folgende Merkmale charakteristisch für erfolgreiche Gruppen:

- Alle Gruppenmitglieder haben sich auf das *Gruppenziel* verpflichtet, wobei sie an dessen Formulierung selbst mitgeholfen haben. Sie verstehen *Teamrolle* und *Verantwortlichkeiten.*
- Die Gruppenmitglieder verfügen über die *nötigen Fähigkeiten*, um das Ziel zu erreichen. Die Gruppe ist *ausgewogen* bzgl. Rollenpräferenz.

– Die Gruppe trifft *Entscheidungen im Konsens*, d.h. mit einer möglichst hohen Übereinstimmung. Aufgetretene Konflikte werden ohne Verstimmung und ohne nachtragende Gefühle bewältigt.
– Die Gruppenmitglieder pflegen den *offenen und direkten Kommunikationsstil*, stehen *loyal* zu ihrem Team und sind *stolz* auf *gemeinsame* Leistungen.

Die genannten Chancen und Risiken treffen in weiterem Sinne nicht nur für Qualitätszirkelgruppen sondern für jede Teamarbeit zu. Eine Ausbildung in Bezug auf teamorientierte Arbeitsweise inkl. Moderatorenschulung ist deshalb unerläßlich.

1.2
Qualität und Wirtschaftlichkeit

Qualität wird unbezahlbar, wenn sie ausschließlich durch reine Endkontrollen beurteilt wird. Man muß sich bewußt sein, daß *Qualitätskosten* nichts anderes darstellen als *Aufwendungen für Fehlleistungen* bzw. *Aufwendungen, um Fehlleistungen nicht entstehen zu lassen*. Wären wir alle Perfektionisten und dazu willens, könnten bereits in der Planung und dann in der Ausführung Fehler ausgeschlossen werden; durch eine solche, nahezu „Null-Fehler-Produktion" von Anfang an, würden sämtliche Qualitätsaktivitäten überflüssig. Jeder wirtschaftlich Denkende muß daher bestrebt sein, aus Ersparnisgründen oder zur Gewinnoptimierung, Fehlleistungen auf ein Minimum zu beschränken. Daher ist es wichtig, daß die Wirksamkeit eines Qualitätsmanagementsystems in finanziellen Größen gemessen werden kann (DIN EN ISO 9004, Pkt. 6).

Die Qualitätskostenrechnung muß zum Ziel haben, Qualitätskosten zu erfassen und zu verfolgen, um diese zu senken, ohne daß dadurch notwendigerweise die Qualität der Prozesse und deren Leistungen verschlechtert wird oder andere Kosten ansteigen. Die Qualitätskostenrechnung als Teil des betrieblichen Rechnungswesen (Abb. 12) hat sicherzustellen, das die Qualitätskosten

– möglichst vollständig erfaßt,
– periodisch und systematisch ausgewertet und
– anderen Bezugsgrößen gegenübergestellt werden.

Interessanterweise hat der größte Teil der Unternehmen keine Kenntnis über die erbrachten Aufwendungen für interne Fehlerbeseitigung und Nacharbeiten. In aller Regel werden lediglich die Kosten für das Laborpersonal, die Unterhaltung von Labors inkl. Beschaffung von Analysegeräten, Reagenzien und Nährboden sowie der erforderliche Kontrollaufwand pro Rohstoff oder Fertigprodukt als Qualitätskosten gerechnet und im Gießkannenprinzip über den Einstandspreis der Produkte verteilt.

Die möglichst vollständige Qualitätskostenerfassung ist dem Grundsatz der Wirtschaftlichkeit unterzuordnen, d.h. die Genauigkeit der Kostenermittlung muß in angemessenem Verhältnis zum Inhalt der abgeleiteten Schlußfolgerung stehen.

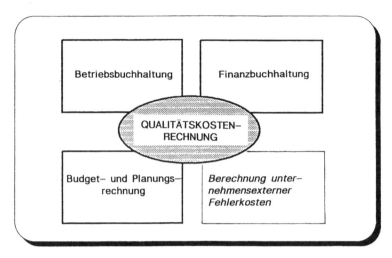

Abb. 12. Einbindung der Qualitätskostenrechnung im Rechnungswesen

Qualitätskosten werden aber üblicherweise in drei Kategorien unterteilt (Abb. 13): *Kosten für Vorbeugung* (Fehlerverhütungskosten), *Kosten für Überprüfungen* (Prüfkosten) und *Kosten für Fehler* (interne und externe Fehlerkosten). Analysen zeigen in stetiger Regelmäßigkeit, daß die Hauptlast der Qualitätskosten den Fehlerkosten zuzuordnen ist. Noch bis in die jüngste Vergangenheit versuchte man das Manko an Fehlern über eine Erhöhung des Prüfaufwandes am Endprodukt (traditionelle Denkweise: „Qualitätskontrolle, unser gutes Gewissen) wettzumachen – die teuerste und uneffektivste Lösung.

Der Ehrgeiz den Kunden zu befriedigen, hat schon bei der Planung eines neuen Produktes zu beginnen und sich in der Entwicklung, Erprobung, Vorserie und Produktion bis hin zum Dienst am Kunden fortsetzen. Je mehr Arbeitszeit in Planung und Entwicklung investiert wird, um so seltener sind später Fehler zu beseitigen. Das Streben nach der frühen und der endgültigen Perfektion muß Grundlage der Firmenpolitik sein und immer wieder allen Mitarbeitern nachhaltig bekanntgemacht werden (Abb. 14). Ein Ziel der „menschlichen Prozeßfähigkeit" innerhalb des Total Quality Management sollte sein, alle Mitarbeiter in allen Hierarchien so zu motivieren und zu schulen, Fehler zu suchen, zu finden und ohne Furcht vor

Abb. 13. Kategorien der Qualitätskosten

Repressionen zugeben zu können. Auch kleine Unregelmäßigkeiten bei der Qualität sollten jeden innerhalb der Prozeßstufe, in der er beteiligt ist, ermächtigen, die Notbremse zu ziehen, um den Prozeß anzuhalten und die erforderlichen Korrekturen zu veranlassen.

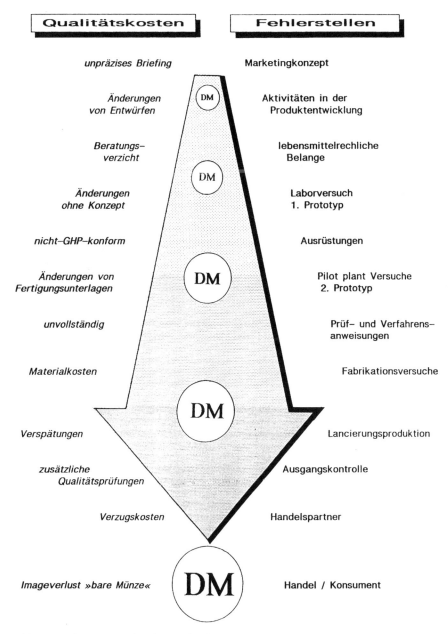

Abb. 14. Senken von Qualitätskosten durch frühe Lokalisierung von Fehlerstellen und entsprechendes Handeln

Die bereits in den 60er-Jahren erkannte *Zehnerregelung* sagt, daß ein nicht entdeckter Fehler zu Fehlerbeseitigungskosten führt, die sich von Stufe zu Stufe verzehnfachen, d.h. kostet ein unentdeckter Fehler in der Planungsphase eines Produktes noch eine D-Mark, in der Fertigstellung dann bereits zehn; der Betrag steigert sich so auf 100 DM in der Endprüfung und auf 1000DM, wenn er erst vom Kunden entdeckt wird (Abb. 15).

1.2.1
Definition und Aufschlüsselung der Qualitätskosten

Die DIN 55350 als auch die DGQ-Schrift Nr. 14-17 (1985) greifen den USA-geprägten Begriff „quality costs" (Masser 1957) auf und definieren Qualitätskosten als diejenigen Kosten, ... die vorwiegend durch die Tätigkeit der Fehlerverhütung, durch planmäßige Qualitätsprüfungen sowie durch intern und extern festgestellte Fehler verursacht werden.

Zu den **Fehlerverhütungskosten** (Abb. 16) zählen auch alle Kosten, die durch fehlerverhütende oder präventiv wirkende Tätigkeiten und Maßnahmen im Rahmen der unternehmerspezifischen Qualitätssicherung entstehen. Fehlerverhütungskosten sind in aller Regel Personalkosten, die über Zeiterfassung ermittelt werden. Sie entstehen (beteiligte Bereiche in Klammern) etwa durch:

– Qualitätsplanung, bereits beginnend bei der Produktidee und Entwicklung (Marketing/Vertrieb, Entwicklung, Produktion, Q-Wesen)
– Qualitätssicherung durch greifende HACCP- und GHP-Konzepte, Methoden und Techniken des „Quality Engineering" (Produktion, Entwicklung, Q-Wesen)

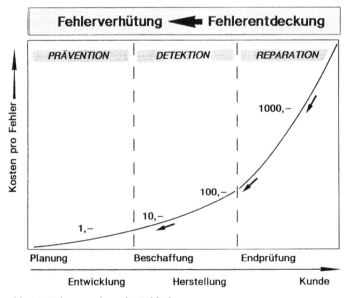

Abb. 15. Zehnerregelung der Fehlerkosten

Abb. 16. Beispiele für Fehlerverhütungskosten

- Validierung von Prozessen (Entwicklung und Produktion, Q-Wesen)
- interne und externe Qualtitätsaudits (Q-Wesen und Beschaffung, evtl. Entwicklung)
- Schulungsprogramme, allgemein (alle Bereiche), speziell in Lebensmittelhygiene (Q-Wesen und Produktion)
- Prüfplanung (Entwicklung, Produktion, Q-Wesen)
- Lieferantenauswahl und -beurteilung vor der Beschaffung (Einkauf, Q-Wesen, Entwicklung)

Prüfkosten (Abb. 17) entstehen vorwiegend durch Prüfungen während der Produktentwicklungen, insbesondere aber an Rohstoffen und Packmitteln, während der Fabrikation und am Fertigprodukt, und zwar *immer* bevor das Produkt dem Kunden zur Verfügung gestellt wird. Sie setzen sich aus Personalkosten und Verbrauchsmaterialien zusammen. Beispiele (und verursachende Bereiche) sind:

- Eingangsprüfung von Rohstoffen und Packmittel (Q-Wesen-Labor bzw. Servicelabors, Beschaffung, Produktion)
- In-Prozeß-Kontrollen (Produktion, Q-Wesen-Labor bzw. Servicelabors)
- End- bzw. Ausgangs-(Konformitäts)prüfungen (Produktion, Q-Wesen-Labor bzw. Servicelabors)
- Verifizierung von Produktionsprozessen (Produktion, Q-Wesen, Entwicklung)
- Externe Qualitätsgutachten (Q-Wesen, Entwicklung, Marketing)

Prüfmittelkosten, den Prüfkosten zuzuordnen, setzen sich aus Geräteabschreibungen, Instandhaltung/Gerätewartung, Energie- und Raumkosten etc. zusammen.

Abb. 17. Beispiele für Prüfkosten

Fehlerkosten (Abb. 18) entstehen dadurch, daß fehlerhafte Produkte, die sowohl den internen festgelegten Spezifikationen (Standards) als auch den Anforderungen externer Abnehmer (Handel/Konsument) bzw. den lebensmittelrechtlichen

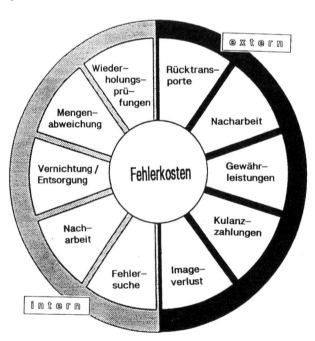

Abb. 18. Beispiele für interne und externe Fehlerkosten

Anforderungen nicht entsprechen. *Fehlerkosten sind Verluste.* Als Beispiel seien genannt:

- Fehlersuche und Wiederholungsprüfungen (Q-Wesen, Produktion, Q-Wesen-Labor, bzw. Servicelabors)
- Nacharbeit und Ausschuß (Produktion)
- Vernichtung oder Entsorgung (Produktion)
- Maschinenausfallzeiten mangels Wartung (Produktion)
- Lieferverzögerung und damit verbundene, mögliche Regresse (Produktion, Vertrieb)
- Fehlerhafte Fakturierung (Rechnungswesen)
- Reklamation und Wertminderung (Produktion, Marketing/Vertrieb, evt. Entwicklung)
- Gewährleistungen und Produzentenhaftung (Marketing/Vertrieb, Geschäftsleitung)
- Imageverlust (gesamtes Unternehmen)

Alle Erfahrungen bestätigen, daß eine *Mehrinvestition in Vorbeugemaßnahmen* in Verbindung mit einem gezielten und nicht überfrachteten Prüfaufwand am wirkungsvollsten die Qualitätskosten insgesamt senkt und eine ausreichende Qualitätssicherung gewährleistet.

1.2.2
Qualitätkostenuntersuchung und -berichterstattung

Die Norm DIN EN ISO 9004:1994, Kap. 6, Abschn. 6.1 bemerkt: „Es ist wichtig, daß die Wirksamkeit eines QM-Systems in finanziellen Größen gemessen wird. Die Auswirkung eines effektiven QM-Systems aus die Gewinn- und Verlustrechnung der Organisation kann hochbedeutsam sein, insbesondere durch Verbesserung der Arbeit, was sich in verminderten Verlusten infolge von Mißverständnissen und durch Beiträge zur Kundenzufriedenheit bemerkbar macht".

Der gemeldete Qualitätsaufwand entsteht durch Ereignisse, die nicht mehr umkehrbar sind. Die daraus resultierenden Qualitätskosten sind von der Finanzadministration zu kontieren. Die Qualitätskostenerfassung ist allerdings nur dann von Nutzen, wenn sie zukünftige Entscheidungen hinsichtlich aufgetretener Schwachstellen positiv beeinflussen; d.h. Qualitätskostenanalysen zur Aufforderung: im Sinne von Ermunterung – zum Bessermachen und nicht als Ermahnung – im Sinne von Tadel – einzusetzen.

1.2.2.1
Qualitätskostenerfassung und -verteilung

Im allgemeinen werden Qualitätskosten periodisch, und zwar je Qualitätskostenkategorie und -element, ausgewiesen (Abb. 19). Die Bereichsleitungen und insbesondere die *Geschäftsleitung* erhalten somit die nötige Transparenz bzgl. der Höhe der Qualitätsaufwendungen.

QUALITÄTSAUFWAND

Kosten-schlüssel	Bereich Marketing	Bereich Entwickl.	Bereich Beschaff.	Bereich Produktion	Bereich Q-Wesen	Gesamt-summe
Fehlerverhütungs-kosten						
· Q-Planung						
· Q-Fähigkeits-untersuchungen						
· Lieferanten-ermittlung						
· Q-Schulung						
· in-/externe Audits						
· sonstige						
Prüf- und Prüfmittelkosten						
· Eingangsprüfung						
· Fertigungsprüfung						
· Endprüfung						
· sonstige						
Summe der Verhütungs- und Prüfkosten						
Interne Fehler-kosten						
· Fehlersuche (Ausfallzeiten)						
· Wiederholungs-prüfungen						
· Fehlerbeseitung (Nacharbeitung)						
· sonstige						
Externe Fehler-kosten						
· Wertminderungen						
· Transportkosten						
· Haftungskosten						
· sonstige						
Summe der in- und externen Fehlerkosten						
Qualitätsaufwand t o t a l						

Abb. 19. Beispiel eines Qualitätskostenberichtes

Die DGQ (1985) unterscheidet 4 Möglichkeiten, die qualitätsrelevanten Teile der allgemeinen Kostenkategorien zu identifizieren:

– Die Gesamtkosten einer Kostenstelle können insgesamt einem Kostenelement zugeordnet werden. Die Kosten der Kostenstelle Eingangsprüfung entsprechen etwa dem gleichnamigen Qualitätskostenelement.
– Ein Qualitätskostenelement wird bereits im Rahmen der innerbetrieblichen Auftragsabrechnung erfaßt: z.B. Kosten für Nacharbeit und für Ausschuß.
– Eine Zuordnung ist über eine belegmäßige Qualitätskostenerfassung möglich: z.B. über Zeitaufschreibung für die aufgewendeten Arbeitszeiten je Qualitätskostenelement.
– Weniger genau und daher weniger empfehlenswert ist die Zuordnung aufgrund von Schätzungen, z.B. geschätzte Aufteilung der Kosten für die Kostenstelle Qualitätsprüfung auf die Prüfkostenelemente. Jedoch können Schätzungen aus Gründen der Wirtschaftlichkeit nicht völlig umgangen werden.

Fehlerverhütungskosten sind eine Steuerungsgröße, da eine Zunahme der Verhütungskosten in der Regel eine Senkung der Prüf- und Fehlerkosten und/oder eine Verbesserung der Qualität bewirkt. Fehlerverhütungskosten fallen praktisch in allen Unternehmensbereichen an. Eine genaue Quantifizierung ist allerdings nicht ohne erheblichen Aufwand zu erstellen. Mit Ausnahme speziell eingerichteter Teams, die sich ausschließlich mit der Qualitätsplanung und -lenkung befassen (z.B. in Entwicklungsphasen, FMEA- und HACCP-Teams, Qualitätszirkel) und deren Investitionszeit meßbar ist, sind die Kosten für Vorbeugemaßnahmen anderer Bereiche nur schätzbar. Es empfiehlt sich, eine standardisierte Befragung in regelmäßigen Zeitabständen durchzuführen, um die Personalkosten für die *Fehlerverhütung* auszugliedern.

Prüfkosten sind Kosten für Maßnahmen, die durch die Beurteilung von Erzeugnissen und Abläufen entstehen, und hier primär in den Bereichen der Produktion (on-line-Prüfungen in der Serie), in den Laboratorien für mikrobiologische, chemisch/physikalische Prüfungen und im Prüflabor für Packmittel. Die Kosten resultieren insbesondere aus Personalkosten für das Prüfpersonal, Materialkosten (Chemikalien, Nährböden, Büromaterialien), Raum- und Energiekosten, sowie Kapital- und Wartungskosten für Prüfmittel. Die Kosten der Prüfmittel sind im allgemeinen im Anlagespiegel des Unternehmens ausgewiesen.

Unternehmen, welche unterschiedliche Produkte mit einer Risikoklassierung herstellen (Einsatz potentiell gefährdeter Rohstoffe, risikoträchtige Konsumentengruppe wie Kleinkinder, gesundheitlich Beeinträchtigte, Senioren), sollten bei einer produktbezogenen Prüfkostenverteilung den unterschiedlichen Prüfaufwand bzw. die vorzukehrende Prüfschärfe berücksichtigen. Spezialprodukte erfordern eine stärkere Aufmerksamkeit als solche, bei denen die beispielhaft genannten Risiken entfallen.

Fehlerkosten entstehen für Maßnahmen, um fehlerhafte Abweichungen von der Qualitätsvorgabe zu beseitigen. Zu ihnen zählen aber auch Aufwendungen und Erlösschmälerungen, die entstehen, weil Produkte nicht den Vorgaben entsprechen.

Zu den *direkt* zuordnungsfähigen Fehlerkosten zählen die Ausschußkosten; d.h. Produkte, die aufgrund ihrer Qualitätsmängel nicht nachgearbeitet werden können und der Entsorgung zugeführt werden müssen. Die Entsorgungskosten sind den Ausschußkosten zuzuschlagen. Falls der Ausschuß an Verwertungsstellen für Tierfutter veräußert werden kann, mindern die so erzielten Erlöse die Ausschußkosten.

Arbeitsgänge für Nacharbeiten (Verschneiden, Nacharomatisierung, Umpackaktionen etc.) werden in der Regel von zusätzlichen Prüfungen begleitet. Die erforderlichen Wiederholungsprüfungen sind den Nacharbeitskosten zuzuschlagen.

In der Käufererwartung wertgeminderte Lebensmittel, auch wenn sie den lebensmittelrechtlichen Anforderungen voll entsprechen, sind in aller Regel kaum marktfähig. Allerdings könnte der Fall eintreten, daß eine bestimmte Ausstattung (z.B. Verpackung) Nebenfehler aufweist und dadurch das gesamte Produkt als wertgemindert klassiert wird. Die Wertminderung, die mit dem Abnehmer verhandelt wird, zählt zu den *internen* Fehlerkosten. Interne Fehlerkosten sind also solche Kosten, die bei der Herstellung eines Produktes über die kalkulierten Herstellkosten hinausgehen.

Gewährleistungsansprüche und Folgekosten (Transportkosten für Retouren, Wertminderungen, Anwaltskosten) entstehen dann, wenn fehlerhafte bzw. entgegen der Vereinbarung gelieferte Produkte von *externer* Seite reklamiert werden. Der Fehlerentdeckungsort entscheidet über unternehmensinterne und unternehmensexterne Fehlerkosten.

Fehlerkosten können unter keinen Umständen dem Qualitätswesen angelastet werden, da dieser Bereich für die Herstellungsqualität der Produkte, kein Verantwortung übernehmen kann; das gilt auch für nicht entdeckte Fehler bei Endprüfungen, sofern keine Unzulänglichkeiten (bspw. zu geringe Stichproben für ein risikobehaftetes Produkt) zu verzeichnen sind.

1.2.2.2
Ziel der Qualitätskostenermittlung

Die Qualitätskostenermittlung hat das Ziel, Schwachstellen kostenmäßig zu verdeutlichen und diese dann mit Problemanalysen und Entscheidungsfindungen abzubauen. Für den Bereich Produktion muß die Fertigungssicherheit (Abb. 20) so angehoben werden, daß die Fehlerkosten und die damit verbundenen Zusatzkosten für anfallende Wiederholungsprüfungen möglichst eliminiert – zumindest auf ein kalkulierbares Maß gesenkt werden.

Alle eingeleiteten Maßnahmen zur Qualitätskostensenkung müssen auf ihren Erfolg hin kontrolliert werden. Für die grundlegende Fertigungssicherheit helfen die Elemente *Prozeßlenkung* und *Korrektur- und Vorbeugemaßnahmen* der Normenreihe DIN EN ISO 9000ff. Darüber hinaus helfen die lebensmittelunternehmensspezifisch gestalteten Regeln der *Guten Herstellungspraxis*.

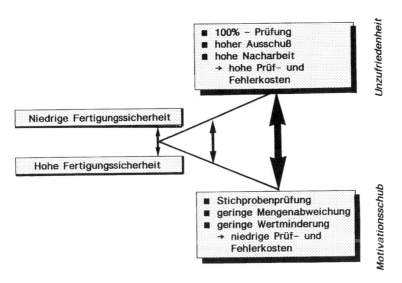

Abb. 20. Beeinflussung der Qualitätskosten durch den Grad der Fertigungssicherheit

1.3
Qualitätsmanagement und Normung

Das Verstehen der Qualitätsbewegung auf allen Ebenen eines Unternehmens ist *die* unabdingbare Voraussetzung für die Installation eines effizienten Qualitätsmanagementsystems, das auch von neutraler Seite auf Schlüssigkeit hin überprüfbar und somit zertifizierbar wäre. Von der obersten Leitung des Unternehmens ist eine besondere Verantwortung zur Durchsetzung zu verlangen. Sie ist zur Darlegung der Qualitätspolitik verpflichtet, hat angemessene Mittel einzusetzen sowie qualifiziertes Personal zu bestellen.

Das internationale Normenwerk ISO 9000-9004 wurde von der CEN (Comité Européen de Normalisation) als Europäische Normen EN 9000-9004 (ehemals: EN 29000-29004) ohne Änderung genehmigt.

Diese Normenreihe, erstmals im Jahre 1987 veröffentlicht und nach einer Überarbeitung im Mai 1990 und im August 1994 in der derzeit neuesten deutschsprachigen Fassung erschienen, hat in den letzten Jahren für Furore gesorgt. Sie ist allerdings keine Verfahrensvorschrift, wie sonst bei technischen Normen üblich. Eine „genormte" Qualitätssicherung kann es nicht geben. Das Normenwerk will als Modellwerk denjenigen Unternehmen eine Hilfestellung geben, die eine Zertifizierung ihres Qualitätsmanagementsystems anstreben. Die Qualitätssicherungsaktivitäten eines Unternehmens sind durch eine Vielzahl in- und externer Einflüsse geprägt; u.a. von den individuellen Unternehmenszielen, der Art und Anspruchsklasse der Produkte, der Größe der Organisation und nicht zuletzt dem Kundenwunsch.

Die Kernnormen DIN EN ISO 9001-9003 (oft auch mit dem Term Darlegungs-umfang bzw. Darlegungsgrad belegt) sind als Modelle für eindeutig dokumentierte Qualitätmanagementsysteme aufgebaut. Das Qualitätsmanagementsystem kann nun einem dieser Modelle weitgehend entsprechen – es kann aber auch in einigen Punkten abweichen. In jedem Fall muß jedoch gewährleistet sein, daß bei einer Modifizierung die DIN EN ISO-Konformität gesichert ist.

1.3.1
Gliederung des Normenwerkes – Auswahl einzelner Normen

Die Norm DIN EN ISO 9000 (Normen zum Qualitätsmanagement und zur Quali-tätssicherung/QM-Darlegung – Teil 1: Leitfaden zur Auswahl und Anwendung so-wie Teil 2: Allgemeiner Leitfaden zur Anwendung von ISO 9001, ISO 9002, und ISO

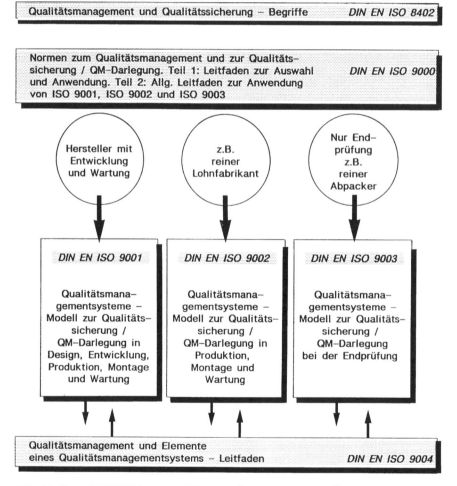

Abb. 21. Norm DIN EN ISO 8402 und Normenreihe DIN EN ISO 9000ff

9003) erklärt zunächst Grundbegriffe der Qualitätssicherung und des Qualitätsmanagement und berät, welche Darlegungsstufe (DIN EN ISO 9001-9003) für ein
Unternehmen zweckmäßig erscheint. Die Normen 9001-9003 bilden somit den
Kern (Abb. 21) und die Auswahl ist industriespezifisch auszulegen. Die Schlüsselbegriffe werden in Abb. 22 dargestellt.

Die DIN EN ISO 9004 beschreibt einen Grundstock von Leitlinien anhand derer
Qualitätsmanagementsysteme entwickelt und eingeführt werden können. Sie beschreibt den Qualitätskreis und die Verantwortung, die sich aus den einzelnen Elementen der genannten Kernnormen 9001-9003 ergibt (vergl. DGQ-Schrift Nr. 21-
11, 1992).

Neben dem genannten Normenwerk DIN EN ISO 9000ff. ist die DIN EN ISO
Norm 8402, erschienen im August 1995, zu beachten. Diese Norm nennt und beschreibt Begriffe zum Qualitätsmanagement und zur Qualitätssicherung.

Strebt ein Unternehmen mit Produktentwicklung eine Zertifizierung durch
eine akkreditierte Stelle an, so kann durchaus die Norm 9002 gewählt werden, das
Element Designlenkung (Entwicklung) wird hier nicht berücksichtigt. Allerdings
ist zu bedenken, daß gerade die Produktentwicklung mit ihren vorgeschalteten

Q-Politik	Zusammenfassung aller Absichten und Zielsetzungen eines Unternehmens die Qualität betreffend, bekanntgegeben durch die oberste Leitung. Die Q-Politik ist Bestandteil der gesamten Unternehmenspolitik inkl. Strategien.
Q-Management	Alle diejenigen Managementfunktionen, welche die Q-Politik festlegen und verwirklichen. Die Verantwortung zur Errei- chung der geforderten Qualität ist *allen* Mitarbeitern übertra- gen, wobei die oberste Leitung eine besondere Verantwortung für das Q-Mangement wahrzunehmen hat.
Q-System	Unternehmensspezifische Aufbauorganisation, die Verantwort- lichkeiten, Abläufe, Verfahren und die Bereitstellung von Mit- teln, um die Ausführung des Q-Managements zu ge- währleisten. Das Q-System muß so umfassend wie nötig und auf seine Schlüssigkeit hin überprüfbar sein.
Q-Lenkung	Anwendung präventiver und operativer Techniken *("Qualitäts- Engineering")* und Tätigkeiten, um die Q-Anforderungen durch Prozeßbeherrschung zu erfüllen. Die Prozeßbeherrschung hat den gesamten Lebenszyklus eines Produktes zu begleiten, beginnend bei der ersten Idee bis zum "Ableben" des Pro- duktes.
Q-Sicherung	Sämtliche geplanten und systematischen Tätigkeiten, die nötig sind, hinreichendes Vertrauen zu schaffen, damit die festge- legten Q-Anforderungen erfüllt werden. Die festgelegten Anfor- derungen müssen vollständig Bedürfnissen der Konsumenten gerecht werden. Aus unternehmensinterner Sicht ist die Quali- tätssicherung als Führungselement anzuwenden, da sämtliche Produktentstehungsphasen eingeschlossen sind und somit für die erforderliche Transparenz gesorgt ist.

Abb. 22. Schlüsselbegriffe zur DIN EN ISO 9000er Reihe

Planungsaktivitäten einen hohen innerbetrieblichen Stellenwert einnimmt, denn 75% aller Produktfehler stecken schon in der Planung und 80% der Fehler werden erst am fertigen Produkt gefunden (Emde 1992). Somit wäre es aus ökonomischer Sicht leichtsinnig, den vermeintlich einfacheren und damit schnelleren Weg zu einer Zertifizierung zu beschreiten.

1.3.1.1
Elemente DIN EN ISO 9001

Die DIN EN ISO 9001 ist die Norm mit dem umfänglichsten Darlegungsumfang (Abb. 23); sie enthält zwanzig Element, die es zu erfüllen gilt (Abb. 24).

Selbstverständlich gilt auch hier die Einschränkung, daß Elemente entfallen können, wenn diese absolut ohne Belang für das Unternehmen sind. Häufig handelt es sich um das Element 7 (Lenkung der vom Kunden beigestellten Produkte).

Stellen die Kunden dem für sie produzierenden Unternehmens *keine* Produkte (dieses können spezifische Rohstoffe, Aromen, Submischungen, aber auch Packmittel sein) zur Einarbeitung in das Endprodukt zur Verfügung, so braucht auch die Qualität der beigestellten Produkte nicht gesichert werden.

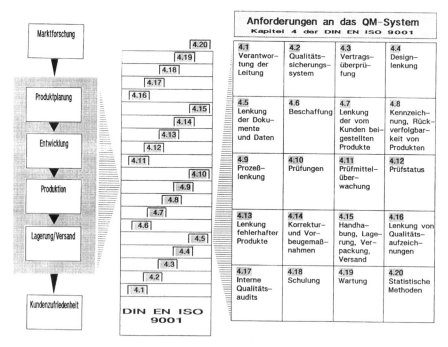

Abb. 23. Die zwanzig Elemente der Norm DIN EN ISO 9001

Qualitätsmanagement ↓Element	↓Zweck
Verantwortung der Leitung	Nachweisverantwortlichkeit für die Qualität festlegen, Qualitätspolitik festlegen und veröffentlichen, Organisation, Beurteilung des QM-Systems.
Qualitätsmanagementsystem	Qualitätsmanagementsystem unterhalten und dokumentieren durch Festlegung anzuwendender Verfahren.
Vertragsüberprüfung	Qualitätsanforderungen erkennen, vorgeben, auf Erfüllbarkeit prüfen.
Designlenkung	Entwicklungsqualität sicherstellen.
Lenkung der Dokumente und Daten	Gültige Unterlagen rechtzeitig bereitstellen.
Beschaffung	Qualität von Unterauftragnehmern sicherstellen.
Lenkung der vom Kunden beigestellten Produkte	Qualität beigestellter Produkte sichern. Vermeidung von Verwechslungen, Rückverfolgbarkeit sicherstellen.
Prozeßlenkung	Produktequalität durch Beherrschung der Prozesse sicherstellen.
Qualitätsprüfung	Nachweis der Erfüllung vorgegebener Forderungen durch Qualitätsprüfung; Prüfort, Prüfteilnahme, Prüfverfahren und Nachweisverfahren sind zu regeln.
Prüfmittelüberwachung	Tauglichkeit der Prüfmittel sicherstellen (für dieses Element wird auf die DIN ISO 10012 verwiesen).
Prüfstatus	Nachweis bestandener Prüfungen und Kennzeichnung.
Lenkung fehlerhafter Produkte	Ausschluß versehentlicher Weiterverwendung fehlerhafter Einheiten sowie Verfügung dieser.
Korrektur- und Vorbeugemaßnahmen	Fehlerursachen beseitigen, um Wiederholungsfehler zu vermeiden.
Handhabung, Lagerung, Verpackung, Konservierung und Versand	Beschädigungen oder Qualitätsbeeinflussungen in diesen Stadien vermeiden, Verwechslungen vorbeugen.
Qualitätsaufzeichnungen	Nachweise und Informationen zur Optimierung der Qualitätssicherung.
Interne Qualitätsaudits	Wirksamkeit des Qualitätsmanagementsystems ständig überwachen und verbessern. Für die Durchführung von Audits wird auf die DIN ISO 10011 Teil 1, Teil 2 und Teil 3 hingewiesen.
Schulung	Ausreichende Personalqualifikation sicherstellen; bzgl. Hygieneschulung wird auf die DIN 10514 (Entwurf) Lebensmittelhygiene hingewiesen.
Wartung	Praktische Bewährung sicherstellen, After-Sales-Service.
Statistische Methoden	An realen Fakten und Daten orientieren; soweit zweckmäßig werden statistische Verfahren benutzt. Dazu gehören auch Stichprobepläne.

Abb. 24. Erfüllungszweck der Norm DIN EN ISO 9001.

Nachstehend sind die Kernanforderungen, unter *lebensmittelspezifischen Betrachtung*, den zwanzig Element zugeordnet.

Verantwortung der Leitung (Element 1)
Qualitätspolitik und Zielsetzung festlegen und bekanntmachen, Mittel und qualifiziertes Personal für die Umsetzung bereitstellen; einen Qualitätsmanagement-Beauftragten der Leitung ernennen und seine Kompetenzen festschreiben; Stellenbeschreibungen; Firmenorganigramm; periodische Bewertung des QM-Systems (Managementreview).

Qualitätsmanagementsystem (Element 2)
Darlegung des Systems in eine *anweisende Dokumentation* (QM-Handbuch, QM-Verfahrensanweisungen in denen Prozesse und Abläufe dargestellt sind, Qs-Arbeitsanweisungen mit detaillierten Tätigkeiten) und eine *protokollierende Dokumentation* (Prüfprotokolle, Lieferantenbeurteilungen, Kalibrierberichte, Auditberichte, Managementberichte, Formblätter).

Vertragsprüfung (Element 3)
Vor Abschluß von Verträgen bzw. Auftragsbestätigungen mit Kunden prüfen, ob die Kundenanforderungen (Spezifikation, Qualität der Anspruchsklasse, Preis, Menge, Lieferbedingungen und -termine) erfüllt werden können.

Designlenkung (Element 4)
Entwicklungsplanung, Forderungen an das Produkt, Projektorganisation (Schnittstellen der involvierten Bereiche); Dokumentation von Ergebnissen (Entwicklungs-FMEA/HACCP), Haltbarkeitstests, Spezifikationen und Annahmekriterien von Rohstoffen, Spezifikation und Annahmekriterien des fertigen Produktes; festlegen von Prüfkriterien; Verifizierung der Ergebnisse einer jeden Entwicklungsphase; Validierung des Produktionsprozesses; Freigabekriterien und deren Prüfparameter.

Lenkung der Dokumente und Daten (Element 5)
Alle gültigen Dokument mit qualitätsrelevanten Daten (Verfahrensanweisungen, Arbeitsanweisungen, Spezifikationen, Herstellvorschriften und Rezepturen, Prüfanweisungen und -methoden etc.) müssen geprüft und freigegeben sein; die eindeutig zuordnungsfähigen Dokumente unterliegen dem Änderungssdienst.

Beschaffung (Element 6)
Lieferantenbeurteilung; eindeutige Beschreibung der Roh-, Hilfs-, Zusatzstoffe und Packmaterialien anhand Spezifikationen; Prüfvereinbarung und Methoden definieren; Beurteilung des Lieferanten durch Audits.

Lenkung der vom Kunden beigestellten Produkte (Element 7)
Die Prüfung, Lagerung, Handhabung und Verwendung muß eindeutig geregelt sein. Beigestellte Produkte können spezielle Rohstoffe, Mischungen, aber auch Packmaterialien sein.

Kennzeichnung und Rückverfolgbarkeit von Produkten (Element 8)
Gesetzliche Vorgaben (Lebensmittelkennzeichnung-VO, Lot-Kennzeichnung);
Kundenvereinbarungen; Interne Rückverfolgbarkeit innerhalb der Herstellungs-
phasen planen, umsetzen und einhalten.

Prozeßlenkung (Element 9)
Beherrschung der geplanten Fabrikationsprozesse umsetzen; qualitätsrelevante
Merkmale definieren, Annahme-/Ablehnungskriterien der Prozeßparameter fest-
legen; kritische (CCP's) und In-Prozeß-Kontrollpunkte (IPK's) überwachen und
dokumentieren; Gute Herstellungspraxis (GHP) sicherstellen (keine Zutatenver-
wechslung, produktbezogene Zuweisung von Behältern/Geräten/Anlagen, sichere
Reinigungs- und Desinfektionsverfahren, Verhinderung der Kontamination von
Anlagen mit Reinigungsmitteln, Entsorgungen).

Prüfungen (Element 10)
Prüfparameter und Prüffrequenz (Stichprobenpläne); Prüfort (Linie oder Labor
intern/Labor extern) und Prüfverantwortung festlegen; Prüfverfahren, -methoden
und Prüfmittel und die entsprechenden Bedingungen festlegen; Identifikation und
Kennzeichnung der Proben, Dokumentation sämtlicher Prüfergebnisse der als erforderlich festgelegten Prüfparameter; Archivierung von Rückstell- bzw. Refe-
renzmustern.

Prüfmittelüberwachung (Element 11)
Prüfmittel identifizieren und Prüfplan für die Überwachung erstellen; verantwortliche Prüfmittelbeauftragte ernennen; Dokumentation der Justier- bzw. Kalibrier-
intervalle sowie der Wartungen externer Kundendienste.

Prüfstatus (Element 12)
Klar abgrenzbare Abschnitte bzw. Phasen und deren Kenntlichmachung in unge-
prüften, geprüften, gesperrten und freigegebenen Chargen von Rohstoffen, Halbfertigwaren bzw. Fertigprodukten.

Lenkung fehlerhafter Produkte (Element 13)
Sicherstellung, daß nichtkonforme Chargen von Rohstoffen, Zwischenprodukte,
Fertigwaren aus dem Produktionsprozeß entnommen und eindeutig als „gesperrt"
gekennzeichnet werden, so daß eine weitere Verarbeitung bis zur endgültigen Abklärung ausgeschlossen ist; Information aller betroffener Stellen gewährleisten;
bei bereits außerhalb des Unternehmens befindlichen fehlerhaften Produkten die
Notwendigkeit eines Produktwarn- bzw. Produktrückrufes prüfen; Bildung eines
Krisenstabes in „ruhiger Zeit"; falls keine Korrekturmaßnahmen möglich, Entsor-
gungsmaßnahmen vorschreiben.

Korrektur- und Vorbeugemaßnahmen (Element 14)
Fehlererfassung und Analyse der Ursache; Festlegung und Dokumentation der
Korrekturmaßnahme; Maßnahme einführen, damit der Fehler sich nicht wiederholt; Optimierung von Produktionsabläufen. Zu den typischen Vorbeugemaßnahmen zählt das HACCP-Konzept sowie die Fehlermöglichkeits- und Einflußanalyse

(FMEA). Unbekannte Störfaktoren können mit einer Fehlerbaumanalyse oder einem „Fischgräten-Diagramm" nach Ischikawa lokalisiert werden.

Handhabung, Lagerung, Verpackung, Konservierung und Versand (Element 15)
Arbeitsanweisungen zum Handling von Rohstoffen und Bedienen von Maschinen; Lagervorschriften einer guten Lagerhauspraxis; Einsatz lebensmittelkonformer bzw. produktspezifischer Packmaterialien; Palettierungs-, Versand- und Transportvorschriften festschreiben.

Lenkung von Qualitätsaufzeichnungen (Element 16)
Dokumentation und fristgerechte Archivierung aller qualitätsrelevanten Daten sicherstellen; Zuständigkeiten und Orte der Aufbewahrung festlegen; Aufbewahrungsfristen definieren; Berechtigte für Vernichtung der Qualitätsaufzeichnungen benennen.

Interne Qualitätsaudits (Element 17)
Auditoren schulen lassen und ernennen (Grundlage DIN ISO 10011-Teil 2); Auditpläne erstellen und von der Geschäftsleitung genehmigen lassen; Audittermine mit den zu auditierenden Bereiche abstimmen; Auditdurchführung anhand Fragenliste, Abweichungsberichte, Nachaudits, Dokumentationen (DIN ISO 10011-Teil 1 und 3 beachten); Bericht an die Geschäftsleitung zwecks QM-Bewertung (Review).

Schulung (Element 18)
Grundlegende Schulung nach Personalneueinstellungen; Ermittlung des qualitätsrelevanten Schulungsbedarfes; Schulungspläne und Kostenbudget erstellen und genehmigen lassen; Schulungsnachweise dokumentieren; Schulungserfolge hinterfragen.

Wartung (Element 19)
Markt- und Produktbeobachtung, Kunden- und Verbraucherinformationen, Regalpflege beim Handel.

Statistische Methoden (Element 20)
Anwendung statistischer Methoden im Bedarfsfall (Qualitätsregelkarten); sequentielle Füllmengenkontrolle; Repräsentanz von Stichprobenplänen; Absicherung von Prüfmethoden; Auswertung von Marktanalysen.

Wenn auch der Weg zur Einführung eines Qualitätsmanagementsystems gemäß den Normen DIN EN ISO 9000ff. beschritten wird bzw. wurde, sollte sich die Unternehmensleitung bewußt sein, hierdurch „lediglich" belegt zu bekommen, daß das Qualitätsmanagementsystem gemäß den Bestimmungen einer Norm harmonisiert wurde, d.h. die Qualitätsfähigkeit des Unternehmens wird bescheinigt – nicht die Qualität in einer Anspruchklasse der Produkte oder gar die Übereinstimmung mit der Kundenanforderung, beides bleibt davon unberührt.

Qualitätsmanagement bedeutet mehr als nur das Aufstellen, Erfüllen und Leben nach „Normen" – Qualität muß als Element der Unternehmenskultur begriffen

und umgesetzt werden, denn Qualität ist einer der entscheidenden Wirtschafts-
und Wettbewerbsfaktoren innerhalb der Wertschöpfungskette.

Selbst eine *erfolgreiche Zertifizierung* kann daher mit „*Qualität als Managementaufgabe*" im Sinne von *TQM* nicht gleichgesetzt werden.

1.3.2
Aufbau und Dokumentation des Qualitätsmanagementsystems

Ausgehend von den gesetzlichen Anforderungen, den Marktbedürfnissen und der
Qualitätsposition, die ein Unternehmen entsprechend seiner Politik am Markt einnimmt oder beansprucht, sind Maßnahmen, die zur Erreichung und zur Erhaltung
der Qualitätsziele notwendig sind, in Form von Richtlinien darzustellen. Es ist na-
heliegend, daß diese Richtlinien von der obersten Unternehmensleitung definiert
und bekanntgegeben werden müssen, da sie als eine wesentliche Bestimmungs-
größe für Umfang und Niveau eines Qualitätsmanagementsystems anzusehen
sind. Diese *Verantwortlichkeit* kann nicht delegiert werden.

Das angestrebte Qualitätsziel kann allerdings nur dann erreicht werden, wenn
alle Unternehmensbereiche (oberste Leitung, Marketing, Entwicklung, Einkauf/
Beschaffung, Produktion, Qualitätswesen, Lagerwesen, Vertrieb, Finanzwesen),
die am Zustandekommen des erklärten Zieles mitwirken, sinnvoll zusammenar-
beiten. Qualitätssicherung ist eine interdisziplinäre Aufgabe und erfordert die *Mit-
arbeit* eines jeden Einzelnen – eine bloße Delegation ist unzureichend. Die Verantwortung zur Dokumentation für qualitätssichernde Aktivitäten liegt somit keinesfalls alleinig in den Händen des Qualitätswesen bzw. des QM-Beauftragten.

Die schriftlich fixierte Darstellung zum *gelebten* Qualitätsmanagement dient
nicht allein der Dokumentation, sie ist vielmehr selbst ein wichtiges Element der
gesamtheitlichen Qualitätsbetrachtung, Aufrechterhaltung sowie Plattform für
eine stetig weiterzuentwickelnde Qualitätsverbesserung – und zwar für alle Unternehmensbereiche. Eine Qualitätsmanagementdokumentation setzt sich im wesentlichen aus der *anweisenden Dokumentation* unter *protokollierenden Dokumentation* (Abb. 25) zusammen.

Das QM-Handbuch des Unternehmens – bei großen Bereichen ist Abfassung
von Bereichshandbüchern unterhalb des QM-Handbuches sinnvoll – hat Querverweise auf QM-Verfahrenanweissungen zu enthalten; Verfahrenanwcisungen wiederum verweisen auf detaillierte Arbeitsanweisungen.

Die protokollierenden Dokumentationen sind die eigentlichen Qualitätssiche-
rungsaufzeichnung von Zahlen, Daten und Fakten einzelner Prozesse bzw. Abläufe.

1.3.2.1
Qualtätsmanagementhandbuch

In der strukturellen Gliederung der Qualitätsdokumentation (Abb. 26) nimmt das
Qualitätsmanagementhandbuch eine bedeutende hierarchische Stellung ein. Es

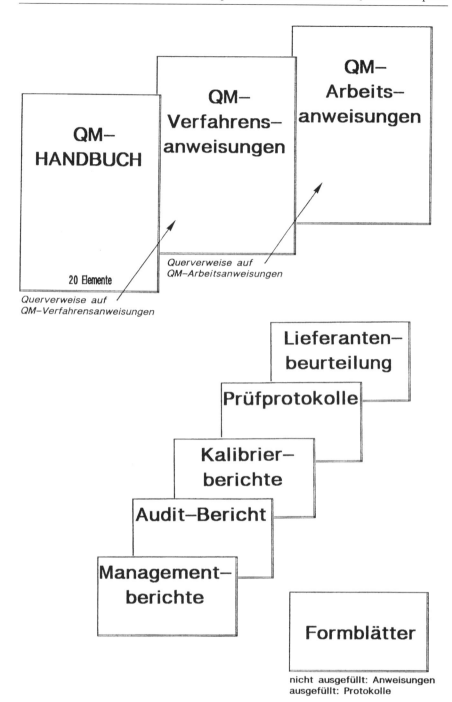

Abb. 25. Anweisende und protokollierende Qualitätsdokumentation

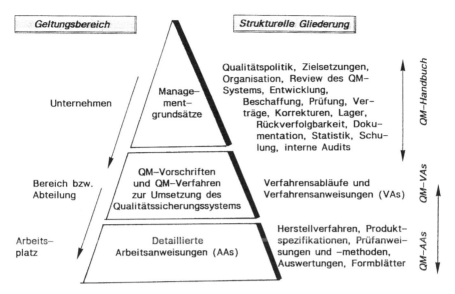

Abb. 26. Strukturelle Gliederung einer Qualitätsdokumentation

beschreibt und dokumentiert ein Unternehmen bzgl. seines Qualitätsmanagementsystem gemäß des gewählten Darlegungsumfanges (20 Element beim Darlegungsgrad der DIN EN ISO 9001) und dessen Aktivitäten sowie für die Anwendung des Systems notwendigen Verantwortlichkeiten. Unternehmensintern stellt es die ständigen Bezugsgrundlage für alle Mitarbeiter bzgl. ihrer Verantwortung und Befugnisse dar – neu eingestellten Mitarbeiterinnen und Mitarbeitern hilft es, Wissenslücken schnellstmöglich zu schließen.

Nach außen hin gibt es Auskunft darüber, oder den gewünschten Forderungen der Abnehmer Rechnung getragen wird und trägt somit zum Qualitätsimage des Unternehmens bei. Dem für das Unternehmen zuständigen Chemischen bzw. Veterinärmedizinischen Untersuchungsamt werden damit nicht nur „Zeitaufnahmen von Ergebnissen von Planproben" bekannt, sondern die gesamten Maßnahmen zur Qualitätsicherung werden transparent dargestellt. Die Versicherungsgeber für die Produzentenhaftung zur Produkthaftpflicht können Risiken so anders bewerten.

Das QM-Handbuch muß firmenspezifisch sein und dem Stand der Technik und des Wissens entsprechen. Bereits bei der Erstellung des QM-Handbuches sind alle Bereiche zu verpflichten; nur so kann – mit der aktiven Unterstützung der obersten Unternehmensleitung, die damit konsequent zu Qualitätsverpflichtungen Stellung nimmt – auch die spätere notwendige Akzeptanz erreicht werden.

Allerdings ist mit dem Ausarbeiten und Einführen des QM-Handbuches allein nicht zu erwarten, daß damit die wesentlichste Voraussetzung zur Sicherung der Qualität geschaffen ist. Die leitenden Bereiche müssen darüber im klaren sein, daß es sich beim QM-Handbuch – wenn auch hierarchisch das wichtigste Dokument

Abb. 27. Ganzheitlich zu betrachtendes Qualitätsmanagementsystem

– „*nur*" um die Schaffung einer Bezugsgrundlage handelt, in der die unternehmenspolitische Qualitätszielsetzung lesbar gemacht werden. Die Methoden und Techniken zu Qualitätsmanagement, die nachgeordneten Verfahrens- und Arbeitsanweisungen bilden das Fundament und sind somit für die Effektivität des Qualitätsmanagementsystems maßgebend – das Qualitätsmanagementhandbuch bildet lediglich das Dach (Abb. 27).

Spezielle Vorlagen für die Lebensmittelindustrie sind vom Bund für Lebensmittelrecht, der Föderation der Schweizerischen Nahrungsmittelindustrien (FIAL), vom Milchindustrie-Verband (MIV), dem Verband der deutschen Fruchtsaft-Industrie (VdF) sowie vom Zentralverband des Deutschen Bäckerhandwerks herausgegeben worden.

1.3.2.2
Verfahrens- und Arbeitsanweisungen

Unterhalb des Qualitätsmanagementhandbuches sind gemäß Querverweis zusätzliche interne Richtlinien zu Abläufen und Verfahren der Elemente auszuarbeiten. So verlangen die Normen ausdrücklich, daß zu einem bestimmten Vorgang oder Ablauf eine *Verfahrensanweisung erstellt werden muß*. Unter Umständen sind diese wiederum durch arbeitsplatzspezifische Arbeitsanweisungen zu ergänzen. Verfahrens- und Arbeitanweisungen sollten nicht nur Beschreibung zu Vorgängen enthalten, sondern darüber hinaus Konsequenzen für Qualitätseinbußen aufzeigen, die bei Nichtbeachtung folgen können – z.B. das Nichteinhalten von Mischzeiten führt zu Inhomogenitäten, nur der vorgegebene Temperatur-/Zeitverlauf garantiert die Abwesenheit spezieller Organismen etc.

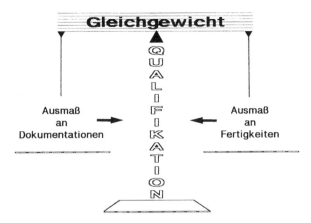

Abb. 28. Ausmaß an Fertigkeiten muß zum Ausmaß an Dokumentationen im Gleichgewicht stehen

Der Umfang, nicht die Tiefe an Genauigkeit, solcher Verfahrens- und Arbeitsanweisungen hängt von der Qualifikation der Mitarbeiter ab. Das Ausmaß der Fertigkeiten bestimmt den Umfang der Dokumentation (Abb. 28).

1.3.3
Unternehmenseigenes Qualitätsmanagementsystem – amtliche Lebensmittelüberwachung

Gemäß Artikel 1 der Richtlinie des Rates 89/397/EWG vom 14. Juni 1989 über die amtliche Lebensmittelüberwachung (Amtsbl. der Europäischen Gemeinschaft Nr. L 186/23) sind Gegenstand der Überwachung und damit Gegenstand der Qualitätssicherung

- Lebensmittel;
- Lebensmittelzusätze, Vitamine, Mineralsalze, Spurenelemente uns andere Zusatzstoffe, die als solche zum Verkauf bestimmt sind;
- Materialien und Gegenstände, die dazu bestimmt sind, mit Lebensmitteln in Berührung zu kommen.

Die Qualitätssicherung muß den Vorschriften entsprechen, die den Schutz der Gesundheit, die Sicherstellung eines redlichen Handelsverkehrs oder den Schutz der Verbraucherinteressen bezwecken, einschließlich der Vorschriften über die Information der Verbraucher.
Nach Artikel 5, Abs. 5 der Richtlinie erstreckt sich die amtliche Lebensmittelüberwachung u.a. auf das unternehmenseigene Kontrollsystem – sofern vom Hersteller eingerichtet – und die damit erzielten Ergebnisse. Das schließt die Prüfung der Schrift- und Datenträger mit ein. Keinesfalls darf allerdings daraus geschlossen werden, daß die amtliche Lebensmittelüberwachung bei einem qualitätsorganisierten Unternehmen, d.h. falls dieses ein QS-System nach DIN EN ISO 9000ff. eingerichtet hat, völlig eingestellt wird. Sie wird sich allerdings in ihrer Art verändern (Emde 1992).

Da die amtliche Lebensmittelüberwachung nicht nur aus Inspektionen und Probeerhebung und deren Analyse besteht, sondern auch rechtliche Verstöße aufzudecken, zu tadeln oder gar zu ahnden hat und sogar Maßnahmen zur Unterbindung von Verstößen einleiten muß, kommt dem unternehmenseigenen Qualitätssicherungssystem eine erhebliche Bedeutung zu. Die strafrechtliche Ahndung eines Verstoßes setzt auch die Prüfung des individuellen Schuldvorwurfes voraus, bei der alle Umstände berücksichtigt werden müssen, die den Betroffenen entlasten können.

Aus diesem Grund wird ein beweiskräftiges Qualitätssicherungssystem, das auf den Schutz des Verbrauchers vor gesundheitlichen Beeinträchtigungen (§ 8 LMBG) und vor Täuschung (§ 17 LMBG) ausgerichtet ist, zusätzlich zu den ökonomischen Vorteilen, die unternehmerische Sorgfaltspflicht dokumentiert. In diesem Zusammenhang ist insbesondere ein installiertes HACCP-Konzept zu erwähnen sowie die Handhabung des redlichen Handelsbrauches.

Ein normenkonformes Qualitätsmanagementsystem entspricht dem Stand der Technik; somit ist dessen Einführung kein besonders hervorzuhebendes Leistungsmerkmal eines Unternehmens. Ein installiertes QM-System ist lediglich die Erfüllung einer Minimalanforderung, um Schäden jeglicher Art für den Kunden bereits im Vorfeld abzuwenden.

Daraus könnte gefolgert werden, daß ein Unternehmen, das Produkte in Verkehr bringt, zur Errichtung eines Qualitätsmanagementsystems verpflichtet sei, sofern es sich nicht dem Vorwurf einer schuldhaften Sorgfaltspflicht ausgesetzt sehen will. Ist ein Qualitätsmanagementsystem lückenhaft dokumentiert, so muß die amtliche Lebensmittelüberwachung anderweitig prüfen, ob eine Normenkonformität der hergestellten Lebensmittel gewährleistet ist.

Unternehmer, die meinen, die für ein unternehmensspezifisches QM-System erforderlichen Investitionskosten nicht aufbringen zu können, wären besser beraten, ihre Unternehmung gar nicht erst aufzunehmen (Gorny 1992).

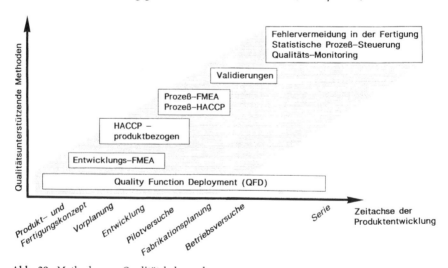

Abb. 29. Methoden zur Qualitätsbeherrschung

1.4
Präventive und operative Qualitätsstrategien

Methoden und Techniken des Qualitätsmanagement können in *operativ wirkende* (on-line-Prüfungen, in der Serie) präventiv wirkende (off-line-Prüfungen, vor Serienanlauf) unterteilt werden (Abb 29).

Die *präventiv wirkenden* Methoden rangieren unter dem Oberbegriff des „Quality Engineering" Taguchi (1986). Nach der Festlegung von Produktionsprozessen inkl. Verfahrens- und Arbeitsanweisung (off-line) bleiben noch folgende Quellen der Produktabweichung von „theoretischen Soll" übrig:

– Streuung in den Rohstoffen und anderen fremdbezogenen Komponenten
– Abweichung im Prozeß durch bspw. unzureichende Wartung, Maschinenverschleiß, Apparateausfall etc.
– Streuung in der Ausführung
– menschliche Fehler

Diesen Quellen der Variabilität begegnet man durch Prüfungen während der laufenden Produktion – also durch on-line-Prüfungen (Echtzeit). Taguchi (1986) unterscheidet drei Arten der on-line-Prüfung:

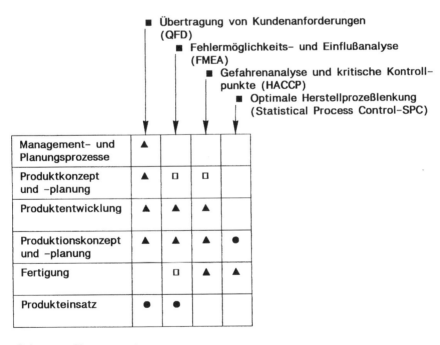

Abb. 30. Wahl und Einsatz von Methoden und Techniken

- Prozeßprüfung und entsprechende Anpassung (In-Prozeß-Kontrollen zur Prozeßsteuerung)
- Prognosen und Korrektur (rück- oder vorwärts gekoppelte Steuerung)
- Messungen und entsprechende Handlung (z.B. Kontrollkarten, automatische Wägungen)

Deutliche Qualitätskosteneinsparungen werden durch die Beherrschung und die Anwendung der Methoden und Techniken des „off-line-Engineering" erreicht, wobei die Einsparungen allerdings erst sichtbar werden, wenn nach der Qualitätskostenrechnung verfahren wird.

Während das Verfahren der Gefahranalyse und kritische Kontrollpunkte (HACCP) zur lebensmitteltypischen Technik zählt, stammen die Methoden wie Quality Function Deployment (QFD), Fehlermöglichkeits- und Einflußanalyse (FMEA) i.d.R. aus der Kernkraft-, Weltraum-, Werften und Automobilindustrie – trotzdem lassen sich die letztgenannten Methoden durchaus mit Erfolg auf die Lebensmittelindustrie übertragen, denn Kunde ist Kunde und Qualität bleibt ein branchenunspezifischer Begriff.

Wie bereits einleitend erwähnt, verweist die EG-Richtlinie über Lebensmittelhygiene auf das HACCP-Konzept, die Norm DIN EN ISO 9004-1 nennt im Abschnitt 8.5 u.a. die Fehlermöglichkeits- und Einflußanalyse.

In welchen Prozeßstufen mit welcher Eignung Methoden und Techniken eingesetzt werden sollen, zeigt die Abb. 30.

Die nachstehende Abb. 31 stellt präventiv und operativ wirkenden Aktivitäten mit den entsprechenden Qualitätssicherungsmaßnahmen gegenüber.

Präventiv	Operativ
Verhinderung des Entstehens von Qualitätsmängeln QUALITÄTSSICHERUNG	Annahme/Ablehnungsentscheide gemäß Prüfergebnissen QUALITÄTSPRÜFUNG

Forschung & Entwicklung

Installation von Fehleranalysen *(FMEA)* bei der Formulierung von Produkten sowie Ermittlung kritischer Kontroll- bzw. Beherrschungspunkte *(HACCP)* bei der Entwicklung von Fabrikationsprozessen	Verifizierung von Prozeßführungen in den verschiedenen Entwicklungsstufen. Feststellung auf Übereinstimmung mit den festgelegten Anforderungen

Einkauf & Beschaffung

Beurteilung von Rohstoffproduzenten bzgl. Fähigkeit und Zuverlässigkeit, Qualitätsanforderungen zu erfüllen; d.h. Vermeidung von Rohstofflieferungen mit Qualitätsmängeln	Auf produktspezifischen Stichprobenplänen basierende Prüfungen jeder Lieferung auf Grundlage von Spezifikationsmerkmalen (Eingangsprüfung)

Produktion & Lager

Validierung von Prozessen und Festschreibung der Guten Herstellpraxis *(GHP)* zur Verhinderung einer Fertigung von Produkten mit Qualitätsmängeln so einer gute Lagerhauspraxis.	Chargen(Produktionslos)bezogene »on-line« und Konformitätsprüfungen zur Bestätigung der Erfülllung der festgelegten Qualität (Endprüfungen); Prüfungen von qualitätsbeeinflussenden Parametern während der Lagerung und auf Transportwegen

Marketing (intern) – Konsument (extern)

Überprüfung der Erfahrung von Kunden zur Ermittlung unentdeckter Qualitätsmängel (rückwärtige Produktbeobachtung)	Durchführung von Kontrollen beanstandeter Ware, ggf. Korrekturmaßnahmen einleiten

Abb. 31. Präventives und operatives Qualitätsmanagement

Kapitel 2

Qualität in Planung und Entwicklung von Produkten und deren Herstellprozessen

2.1
Qualitätsplanung

Die Planung neuer Produkte und deren Fabrikationsprozesse, sie ist der eigentlichen Produkt- und Prozeßentwicklung vorgeschaltet, gehört wohl zu einem der bedeutendsten Gesamttätigkeiten eines qualitätsbewußt orientierten Unternehmens. Die DIN EN ISO 8402 (1995) definiert die Qualitätsplanung wie folgt.:

a) Planung bzgl. Produkt: Identifizieren, Klassifizieren und Gewichten der Qualitätsmerkmale sowie Festlegen der Ziele, der Qualitätsforderungen und der einschränkenden Bedingungen;
b) Planung bzgl. Führungs- und Ausführungstätigkeiten: Vorbereiten der Anwendung des QM-Systems samt Ablauf und Zeitplänen;
c) Das Erstellen von QM-Plänen sowie das Vorsehen von Verbesserungsplänen.

Auf einen Nenner gebracht, bedeutet dies nichts anderes als *die Festlegung von Qualitätszielen und die Festlegung der Mittel, die das Erreichen der angestrebten Ziele ermöglichen.* Die Planung eines Qualitätsmanagementsystem als auch die Prüfplanung als solches, sind nicht Gegenstand der Qualitätsplanung.

Juran (1993) nennt die folgenden sechs Schritte der Qualitätsplanung, die die Entwicklung von Produkten und Prozessen zur Erfüllung der Kundenbedürfnisse umfassen:

- Festlegung von Qualitätszielen
- Identifizierung des Kunden- bzw. Personenkreises, der von den Bemühungen um Erreichung der Qualitätsziele betroffen ist
- Bestimmung der Kundenbedürfnisse
- Entwicklung von Produkteigenschaften, die den Kundenbedürfnissen gerecht werden
- Entwicklung von Prozessen zur Produktion dieser Produkteigenschaften
- Einführung von Prozeßkontrollen und Übergabe der daraus resultierenden Fertigungspläne

Zweckmäßigerweise skizziert man ein grobes Ablaufschema zur Produkt- und Prozeßplanung eines zu entwickelnden Produktes und die daraus zu folgernde

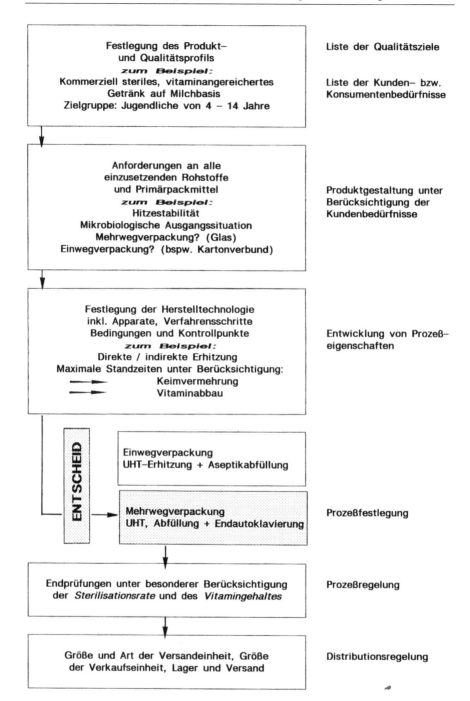

Abb. 32. Beispiel eines Ablaufschemas zur Produkt- und Prozeßplanung

Festlegung von Zielen und die Wahl der Mittel zu Erreichung dieser Ziele (Abb. 32). Ein solches chronologisches Qualitätsplanungsschema hilft bereits erste Entwicklungsfehler zu minimieren, wenn eine auf breiter Basis angelegte Planungsgruppe alle Schritte „simultan" bearbeitet. Die simultane, d. h. gleichzeitig nebeneinander erfolgende Arbeitsweise hat zudem den Vorteil, daß ein enormer Zeitgewinn für eine Produktentwicklung bis zur Serienreife verzeichnet werden kann.

Fehlerraten und damit verbundene Fehlerkosten werden in allererster Linie bei der Qualitätsplanung festgelegt, sei es aufgrund einer „Qualitätsplanung", die diesen Namen nicht verdient, oder aber daß potentielle Qualitätsprobleme aus Unwissenheit nicht rechtzeitig erkannt werden.

Gerade die Einflußmöglichkeiten auf spätere Fehlerkosten (s. 1.2) gebietet deshalb Teamarbeit auf fachlich höchstem Niveau, da rechtzeitig erkannte Fehler bei Planung und Entwicklung von Produkten und Prozessen die Kosten einer Fehlerbeseitigung gering halten (Abb. 33).

Neben der Produkt- und Prozeßplanung kennt man noch die *strategische Qualitätsplanung*. Darunter wird allgemein die langfristig ausgerichtete, auf das gesamte Unternehmen bezogene (und auch die aus der Unternehmenswelt erwachsenden Chancen und Risiken) Festlegung der Produkt-/Markt-orientierten Ziele sowie die Wege zu ihrer Erreichung verstanden. Hier steht demnach das Erarbeiten von Strategien zur Schaffung und Erhaltung von Erfolgspotentialen im Mittelpunkt.

Eine Produktplanung setzt voraus, die Wünsche, Bedürfnisse und Erwartungen des Kunden zu kennen. Daher muß aus Sicht des Kunden geplant und entwickelt werden. Die Ableitung von Qualitätsanforderungen kann mit Hilfe der Quality Funciton Deployment-Methode erfolgen.

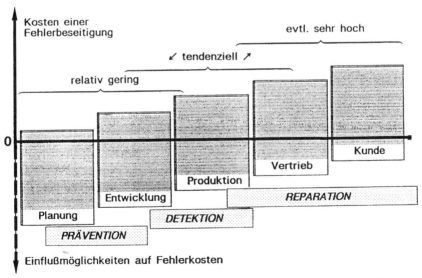

Abb. 33. Einflußmöglichkeiten auf Fehlerkosten durch Qualitätsbeherrschung in Planung und Entwicklung

2.1.1
Quality Function Deployment – Qualitätsplanungsmethode

Quality Function Deployment (QFD), eine Methode japanischen Ursprungs (Akao 1978) zur Unterstützung der Qualitätsplanung, gilt seit einigen Jahren als international anerkanntes Verfahren des Quality Engineering und ist somit ein präventiv wirkendes Qualitätssicherungsinstrument.

Mit Hilfe von QFD wird die *Stimme des Kunden in die Sprache des Unternehmens übersetzt*, d.h. der Kundenwunsch wird auf die Produkteigenschaften übertragen (Abb. 34).

Die Ziele von QFD sind:

- Vorgelagerter Baustein zur eigentlichen Produktentwicklung um Kundenzufriedenheit zu erreichen
- Wissenstransfer im gesamten Unternehmen durch fachübergreifende Projektgruppen (Teambildung)
- Beobachtung der Wettbewerber durch Leistungs- und Imagevergleich
- Wechselwirkung der Leistungen festzustellen und zu bewerten

Daraus ergibt sich folgender Nutzen:

- Konzentration auf das Wichtigste
- Nachvollziehbare Dokumentation auf allen Ebenen
- Darstellung der Komplexität des zu bearbeitenden Projektes
- Fertigungsschritte werden detailliert festgelegt
- Orientierung an Wettbewerbern

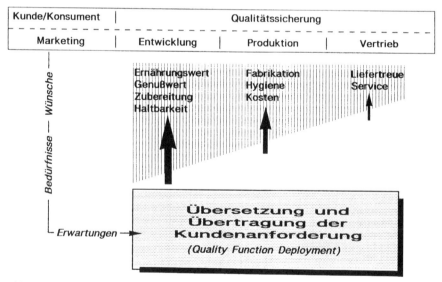

Abb. 34. Einflußmöglichkeiten auf Fehlerkosten durch Qualitätsbeherrschung in Planung und Entwicklung

– Ermittlung von Know how-Lücke
– Arbeitsübergreifende Zusammenarbeit der Bereiche
– Effektivität durch methodisches Vorgehen
– Neue Produkte in kürzerer Zeit

Somit ist mit QFD eine effiziente Projektsteuerung verbunden – vom allgemeinen Kundenwunsch bis zum detaillierten Arbeitsgang in der Fertigung (Abb. 35).

In der Regel hat das Marketing die Verpflichtung , die Kundenanforderungen zu erfragen und zu qualifizieren. Die Norm DIN EN ISO 9004 stellt unter Pkt. 7.1 Forderungen an das Marketing und empfiehlt: „Die Marketingfunktion sollte eine angemessen festgelegte und dokumentierte Qualitätsanforderung an das Produkt erstellen.

Eine wenig genutzte Strategie ist die direkte Einbeziehung des Kunden in den QFD-Ablauf, wobei hier nicht der einzelne Konsument, sondern der Großkonsument/Handel gemeint ist, der bei ausgewählten Themen beim QFD-Ablauf zur Teilnahme einbezogen wird.

Die QFD-Methode bedient sich diverser matrixartiger Darstellungen; sie beginnt bei der Produktplanung mit dem Marketing-Block der Kundenanforderung (*Was*), die auf der Abszisse (x-Achse) aufgetragen wird. Auf der Ordinate (y-Achse) wird der technische Block zur Erfüllung bzw. zur Lösung, das *Wie* aufgetragen.

Mit verschiedenen Feldern (Zimmer) und der Korrelationsmatrix (Dach) erscheint die graphische Darstellung als Haus, man spricht auch vom *House of Quality*, kurz *HoQ*.

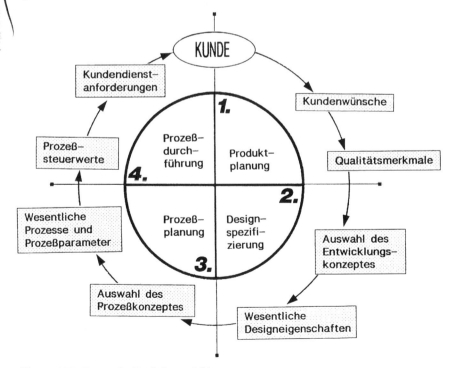

Abb. 35. QFD-Phasen der Produktentwicklung

Die Vorteile der matrixartigen Darstellung schafft eine große Übersichtlichkeit und erlaubt somit die leichte Darstellung der Wechselbeziehungen bei gleichzeitiger Vollständigkeitsprüfung. Die Darstellung erscheint, aber nur auf den ersten Blick, verwirrend. Die systematische Eingabe und Auswertung läßt erkennen, daß diese Methode den gesamten Arbeitsaufwand für eine Qualitätsplanung erheblich reduziert und daß das Augenmerk auf das Wesentliche konzentriert wird, nämlich auch schwierige Kundenanforderungen zu erfüllen und bestehende Produktschwächen zu beseitigen.

Innerhalb von QFD können fallweise andere Methoden, wie die Fehlermöglichkeits- und Einflußanalyse (FMEA) und das Konzept der Gefahrenanalyse und kritische Kontrollpunkte (HACCP), angewendet werden.
Die nachstehenden Abbildungen 36.1 und 36.2 des House of Quality zeigen die Vorgehensweise. Anhand der Abb. 37.1 bis 37.6 wird die Systematik zu Beschreibung *aller* Forderungen, beginnend beim Kunden und endend bei der Fertigung, anhand des einfachen Beispiels „Eine heiße Tasse Kaffe" nochmals nachvollzogen.

2.1.1.1
House of Quality – Eingabe und Auswertung

Durch eine sukzessive Vorgehensweise werden alle relevanten Daten ermittelt und in die Matrix des House of Quality eingebracht:

Schritte (1) und (2): Die Kundenanforderung *Was* und deren Gewichtung
Es werden alle Anforderungen/-wünsche ermittelt, die der Kunde an das Produkt stellt (1). Dabei ist es hilfreich, die sogenannte „W-Methode" anzuwenden: was, wie, wo, warum, warum nicht, womit. Die Bedeutung der Anforderungen für den Kunden sind zu wichten (2), je höher die Zahl, desto wichtiger die Anforderung. Die numerische Schrittfolge ist 1 (10 = sehr wichtig, 1 = unwesentlich).

Schritte (3) und (4): Die Ableitung der Entwicklungsmerkmale *Wie*
Es erfolgt die Umsetzung der Entwicklungsmerkmale bzw. deren Qualitätmerkmale (3), wobei die Optimierungsrichtung bzw. der angestrebte Status (4) im Vergleich zum momentanen Status durch Symbole bzw. Zahlenwerte angezeigt wird.

Schritte (5), (6) und (7): Die Ableitung der Beziehung
Es werden alle Anforderungen (Was) mit den Merkmalen (Wie) in Beziehung gesetzt und bewertet (5), dabei bedeutet 1 = schwache Beziehung, 2 = mittlere Beziehung und 3 = starke Beziehung, leeres Feld = keine Übereinstimmung. Im Dach des House of Quality werden die Lösungen als Wechselbeziehung (6) paarweise miteinander verglichen und Stärken (positiv) und Schwächen (negativ) erkannt und bewertet. Die Bedeutung (7) der Entwicklungsmerkmale wird durch Multiplikation der Gewichtung mit der Kundenanforderung ermittelt. Deckt ein Entwicklungsmerkmal mehrere Kundenforderungen ab, so ergibt sich die Bedeutung aus der Summe der einzelnen Produkte.

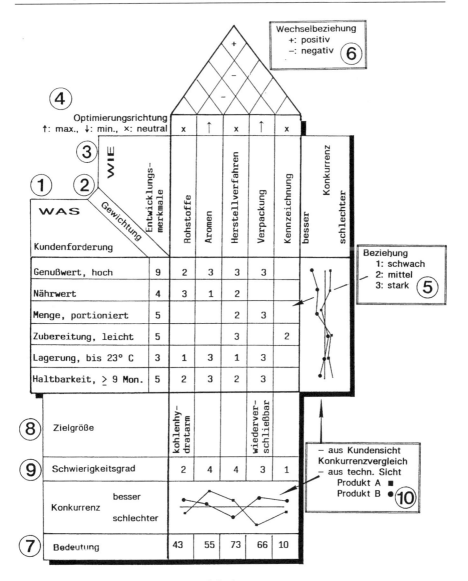

Abb. 36.1. House of Quality zur QFD-Produktplanung

Schritte (8), (9) und (10): Zielgrößen und Leistungsvergleiche

In weiteren Tabellen können Zielgrößen bzw. spezielle Angaben (8) festgehalten werden. Auch der Leistungsvergleich mit Wettbewerbern, zum einen aus technischer Sicht (9) und zum anderen aus Sicht des Kunden (10), kann dargestellt werden. Hierbei muß man sich im klaren sein, daß der Kunde das Produkt aus einem anderen Blickwinkel sieht, als technische Merkmale es vorgeben.

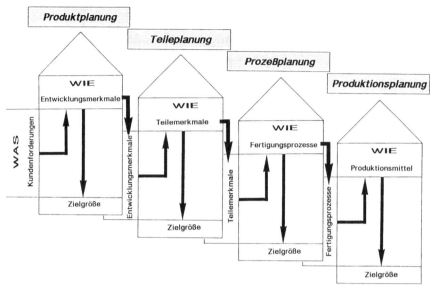

Abb. 36.2. Ableitung von Produktplanungsphasen

Die Disziplin der QFD-Methodik liegt darin begründet, daß die Ableitung der Anforderungen in 4 Phasen zu wiederholen ist. Diese Vorgehensweise wird *Deployment* (Begriff aus dem strategischen Vorgehen: entfalten, entwickeln, in Stellung bringen) genannt. Das erarbeitete *Wie* der ersten Stufe wird zum *Was* der zweiten Bearbeitungsstufe um die Teilemerkmale zu bearbeiten. Den Teilemerkmalen folgt der Fertigungsprozeß u.s.w. (Abb. 37). Die Einführung der QFD-Methode erscheint verwirrend und zeitraubend; sie stößt somit manchmal schon auf Ablehnung, bevor ihre großen Vorteile erkannt wurden, nämlich neue und komplexe Kundenanforderungen zu erfüllen oder bestehende Produktschwächen zu korrigieren.

2.1.1.2
Kundenwunsch – Eine heiße Tasse Kaffee

Anhand eines einfachen Beispiels (Paasch 1995, pers. Mitt.) soll die zuvor beschriebene QFD-Methode an einem alltäglichen Kundenwunsch, dem Wunsch „*Eine heiße Tasse Kaffee*" nochmals nachvollzogen werden.

Produkt: *Eine heiße Tasse Kaffee*

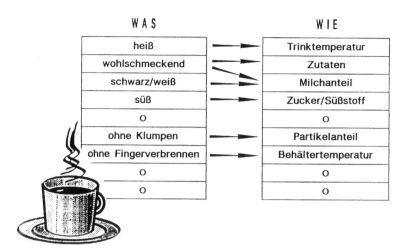

WAS

heiß	→	Trinktemperatur
wohlschmeckend		Zutaten
schwarz/weiß	→	Milchanteil
süß	→	Zucker/Süßstoff
o		o
ohne Klumpen	→	Partikelanteil
ohne Fingerverbrennen	→	Behältertemperatur
o		o
o		o

WIE

Abb. 37.1. Produktplanungsmatrix zum Kundenwunsch „Eine heiße Tasse Kaffee"

Aus dem Kundenwunsch folgert die Kundenanforderung mittels Feststellung der Qualitätsmerkmale *Was* und die Ableitung der Entwicklungsmerkmale zur Feststellung der Stärke der Beziehung *Wie* (Abb. 37.1).
Als nächster Schritt ist die Stärke der Beziehungen zwischen dem Kundenwunsch bzw. dessen Qualitätsmerkmalen (*Was*) und den Entwicklungsmerkmalen (*Wie*) hinsichtlich der Stärke ihrer Beziehungen zueinander abzuleiten (Abb. 37.2).
In unserem Beispiel hat der lebensmitteltypische Kundenwunsch *wohlschmeckend* eine starke Beziehung zu den *Zutaten* während dem *Milchanteil* aufgrund der unterschiedlichen Kundengeschmäcker lediglich nur eine schwache Beziehung zugestanden wird.
Die Matrix wurde um eine Reihe und eine Spalte erweitert. Unter *Was* wurde der mögliche Kundenwunsch der Zugabe eines kostenlosen Keks aufgenommen, die Spalte könnte eine Aussage über eine technisch erforderliche Maßnahme ohne entsprechenden Kundenwunsch enthalten.
Während Abb. 37.3 die paarweise Ableitung, hier insbesondere den Parameter *heiß* mit dem *Parameter Temperatur des Behälters* verdeutlicht, zeigt die Abbildung 37.4 unter *Wieviel* Zielgrößen bzw. Zielwerte, die eingehalten werden müssen, um den Kundenwunsch erfüllen zu können.
Der Konkurrenzvergleich (Abb. 37.5) ermöglicht die Gelegenheit, technische Durchbrüche wahrzunehmen, wenn alle Produkte schlecht bewertet werden oder die Gelegenheit zum Kopieren, wenn die Konkurrenz groß ist und das eigene Produkt dagegen schlecht abschneidet.
Die Abbildung 37.6 verdeutlicht nochmals die 4 Phasen, von der Produkt- bis zur Produktionsplanung, um den Kundenwunsch „Eine heiße Tasse Kaffe" erfüllen zu können.

1 schwache Beziehung
2 mittlere Beziehung
3 starke Beziehung

W
I
E

W A S

WAS \ WIE	Trinktemperatur	Zutaten	Frische Milch	Milchanteil	Saccharose-/Saccharinanteil	Partikelgröße	Temperatur des Behältnisses	Größe der Kaffeebohnen
heiß	3		3				2	
wohlschmeckend		3	3	1		1		
schwarz/weiß				3				
süß					3			
inkl. kostenlosem Keks								
ohne Klumpen	3		3				3	
ohne Fingerverbrennen	2			1			3	

leere Reihe: potentiell erfüllbarer Kundenwunsch, entsprechend "WIE" festzustellen

leere Spalte: poteniell nicht identifizierter Kundenwunsch, z.B. Kaffee light; möglicherweise verschwendete Ressource; vielleicht bestehen technisch erforderliche Gründe, ohne entsprechenden Kundenwunsch

Abb. 37.2. Feststellung der Stärken der „Beziehung"

Phase I:

Die Erfassung der Kundenanforderungen „im Eingang des Hauses" und deren Umsetzung in die Sprache der Technik

Kundenanforderung   ⟶   Entwicklungsmerkmale
  ⟶   Lösungsideen

Phase II:

Aus den Entwicklungsmerkmalen sind die einzelnen Teilemerkmale zu ermitteln

Entwicklungsmerkmale ⟶ Bestimmung kritischer Teilparameter
  ⟶   Auswahl des besten Entwicklungskonzeptes

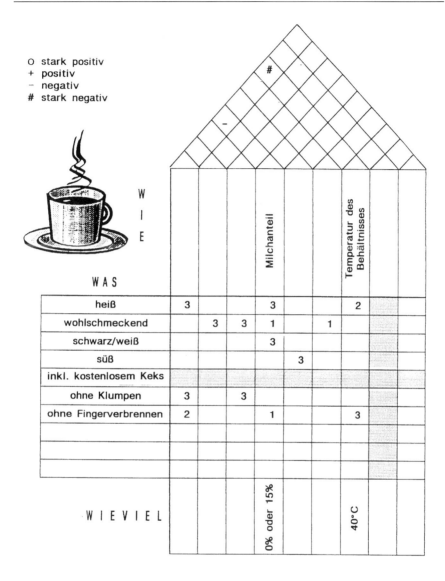

O stark positiv
+ positiv
− negativ
stark negativ

WAS				Milchanteil		Temperatur des Behältnisses	
heiß	3			3		2	
wohlschmeckend		3	3	1		1	
schwarz/weiß				3			
süß					3		
inkl. kostenlosem Keks							
ohne Klumpen	3		3				
ohne Fingerverbrennen	2			1		3	
WIEVIEL				0% oder 15%		40°C	

Die Trinktemperatur und Temperatur des Behältnisses sind negativ miteinander ver-
knüpft. Negative Korrelationen brauchen Lösungen oder Kompromisse, z.B.:
− Konfliktlösung durch Design (z.B. isolierter Behälter)
− Kompromißlösung durch Änderung der Zielwerte (z.B. niedrigere Trinktemperatur

Abb. 37.3. Korrelationsmatrix der Qualitätsmerkmale

Phase III:
Mit der Spezifizierung der kritischen Teilemerkmale werden die Anforderungen
an die Fertigungs- bzw. Produktionsprozesse festgelegt
Teile bzw. Elemente ⟶ Prozeßplanung
⟶ Prozeßzielwerte

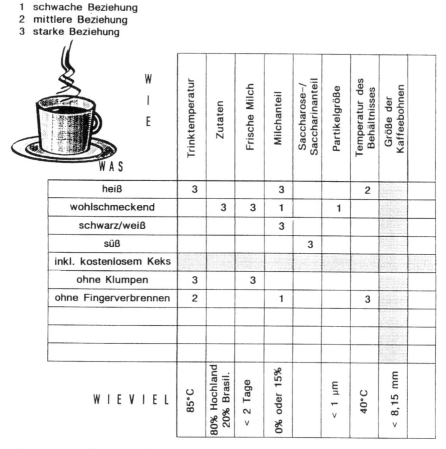

Abb. 37.4. Feststellung von Zielgrößen bzw. Zielwerten für die Qualitätsmerkmale

1 schwache Beziehung
2 mittlere Beziehung
3 starke Beziehung

WAS / WIE	Trinktemperatur	Zutaten	Frische Milch	Milchanteil	Saccharose-/Saccharinanteil	Partikelgröße	Temperatur des Behältnisses	Größe der Kaffeebohnen
heiß	3		3				2	
wohlschmeckend		3	3	1		1		
schwarz/weiß				3				
süß					3			
inkl. kostenlosem Keks								
ohne Klumpen	3		3					
ohne Fingerverbrennen	2		1				3	
WIEVIEL	85°C	80% Hochland 20% Brasil.	< 2 Tage	0% oder 15%		< 1 µm	40°C	< 8,15 mm

Phase IV:

Mit Hilfe der bearbeiteten Phasen I–III können definitive Arbeits- und Verfahrensanweisungen für den Produktionsprozeß erstellt werden.

Prozeßplanung   ⟶   Produktionsbedingungen
             ⟶   Qualitätssicherungspläne

2.1.2
Fehlermöglichkeits- und Einflußanalyse

FMEA (*Failure Mode and Effect Analysis*) wird mit „Fehlermöglichkeits- und Einflußanalyse" oder aber auch mit „Analyse potentieller Fehler und Folgen" übersetzt. Die FMEA zählt ebenfalls zu den Qualitätsplanungsmethoden des Quality Engineering. Die DIN EN ISO 9004 verweist unter Pkt. 8.5 ausdrücklich auf die

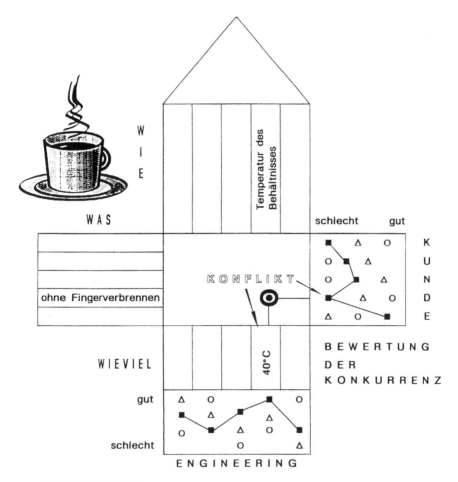

Abb. 37.5. Bewertung der Konkurrenz aus Kundensicht und aus Sicht des Engineerung

FMEA zur periodischen Bewertung der Design(Entwicklungs)prozesse. Darüber hinaus können mit ihr Produkthaftungsrisiken minimiert werden. Zur weiteren – allerdings nicht lebensmittelspezifischen-Information kann die Norm DIN 25 448 Ausfalleffektanalyse (1980) sowie die DGQ-Schrift 13–11 zur FMEA (Schubert 1993) dienen.

Auch die FMEA-Methode muß als ein teamorientiertes (Abb. 38) Verfahren verstanden werden, um mit diesem Instrument effektiv, d.h. fehlerverhütend arbeiten zu können.

Die Fehlermöglichkeit- und Einflußanalyse basiert auf den folgenden fünf Kernfragen, die sich jeder Bereich stellen muß, wobei den Bereichen Marketing,

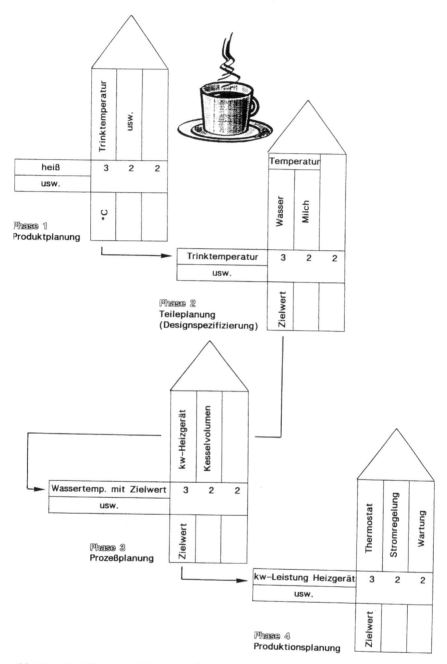

Abb. 37.6. Die 4 Phasen zur Umsetzung des Kundenwunsches „Eine heiße Tasse Kaffee"

Entwicklung, Produktion und Qualitätswesen bzgl. *Produkt-, Entwicklungs-, und Prozeß-FMEA* in Bezug auf eine *anzustrebende Fehlerfreiheit* (Abb. 39) eine besondere Bedeutung zufällt.

– *Welche* Fehler sind möglich?
– *Wahrscheinlichkeit* des Auftretens?
– *Wo* könnten sich Fehler verbergen?
– *Was* könnte sich im Fehlerfall ereignen, Auswirkung auf den Konsumenten?
– *Warum* hinterlassen die Fehler Folgen?

Die FMEA führt daher zwangsläufig zur Festlegung von :
– Vorsichtsmaßnahmen
– Prüfkriterien
– Korrekturmaßnahmen
– Zubereitungsangaben
– evt. Warnhinweisen
– stetige Verbesserungsmaßnahmen

2.1.2.1
Anwendung der Fehlermöglichkeits- und Einflußanalyse

Die Planungs- und Entwicklungsphase von Produkten und deren Herstellungsabläufen ist das wichtigste Einsatzgebiet dieser Präventivmethode.

Grundlage für die FMEA ist die explizite Beschreibung aller Entwicklungsaktivitäten (inkl. Rohstoffe, Zwischen- und Endprodukt) und Produktionsprozesse sowie die Definition potentieller Fehler, deren Ursachen und Folgen; und das in jeder Prozeßstufe – von Anbeginn bis hin zum Kunden. Die Planungs- und Ent-

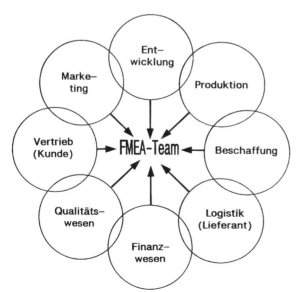

Abb. 38. Zweckmäßiges FMEA-Team eines Unternehmens mittlerer Größe

Abb. 39. Beispiele einer anzustrebenden Fehlerfreiheit

wicklungsphasen von Produkten und deren Herstellungsabläufe sowie Deklarationsangaben bzw. Konsumentenhinweise sind das wichtigste Einsatzgebiet dieser Präventivmethode, wobei bei den einzelnen FMEA-Kategorien folgende Bereiche primär anzusprechen sind:

Produkt-FMEA
Frage an Marketing, Vertrieb, Logistik?
Produktprofil, Konsumentenzielgruppe, mit welchen Zubereitungfehlern muß (kann) man rechnen, Besonderheiten bzgl. Lagerung und Versand.

Entwicklungs-FMEA
Frage an Entwicklung und Qualitätswesen?
Schwankungsbreiten nativer Rohstoffe, Schutzeigenschaften von Packmitteln.

Prozeß-FMEA
Frage an Produktion?
Reproduzierbarkeit auf allen Stufen der Herstellung inkl. der Lagerung; ausreichende Prüfparameter zur Beherrschung der Reproduzierbarkeit; ausreichende Personalschulung.

Dies gilt insbesondere auch für die separate Auflistung der als *kritisch* (im Sinne einer Gesundheitsgefährdung für den Konsumenten) *erkannte Fehlerauswirkung* (näheres zum *HACCP-Konzept* unter 2.1.3).

Gemäß Abb. 40 können potentielle Fehler hinsichtlich ihres Ausmaßes bewertet und die Wahrscheinlichkeit ihres *Auftretens*, ihrer *Bedeutung* und ihrer Entdeckbarkeit klassiert werden.

Als Ergebnis der Fehlerbewertung werden die Kennzahlen (Risikozahlen) miteinander multipliziert; das Produkt dieser Multiplikation wird als Risikoprioritätszahl (*RPZ*) bezeichnet.

Formel: RPZ = A x B x E

Die Faktoren (A, B und E) der Formel beziehen sich auf die Bewertungsziffern in Abb. 40.

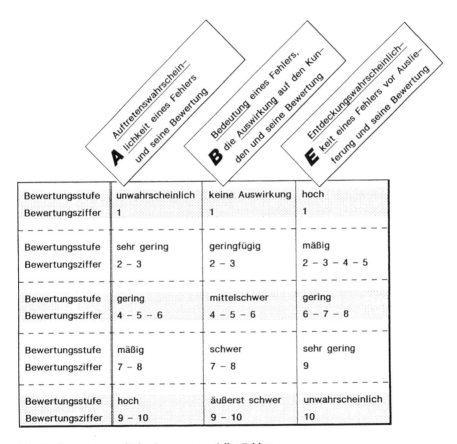

Abb. 40. Bewertung und Klassierung potentieller Fehler

Die Festlegung zum Handlungsbedarf ergibt sich aus der Höhe der *Risikoprioritätszahl* (RPZ), die zwischen 1 (Minimum) und 1.000 (Maximum) liegen kann. Je größer diese Zahl, um so vorrangiger sind entsprechende Korrekturmaßnahmen einzuleiten. Einen allgemein gültigen *RPZ*-Schwellenwert festzulegen, ist nicht sinnvoll (Schubert 1993).

Die FMEA geht nicht vom akuten Fehler aus. Vielmehr dient sie der gesamtheitlichen Qualitätsverbesserung durch Beseitigung von Fehlerursachen, etwa Verfahrensänderungen, Maschinen- und Apparateoptimierung, Rezepturänderungen, Rohstoffaustausch.

Mittels eines FMEA-Formblattes (Abb. 41), besser ist es allerdings die FMEA-Methode in die computergesteuerte Qualitätsplanung einzubinden, sind die einzelnen Prozeßschritte in der Vertikalen aufzuführen; außerdem sollen Fehlerart, Fehlerfolge, die Fehlerursache, Verhütungs- und Prüfmaßnahmen, die Bewertungsziffern und die daraus resultierende Risikoprioritätszahl (derzeitiger Zustand), die empfohlene Abstellmaßnahme und der verbesserte Zustand und die sich daraus ergebenden Bewertungsziffern mit nachberechneter Risikoprioritätszahl (RPZ) auf der Horizontalen aufgetragen werden.

Bevor mit der eigentlichen Analyse begonnen wird, ist es sinnvoll mit Hilfe graphischer Darstellungen den Werdegang des Produktes – begonnen bei der Idee, über die Entwicklung und Produktion bis hin zum fertigen Produkt inkl. Deklaration – darzustellen (s. Abb. 32). Sowohl bei der Produkt-, Entwicklungs- als auch Prozeß-FMEA sind anhand solcher Darstellungen Abgrenzungen bzw. Schnittstellen hinsichtlich Problemkomponenten (*1*) zu definieren, die anhand der FMEA schrittweise zu analysieren sind.

Anschließend sind potentielle Fehler zu sammeln (*2*) und deren möglichen Folgen oder Auswirkung (*3*) sowie die dazugehörigen Ursachen (*4*) zu analysieren.

Fehlerverhütungs- bzw. Prüfmaßnahmen, die zur Entdeckung möglicher Fehler beitragen und deren Auswirkungen verhindern oder zumindest verringern können, werden ebenfalls festgehalten (*5*). Das Fehlerrisiko ist nun so zu bewerten, daß die Wahrscheinlichkeit des Auftretens eines Fehlers (*6*), seine Bedeutung (*7*) sowie die Wahrscheinlichkeit, den Fehler rechtzeitig zu entdecken (*8*), jeweils mit Bewertungsziffern zwischen 1 und 10 beurteilt werden (Abb. 40). Das Produkt der ermittelten Zahlen ergibt die Risikoprioritätszahl (*9*).

Mit geeigneten Qualitätstechniken werden Abstellmaßnahmen gesucht (*10*) und mit den verantwortlichen Bereichen eine Terminierung (*11*) festgelegt. Die getroffenen Maßnahmen (*12*) werden dokumentiert und anhand einer erneuten Zustandsanalyse (*13, 14, 15*) mit Hilfe einer neu zu berechnenden Risikoprioritätszahl beurteilt.

Die Differenz zwischen den Risikoprioritätszahlen des *derzeitigen* (*9*) und des *verbesserten* Zustandes (*16*) hilft den Erfolg der durchgeführten Maßnahmen zu beurteilen.

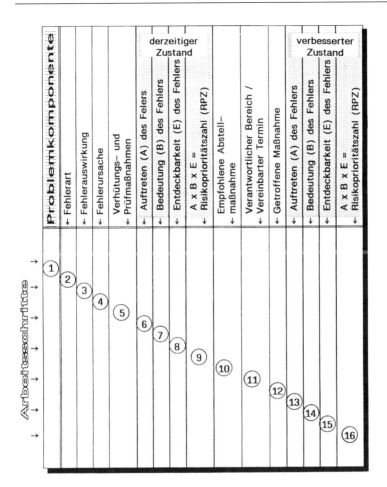

Abb. 41. Formblatt zur Fehlermöglichkeits- und Einflußanalyse

2.1.3
Gefahrenanalyse und kritische Kontrollpunkte (HACCP)

HACCP (*H*azard *A*nalysis and *C*ritical *C*ontrol *P*oint System), ein ursprünglich in
den USA in den 60er Jahren durch Industrie (Pillsbury), Weltraumbehörde
(NASA) und Armee (Natick Laboratories of the U.S. Army and of the U. S. Air Force
Space Laboratory Project Group) entwickeltes System wird im Deutschen mit Ge-
fahrenabschätzung bzw. -analyse und Festlegung von *kritischen* Kontroll-Beherr-
schungs-)punkten übersetzt. Aufgrund der Effizienz hat das HACCP-Konzept in
die Richtlinie 93/43/EWG des Rates vom 14. Juni 1993 über Lebensmittelhygiene
Eingang gefunden. Im Vorwort heißt es dazu:

„Die Betreiber von Lebensmittelunternehmen müssen sicherstellen, daß nur
nichtgesundheitsschädliche Lebensmittel in den Verkehr gebracht werden, und

den zuständigen Behörden sind die zum Schutz der Verbrauchergesundheit erforderlichen Befugnisse übertragen. Dabei sind jedoch die schutzwürdigen Rechte der Lebensmittelhersteller zu bewahren."

„Zur Durchführung der allgemeinen Hygienevorschriften für Lebensmittel und Leitlinien für eine gute Hygienepraxis wird die Anwendung der Normen der EN-29000-Reihe[1] empfohlen."

Die Integration von HACCP als präventiv wirkendes Konzept innerhalb eines Qualitätsmanagementsystems erfolgt bei der DIN EN ISO 9001 und 9002 im Element 14, welches „Korrektur- und *Vorbeugemaßnahmen*" fordert.

Bei der praktischen Umsetzung bzw. Erfüllung der HACCP-Maßnahmen ergeben sich primär Schnittstellen zu den Elementen 4 (Designlenkung); 9 (Prozeßlenkung) und 16 (Lenkung von Qualitätsaufzeichnungen).

Der Artikel 3, Absatz 2 präzisiert: „Die Lebensmittelunternehmen stellen für die Lebensmittelsicherheit kritische Punkte im Prozeßablauf fest und tragen dafür Sorge, daß angemessene Sicherheitsmaßnahmen festgelegt, durchgeführt, eingehalten und überprüft werden, und zwar nach folgenden, bei der Ausgestaltung des HACCP-Systems (Hazard Analysis and Critical Control Points) verwendeten Grundsätzen:

- Analyse der potentiellen Risiken für Lebensmittel in den Prozessen eines Lebensmittelunternehmens;
- Identifizierung der Punkte in diesen Prozessen, an denen Risiken für Lebensmittel auftreten können;
- Festlegung, welche dieser Punkte für die Lebensmittelsicherheit kritisch sind – die „kritischen Punkte";
- Feststellung und Durchführung wirksamer Prüf- und Überwachungsverfahren für diese kritischen Punkte und
- Überprüfung der Gefährdungsanalyse für Lebensmittel, der kritischen Kontrollpunkte und der Prüf- und Überwachungsverfahren in regelmäßigen Abständen und bei jeder Änderung der Prozesse in den Lebensmittelunternehmen."

Die Gültigkeit dieser EG-Richtlinie wird mit der Umsetzung in nationales Recht vollzogen, wobei der Spielraum der nationalen Rechts- und Verwaltungsvorschriften nicht beliebig groß, sondern durch den Rat der Europäischen Union eng beschränkt ist. Diverse Richtlinien der Europäischen Union betreffend „kritischer Punkte" zur Lebensmittelsicherheit sind allerdings bereits in die nationale Gesetzgebung umgesetzt worden; etwa:

Richtlinie 89/437/EWG des Rates vom 20. Juni 1989 zur Regelung hygienischer und gesundheitlicher Fragen bei der Herstellung und Vermarktung von Eiprodukten

umgesetzt durch:
Eiprodukte-Verordnung vom 17. Dezember 1993
§ 9 Betriebseigene Kontrollen und Nachweise

---

[1] Anmerkung: jetzt DIN EN ISO 9000-Reihe

Richtlinie 91/493/EWG des Rates vom 22. Juli 1991 zur Feststellung der Hygienevorschriften für die Erzeugung und die Vermarktung von Fischereierzeugnissen

umgesetzt durch:
Fischhygiene-Verordnung vom 31. März 1994
§ 10 Betriebseigene Kontrolle und Nachweise

Richtlinie 92/5/EWG des Rates vom 10. Februar 1992 zur Änderung und Aktualisierung der Richtlinie 77/99/EWG zur Regelung gesundheitlicher Fragen beim innergemeinschaftlichen Handelsverkehrs mit Fleischerzeugnissen

umgesetzt durch:
Fleischhygiene-Verordnung in der Fassung vom 15. März 1995
§ 11c (2) 1. Betriebseigene Kontrollen und Nachweise

Richtlinie 92/46/EWG des Rates vom 16. Juli 1992 mit Hygienevorschriften für die Herstellung und Vermarktung von Rohmilch, wärmebehandelter Milch und Erzeugnissen auf Milchbasis

umgesetzt durch:
Milch-Verordnung vom 24. April 1995
§ 16 (1) 1.a Betriebseigene Kontrollen und Nachweise

Die Umsetzung der Richtlinie 92/116/EWG des Rates vom 17.12.1992 zur Regelung gesundheitlicher Fragen beim Handelsverkehr mit frischem Geflügelfleisch in die nationale Geflügelfleischhygiene-Verordnung steht noch aus.

Das HACCP-Konzept sollte ursprünglich der Minimierung bzw. Eliminierung mikrobiologisch/hygienischer Gefahrenmomente dienen. Nun läßt sich aber das Konzept nicht nur allein für mikrobiologische Parameter einsetzen, vielmehr beinhaltet dieses Konzept das Erkennen von Schlüsselsituationen auch anderer, bspw. chemischer und physikalischer Gefahrenpotentiale durch eine umfassende Schwachstellenanalyse (Werdegang eines Produktes von der Idee über die Entwicklung bis zum Verzehr). Während sich die FMEA (2.1.0) mit potentiellen Fehlern auseinandersetzt, will das HACCP-Konzept Gefahren aufzeigen, die eine Lebensmittelsicherheit gefährden und somit zu Gesundheitsbeeinträchtigungen beim Konsumenten führen können (Abb. 42).

Die unterschiedlichen Zielsetzungen der Fehlermöglichkeits- und Einflußanalyse (FMEA) und des Konzeptes zur Vorkehrung von Maßnahmen für die Sicherstellung gesundheitlich unbedenklicher Lebensmittel (HACCP) wird in Abb. 43 dargestellt.

Kritische Kontrollpunkte (CCPs), im Sinne von Beherrschungs- bzw. Lenkungspunkten, können Rohwaren, Zutaten, Packmittel, Anlagen, Fabrikationsprozesse (z.B. Temperatur/Zeitverläufe), Personal, Transport etc. sein. Aber auch die Auswahl eines geeigneten Stichprobenplanes kann durchaus als ein CCP gewertet werden.

Sicher wird man sich fragen, warum ein Probenahmeplan einem kritischen Kontrollpunkt zugeordnet werden sollte? Gerade bei mikrobiologischen Prüfun-

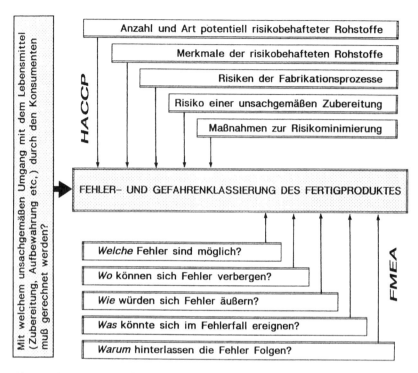

Abb. 42. Abgrenzung zwischen Fehler (FMEA) und Gefahr (HACCP)

gen kann der Stichprobenplan entscheidend dazu beitragen, Risiken zu minimieren. Der Stichprobenplan sollte daher stets am Gefährdungspotential des Rohstoffes ausgerichtet werden (s.a. 6.1.2.1).

Die Zielsetzung des HACCP-Konzeptes lautet daher immer: *Risiken Erkennen und Beherrschen, um den Konsumenten vor gesundheitlichen Beeintrachtigungen zu bewahren.* Folgende Begriffe sind dieser Risikoanalyse zugeordnet:

- Gefahr
  Ereignis oder Umstand, welches(r) ein Produkt derart negativ beeinflußt, daß dadurch die Gesundheit des Verbrauchers gefährdet wird

- Risiko
  Wahrscheinlichkeit des Auftretens einer → Gefährdung, die einen Schaden an einem Konsumenten hervorrufen kann; das schließt die Klassierung (Grad) der Schwere eines potentiellen → Schadens mit ein

- Schaden
  Physische Verletzung und /oder Schädigung der Gesundheit

- Gefährdung
  Potentielle Schadensquelle biologischen, chemischen und/oder physikalischen Ursprungs

- Analyse
  Systematische Untersuchung des jeweiligen Produktes hinsichtlich aller einzelnen Komponenten sowie dessen Herstellungsschritte

- Sicherheit
  Fehlen von unvertretbaren Schadensrisiken

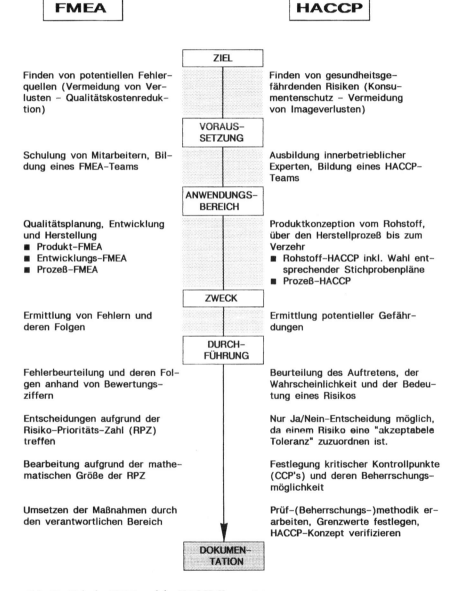

FMEA   **HACCP**

ZIEL

Finden von potentiellen Fehlerquellen (Vermeidung von Verlusten – Qualitätskostenreduktion)

Finden von gesundheitsgefährdenden Risiken (Konsumentenschutz – Vermeidung von Imageverlusten)

VORAUS-SETZUNG

Schulung von Mitarbeitern, Bildung eines FMEA-Teams

Ausbildung innerbetrieblicher Experten, Bildung eines HACCP-Teams

ANWENDUNGS-BEREICH

Qualitätsplanung, Entwicklung und Herstellung
■ Produkt-FMEA
■ Entwicklungs-FMEA
■ Prozeß-FMEA

Produktkonzeption vom Rohstoff, über den Herstellprozeß bis zum Verzehr
■ Rohstoff-HACCP inkl. Wahl entsprechender Stichprobenpläne
■ Prozeß-HACCP

ZWECK

Ermittlung von Fehlern und deren Folgen

Ermittlung potentieller Gefährdungen

DURCH-FÜHRUNG

Fehlerbeurteilung und deren Folgen anhand von Bewertungsziffern

Beurteilung des Auftretens, der Wahrscheinlichkeit und der Bedeutung eines Risikos

Entscheidungen aufgrund der Risiko-Prioritäts-Zahl (RPZ) treffen

Nur Ja/Nein-Entscheidung möglich, da einem Risiko eine "akzeptabele Toleranz" zuzuordnen ist.

Bearbeitung aufgrund der mathematischen Größe der RPZ

Festlegung kritischer Kontrollpunkte (CCP's) und deren Beherrschungsmöglichkeit

Umsetzen der Maßnahmen durch den verantwortlichen Bereich

Prüf-(Beherrschungs-)methodik erarbeiten, Grenzwerte festlegen, HACCP-Konzept verifizieren

DOKUMEN-TATION

Abb. 43. Ziele der FMEA und des HACCP-Konzeptes

• kritischer Kontrollpunkt
  Ort (Maschine, Apparatur) oder Gegebenheit (Verfahrensstufe), an dem eine
  Gefahr erkannt und diese mit gezielten Mitteln eliminiert oder zumindest auf
  ein akzeptables Niveau minimiert wird

Um das HACCP-Konzept wirksam werden zu lassen, sind analog der FMEA, von
Beginn einer Produktentwicklung bis zum konsumgerechten Fertigprodukt Re-
cherchen bzgl. kritischer Punkte unerläßlich. Für diese doch recht spezielle Aufgabe sollte ein Ablaufschema erstellt werden (Abb. 44A) und sich kleines Exper-
tenteam - eventuell unter Hinzuziehung externer Spezialisten - zusammenfinden,
welches sich aus dem FMEA-Team rekrutiert.
  Im Anhang zur Entscheidung der Durchführungsvorschriften zur Richtlinie 91/
493/EWG betreffend der Eigenkontrolle bei Fischereierzeugnissen vom 20.05.1994
empfiehlt die Kommission, in welcher Weise die Grundsätze der Eigenkontrolle
im Sinne eines HACCP-Konzeptes umgesetz werden können.
  Da diese grundlegenden Empfehlungen auch für andere Lebensmittelbranchen
von Bedeutung sind, wird der Text im Anhang dieses Buches wiedergegeben.
  Das HACCP-Team (Abb. 44 F) macht sich zur Aufgabe, innerhalb der Entwick-
lungs- und Prozeßstufen mikrobiologische, chemische und physikalische Risiken
und die damit verbundenen Gefahren für eine potentielle Gesundheitsgefährdung
des Konsumenten zu lokalisieren und kritische Beherrschungs- resp. Lenkungs-
punkte zu spezifizieren, um damit Zielvorgaben und Prüfmethoden festzulegen.
  In der Regel sind Stufenkontrollen an den Linien unerläßlich. Diese Ergebnisse
unterliegen der Dokumentationspflicht (s. auch Abb. 50).

2.1.3.1
CCPs – Kritische Kontrollpunkte

Unter kritischen Kontrollpunkten sind lokale Gegebenheiten, Verfahren und Tätigkeiten zu verstehen, bei denen eingegriffen muß, um erkannten Risiken zu begegnen, d.h. sie zu eliminieren oder zu mindern.
  Hinsichtlich mikrobiologisch/hygienischer Risiken sei empfohlen, zwischen
zwei Arten kritischer Kontrollpunkte zu unterscheiden (ICMSF 1988, Sinell 1990
und 1995, ILSI Europe 1993 und 1994).

– *CCP1* garantiert die Beherrschung eines Risikos
– *CCP2* mindert ein Risiko, das jedoch nicht völlig unter Kontrolle gebracht werden kann

In der Regel ist einem CCP1 nur ein Erhitzungsprozeß zuzuordnen, evtl. bei spezifischen Produkten eine deutliche pH- oder aw-Wertsenkung. Diese technologi-
schen Verfahren sind durch permanente Aufzeichnungen zu beobachten und zu
dokumentieren.
Mischen (Fremdkörper), Mahlen, Zerlegen (pathogene Keime), Instantisieren
(Kontaminationen über Druckluft), Sprüh- oder Walzentrocknen (Kontamination mit pathogenen Keimen), Extrahieren etc. sind stets einem CCP2 zuzuordnen.

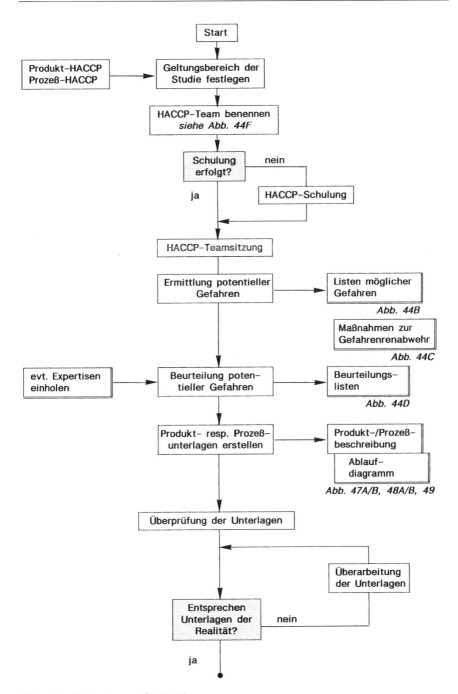

Abb. 44A. (Fortsetzung auf Seite 72)

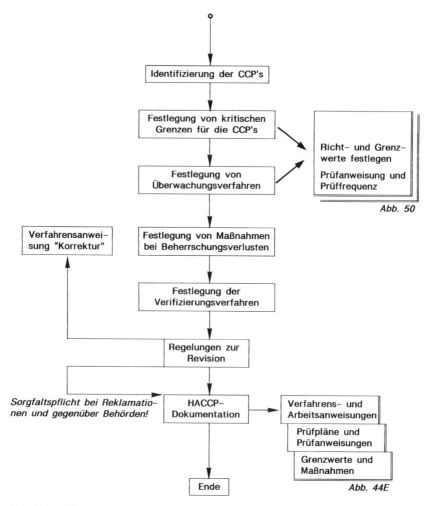

Abb. 44A. Ablaufschema für eine HACCP-Studie

Das Kühlen oder Gefrieren ist zweifelsfrei ein CCP2; bei diesem Prozeß ist ein Teilrisiko beherrschbar, die Vermehrung von mesophilen Organismen, jedoch wird es keinesfalls unter Kontrolle gebracht. (Beispiel: Salmonellenkontaminationen bei Eiern bzw. Gefriergeflügel).

Nach Untermann (1995) liegt der Verzicht auf eine Unterteilung in CCP1 und CCP2 darin begründet, daß in der Praxis die Einhaltung eines CCP2 weniger beachtet wird, weil ein solcher Lenkungspunkt nicht „voll" wirksam ist und daher häufig vom Personal als unwichtig angesehen wird.

In-Prozeß-Kontrollpunkte (IPKs) sind ebenfalls *Beherrschungspunkte*. Dazu zählen Messungen und Beobachtungen, die zur Prozeßüberwachung ausgeführt werden, die aber Gefahren im Sinne von „Hazards" nicht beeinflussen (Abb. 45).

Ermittlung von Gefahrenpotentialen

ROHSTOFF- HACCP	GEFAHREN	Nagetiere	Vögel	Insekten	Mikroorganismen	Toxine	Reinigungsmittel	Pestizidrückstände	Schwermetalle	Feuchtigkeit	Hitze	Licht	Staub	Fremdkörper			
Rohstoff A		0	0	0	4	3	0	0	0	1	0	0	0	2			
Rohstoff B		0	0	0	0	0	2	0	0	0	5	5	0	0			

1 = sehr klein; 2 = klein; 3 = mäßig; 4 = groß; 5 = sehr groß
0 = nicht vorhanden

Abb. 44B. (Fortsetzung auf Seite 74)

2.1.3.2
Grundsätze

Ein HACCP-Konzept kann nur unter multidisziplinären Gesichtspunkten (Mikrobiologie, Chemie, Packmittel, Anlagen- und Prozeß-Engineering, Produktentwicklung) verwirklicht werden. Dabei sind folgende Schlüsselfragen und Schritte zu berücksichtigen:

Ermittlung von Gefahrenpotentialen

PROZESS- HACCP	GEFAHREN	Nagetiere	Vögel	Insekten	Mikroorganismen	Toxine	Reinigungsmittel	Pestizidrückstände	Schwermetalle	Feuchtigkeit	Hitze	Licht	Staub	Fremdkörper	⋮	⋮	⋮
Prozeßschritt I		0	0	0	1	0	5	0	0	1	1	0	0	0			
Prozeßschritt II		0	0	0	0	0	0	0	0	1	0	0	1	5			

1 = sehr klein; 2 = klein; 3 = mäßig; 4 = groß; 5 = sehr groß
0 = nicht vorhanden

Abb. 44B. Formblätter zur Ermittlung von Gefahrenpotentialen (Rohstoffe und Prozesse)

- Welche Gefahren gehen von der Produktrezeptur aus (Rohstoffgewinnung, Rohstoffeinsatz, mikrobiologische und toxikologische Gefahrenprofile der Rohstoffe, Einschleppung von Fremdkörpern)?
- Für welche Konsumentengruppe ist das Produkt gedacht (gesunde Kinder und Erwachsene, Senioren, Kranke oder Rekonvaleszente, Kleinkinder und Säuglinge)?
- Mit welchen *Hygienefehlern* muß beim Verbraucher gerechnet werden (z.B. Zubereitungsfehler, Standzeiten nach der Zubereitung, unzureichende Kühlung)?

Maßnahmen zur Gefahrenabwehr

ROHSTOFFE UND PROZESSE	GEFAHREN	Nagetiere	Vögel	Insekten	Mikroorganismen	Toxine	Reinigungsmittel	Pestizidrückstände	Schwermetalle	Feuchtigkeit	Hitze	Licht	Staub	Fremdkörper	⋮	⋮	⋮
Rohstoff A					4	3											
Maßnahme: Lieferanten-Audit, Stichprobenplan gemäß Gefährdungsklasse ausrichten																	
Rohstoff B										5	5						
Maßnahme: Festlegung der Temperaturobergrenze, lichtgeschützte Verpackung und Lagerung																	
Prozeßschritt I						5											
Maßnahme: Neutralisation über pH-Wert-Messung																	
Prozeßschritt II														5			
Maßnahme: Installation eines Metalldetektors																	
Maßnahme:																	
Maßnahme:																	
Besonderheit																	

Abb. 44C. Formblatt für Gefahrenabwehrmaßnahmen

- Gewährleisten die Anlagen, Einrichtungen und das gesamte Umfeld das qualitätskonforme Behandeln und Herstellen von Produkten im Hinblick auf Kreuzkontaminationen, Fremdkörper, Desinfektionsmittel (Abb. 46)?
- Bieten die Packmittel eine ausreichende Schutzfunktion?
- Festlegung effizienter Prüfmethoden an den lokalisierten CCPs inkl. ausreichender Prüf- und Monitoring-Intervalle.
- Festlegung von Limits für die einzelnen Qualitätsmerkmale (Annahme-/ Ablehnungsentscheide).

Beurteilung von Gefahrenpotentialen

Warengruppe: Rohstoff tierischen Ursprungs......................................

Risiken: (−−) = sehr gering; (−) = gering; (0) = mäßig; (+) = hoch; (++) = sehr hoch

Gefahren	Risiko	Maßnahmen	CCP?
biologische:			
Gesamtkeimzahl	−−	keine	nein
pathogene Keime	+	entsprechenden Stichprobenplan auswählen	ja
chemische:			
physikalische:			

erstellt: geprüft u. freigegeben:

....

Visum   Datum   Visum   Datum

Beurteilung von Gefahrenpotentialen

Produktionslinie – Bearbeitungsschritt: ....

Risiken: (−−) = sehr gering; (−) = gering; (O) = mäßig; (+) = hoch; (++) = sehr hoch

Prozeßschritt	Gefahr	Risiko	Maßnahme	CCP?
Reinigung	Rückstände	+	pH-Wertmessung pH-Wert Toleranz (+/−)	ja
Siebung	Fremdkörper	++	Siebmaschenweite, Metalldetektor	ja

erstellt: geprüft u. freigegeben:

....
Visum   Datum   Visum   Datum

Abb. 44D. Formblätter zur Beurteilung von Gefahrenpotentialen (Warengruppe und Bearbeitungsschritte)

H A C C P Dokumentations-Checkliste

Produkt: ....   Art.-Nr: ....
Produktlinie: ....

neue Konsumentengruppe	[ ] nein [x] ja →	*Besonderheiten*
neuer Verwendungszweck	[ ] nein [x] ja →	*welcher*
unbekannte Verträglichkeit	[x] nein [ ] ja →	*welche*
neue Zubereitung	[ ] nein [x] ja →	*Besonderheiten*
neue Verzehrgewohnheit	[x] nein [ ] ja →	*welcher Art*

geforderte Mindesthaltbarkeit   12 Monate bei Raumtemperatur

Neue Rohstoffe?
[ ] nein [x] ja

Einstufung in Gefährdungsklasse | IIb |

neue Gefährdungsklasse | -- |

Gefahrenermittlung durchgeführt | ja   doc. 01 |

Risiken beurteilt | ja   doc. 02 |

Neue CCP's ermittelt?
[ ] nein [x] ja

Prüfumfang und Methoden festgelegt | ja   VA 17.1 |

Grenzwerte und Toleranzen festgelegt | ja   VA 17.2 |

Prüfintervall festgelegt | ja   AA 07.1 |

Korrekturmaßnahmen festgelegt | ja   VA 14.0 |

Neue Verfahren?
[ ] nein [x] ja
[■ Herstellung, □ Verpackung, □ Lagerung, □ Transport, □ Reinigung]

Fließdiagramm erstellt und in der Praxis überprüft | ja   doc. 03 |

Gefahrenermittlung durchgeführt | ja   doc. 04 |

Risiken beurteilt | ja   doc. 05 |

Neue CCP's ermittelt?
[ ] nein [x] ja

Prüfumfang und Methoden festgelegt | ja   VA 18.1 |

Grenzwerte und Toleranzen festgelegt | ja   VA 18.2 |

Prüfintervall festgelegt | ja   AA 10.1 |

Korrekturmaßnahmen festgelegt | ja   VA 14.1 |

HACCP-Studie abgeschlossen und dokumentiert: ....
                                                                      Datum   Visum

Abb. 44E. Checkliste zu einer HAPPC-Dokumentation

– Auswahl geeigneter Stichprobenpläne im Hinblick auf das Gefährdungspotential der Rohstoffe und des Fertigproduktes.
– Übersichtliches und nachvollziehbares Dokumentationswesen.

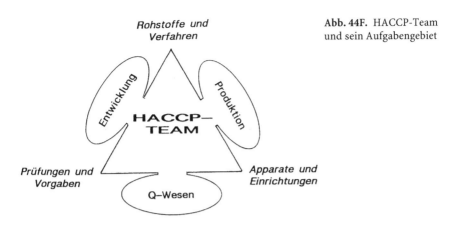

Abb. 44F. HACCP-Team und sein Aufgabengebiet

Die NACMCF (1989) definiert ihr stark mikrobiologisch orientiertes HACCP-Konzept als den systematischen Weg zur Lebensmittelsicherheit. Es basiert auf sieben Grundsätzen:

1. Grundsatz

Beurteilung der von einem Lebensmittel ausgehenden Risiken über dessen gesamten Werdegang, d.h. von der Rohstoffgewinnung über Be- und Verarbeitungsprozesse, der Herstellung und Verteilung bis zum Verzehr beim Konsumenten. Dazu werden die Lebensmittel in sechs Gefahrengruppen (A bis F) unterteilt; dann werden sieben Risikogruppen (VI bis 0) gebildet.

Dieses Konzept erinnert stark an die Einteilung der Risiko- und Gefahrenbeurteilung durch Kontamination mit Salmonellen (Foster 1971, FDA 1990). Damit wird deutlich, daß das HACCP-Konzept mikrobiologisch-hygienischen Ursprungs ist. Auch der BLL (1995) zeigt in seiner beispielhaften Aufzählung, daß weit über die Hälfte aller genannten Risikomerkmale auf eine mikrobiologische Gefährdung zurückzuführen sind.

Die *Gefahr A* bezieht sich auf Lebensmittel, die für eine bestimmte von Gruppe von Verbrauchern (Kleinkinder, Senioren, Kranke, Rekonvaleszente) hergestellt werden und daher besondere mikrobiologische Voraussetzungen (z.B. Sterilität) erfüllen müssen. Produkte, die aus mikrobiologischer Sicht kritisch sind, werden mit der *Gefahr* B belegt.

Lebensmittel, die bei Be- und Verarbeitungsprozessen keine ausreichenden bzw. kontrollierbaren Schritte zur Vernichtung pathogener Mikroorganismen enthalten (z.B. Erhitzungsprozesse), sind der *Gefahr C* zugeordnet. Die *Gefahr D* bezieht sich auf Produkte, die nach der Verarbeitung und Verpackung Rekontaminationen ausgesetzt sein können.

Besteht die berechtigte Annahme, daß das Lebensmittel während des Vertriebes (z.B. Unterbrechung der Kühlkette) oder durch fehlerhafte Zubereitung kontaminiert und damit ein Verzehr gefährlich werden kann, findet die *Gefahr E* Anwendung. Produkte, die nach dem Verpacken oder bei der haushaltsmäßigen Zubereitung keine Hitzebehandlung (Kochen, Durchbraten, Backen) erfahren, sind der *Gefahr F* zuzuordnen.

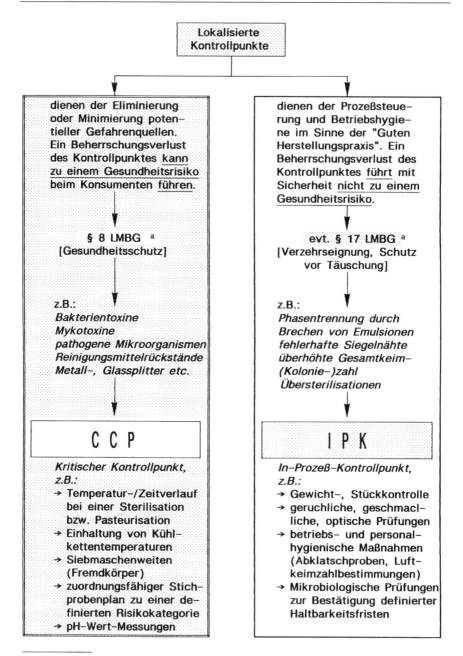

a Lebensmittel- und Bedarfsgegenständegesetz

Abb. 45. Abgrenzung kritischer Kontrollpunkte (CCPs) von In-Prozeß-Kontrollpunktem (IPKs)

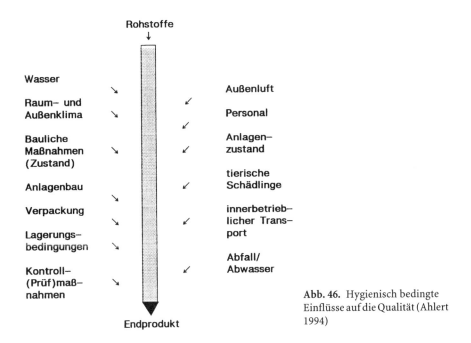

Abb. 46. Hygienisch bedingte Einflüsse auf die Qualität (Ahlert 1994)

Die gebildeten Risikogruppen resultieren aus der Einteilung der zuvor genannten Gefahren.

Zur *Risikogruppe VI*, der risikoreichsten, zählen Lebensmittel für die zuvor genannte Konsumentengruppe. Lebensmittel, die fünf Gefahreneigenschaften der Gefahrenklassen B, C, D, E, und F aufweisen, zählen zur *Risikogruppe V*. Zu den *Risikogruppen IV–I* zählen Produkte mit vier, drei, zwei bzw. einer Gefahreneingenschaft(en). Die *Risiokgruppe 0* weist keine Gefahreneigenschaft auf.

Beinhaltet ein Rohstoff oder ein Lebensmittel ein (+), zwei (++) oder mehrere (+++ bis +++++) Risiken innerhalb der Gefahreneigenschaften (A bis F), so ergibt sich daraus die Risikogruppe. Gefahr A ist *immer* der Risikogruppe VI zuzuordnen.

2. Grundsatz
Festlegung der kritischen Kontrollpunkte, die ein Beherrschen (Eliminieren oder Minimieren) der erkannten Risiken ermöglicht.

3. Grundsatz
Festlegung von Grenzwerten für die ermittelten kritischen Kontrollpunkte (z. B. maximal tolerierte Keimzahlwerte, untere (obere) Temperaturgrenze).

4. Grundsatz
Einrichtung von Verfahren zur Überwachung (Monitoring) der kritischen Grenzwerte (z.B. Temperatur-/Zeitverlaufsaufzeichnungen, kontinuierliche pH-Wert-Messungen).

5. Grundsatz

Eingreifplan für Korrekturmaßnahmen, wenn bei der Überwachung Abweichungen von den Grenzwerten festgestellt werden.

6. Grundsatz

Festlegung von Überwachungsverfahren, aus denen die Effizienz und Schlüssigkeit des HACCP-Konzeptes hervorgeht.

7. Grundsatz

Festlegung und Dokumentation zur stetigen Verifizierung eines einmal etablierten HACCP-Konzeptes.

2.1.3.3
Erkennung kritischer Kontrollpunkte

Ein kritischer Kontrollpunkt ist *jeder* Punkt in einem Prozeß, dessen Verlust an Beherrschung zu einer potentiellen Gesundheitsgefährdung für den Konsumenten führen kann.

Sehr hilfreich für die Festlegung von CCPs – insbesondere für ein noch unerfahreneres HACCP-Team – ist das Aufstellen eines sogenannten Entscheidungsbaums (ILSI Europe 1993 und 1994, Nöhle 1994, BLL 1995, Rudat 1996, s.a. EG-Empfehlung im Anhang S. 328).

Jedes lokalisierte Risiko, ob rohstoff- oder verfahrensseitig bedingt, ist nach folgenden Kriterien zu analysieren:

Beispiel Rohstoff

Kann über einen Rohstoff ein identifiziertes Risiko in das Produkt eingebracht werden?

ja ● nein ──────▶ Rohstoff *kein* „kritischer Kontrollpunkt"

Wird durch die Prozeßführung der Rohware das betrachtete Risiko eliminiert oder auf ein akzeptables Niveau minimiert?

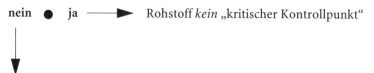

nein ● ja ──────▶ Rohstoff *kein* „kritischer Kontrollpunkt"

Der Rohstoff ist für das lokalisierte Risiko *ein* „kritischer Kontrollpunkt"!

Beispiel Herstellprozeß

– Kann ein identifiziertes Risiko innerhalb des Herstellungsverfahrens durch einen Prozeßschritt verursacht werden oder auf ein nicht tolerierbares Niveau ansteigen?

ja ● **nein** ——▶ Prozeßschritt *kein* „kritischer Kontrollpunkt"

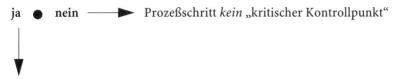

Wird durch die nachfolgenden Be- oder Verarbeitungsschritte das lokalisierte Risiko eliminiert oder auf ein tolerierbares Niveau minimiert?

nein ● **ja** ——▶ Prozeßschritt *kein* „kritischer Kontrollpunkt"

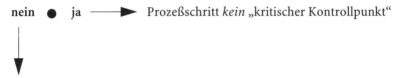

Der Prozeßschritt ist für das lokalisierte Risiko *ein* „kritischer Kontrollpunkt"!

Durchführungsbeispiel

Konsumentengruppe: Zusatz- und Ergänzungsnahrung für Senioren

——▶ Gefahr A

Produktformel: Kohlenhydrate
Proteine wie Eiklarpulver, Milcheiweiße (mikrobiologische Risiken ++) Ole mit mehrfach ungesättigten Fettsäuren (Ranziditätsrisiko +) Aromen und andere Geschmacksträger Mineralstoffe/Spurenelemente (quantitatives Risiko +) Vitamine

——▶ Gefahr B

Herstellverfahren: Ausschließlich Mischprozesse ohne Erhitzungsverfahren

——▶ Gefahr C

Zubereitung zum Konsum: Anrühren in Milch ohne weitere Hitzebehandlung

——▶ Gefahr C

Aufgrund der zuvor erstellten Analyse handelt es sich um ein Produkt, welches der Risikogruppe VI zuzuordnen ist; ein Lebensmittel der höchsten Gefährdung, da aus mikrobiologischer Sicht eine einwandfreie Hygiene nicht gewährleistet werden kann. Somit ergeben sich folgende kritische Kontroll- bzw. Beherrschungspunkte:

– Aussagekräftiger Stichprobenplan hinsichtlich einer mikrobiologischen Gefährdung durch die einzusetzenden Rohstoffe
– Lagerung der Öle unter Stickstoffatmosphäre
– Verwiegen und Bereitstellen der Mineralstoffe und Spurenelemente unter einem besonderen Sicherheitsstatus
– Herstellung unter Berücksichtigung evtl. Rekontaminationsmöglichkeiten
– Hinweis zum alsbaldigen Verzehr nach Zubereitung

2.1.3.4
Gefahrenarten

Die Gefahren sind in der Regel folgenden Ursprungs:

Biologie

– Mikroorganismen per se und deren Vermehrungsmöglichkeiten
– Bakterien- und Schimmelpilztoxine (z.B. Aflatoxine)
– Viren
– Parasiten und/oder deren Ausscheidungen

Kontrollmechanismen: Rohstoffbeurteilungen und Qualitätsqualifikation der Rohstofflieferanten; aussagekräftige, d.h. dem Rohstoff oder dem Fertigprodukt angemessene Stichprobenpläne; Mensch und Maschine (Anlagen-GHP); Reinigungs- und Desinfektionsmittelpläne.

Abwehrmaßnahmen: Beachtung „innerer Faktoren" (intrinsic parameters) wie pH-Wert, a_w-Wert, E_h-Wert und „äußerer Faktoren" (extrinsic parameters) wie Temperatur, atmosphärische Einflüsse, Partialdrücke, die eine Mikroflora im Lebensmittel beeinflussen können (Jay 1984, Pichhardt 1991). Hürdenkonzepte (Leistner 1978, 1979), Schutzkulturen (Cerny u. Hennlich 1991, 1992), enzymatische Lebensmittelkonservierung (Lösche 1991).

Physik

– Zeit, Temperatur, Druckverhältnisse
– Schutzgas bzw. Evakuierung von Verpackungen
– Staub, Schmutz, Fremdkörper

Kontrollmechanismen: Kontinuierliche Verlaufmessungen, Dichtigkeitsprüfungen (z.B. Rest-O_2-Messungen), Metallabscheider, Siebpassagen und deren Maschenweiten

Chemie

- Oxidation
- Umweltkontaminaten (Schwermetalle, Nitrat etc.)
- Schädlingsbekämpfungsmittel (Insektizide, Pestizide etc.)
- Detergenzienrückstände

Kontrollmechanismen: Apparative und naßchemische Analytik

Technik

- Membranpumpen
- Wirbelbett
- Armaturen, Schleusen
- Rohr- und Förderleitungen

Kontrollmechanismen: Primär-Konstruktion (Ingenieurwesen), mikrobiologischer Prüfungen durch Stufenkontrollen vor Ort

Die ISLI Europe (1993) nennt die nachstehend aufgeführten Daten, die für eine HACCP-Studie notwendig sind:

Epidemiologische Daten über pathogene Mikroorganismen, Toxine und chemische Stoffe
- Ursachen lebensmittelbedingter Erkrankungen
- Resultate aus Überwachungsprogrammen und -studien

Daten über das Rohmaterial, das Zwischen- und Endprodukt

- Rezepturformel
- Acidität (pH-Wert)
- Wasseraktivität (aw-Wert)
- Primärpackmittel
- Struktur des Produktes
- Prozeßbedingungen
- Lager- und Versandbedingungen
- Haltbarkeit
- Zubereitungs- und Verzehrsbedingungen

Daten zur Verarbeitung

- Anzahl und Art der Prozeßstufen
- Temperatur-/Zeitbedingungen
- wiederverwendete Überschußmengen aus dem Produktionsprozeß („Rework")
- Abgrenzung von risikoreichen und weniger kritischen Roh- und Halbfertigmaterialien
- Stand- bzw. Verweilzeiten
- Produktionsanlagenseitige Risiken (Schleusen, Flansche etc.)
- Wirksamkeit von Detergenzien

Daten zur Produktsicherheit

- mikrobiologische, chemische und physikalische Gefahrenpotentiale in Rohmaterialien
- Vermehrungsraten von gefährlichen Mikroorganismen in Lebensmitteln (Lebensmittel als „Anreicherungsmedium")
- inhibitive Wirkmechanismen auf gefährliche Mikroorganismen (siehe auch „innere" und „äußere Faktoren")

Stets sollte man sich der wichtigsten Kriterien eines wirksamen HACCP-Konzeptes bewußt sein: die Sammlung und Bewertung von Daten über Rohmaterialien, Rezeptur des jeweiligen Produktes (evt. risikoverwandte Produktgruppen), Prozeß- und Verfahrensschritte, Lager- und Versandbedingungen, „on-line"-Dokumentationen mit entsprechenden Richt- und Grenzwerten, Zubereitungs- und Verzehrhinweise für den Konsumenten.

2.1.3.5
Darstellung und Dokumentation von HACCP-Maßnahmen

Produktionsprozesse sind anhand von Fließdiagrammen so darzustellen, daß die Qualitätssicherungsmaßnahmen jederzeit erkenn- und nachprüfbar sind. Lokalisierte Gefahrenpunkte sind bei den einzelnen Operationen oder Prozeßstufen zu kennzeichnen und mit Zielvorgaben zu ergänzen.

Die nachstehenden Fließschemata einschließlich der Dokumentation dienen als Beispiel (Abb. 47 A und 47B , Abb. 48A und 48B, Abb. 49 und Abb. 50).

2.1.4
FMEA- und HACCP-Konzept und die Produkthaftung

Unter Produkthaftung versteht man die Haftung des Herstellers fehlerhafter Waren für die aus der Benutzung seiner Produkte entstandenen Schäden. Das können Personenschäden sein, wenn Menschen, die mit dem Produkt in Berührung kommen, an Leben oder Gesundheit Schaden erleiden; es können auch Sach- und Vermögensschäden in Betracht kommen, die über den Schaden am Produkt hinausgehen (Hahn 1993). Bei Lebensmitteln können Personenschäden durch Kontaminationen (mikrobiologische Verunreinigungen, Fremdkörper wie Glas- oder Metallsplitter etc.) hervorgerufen werden oder es können Schäden durch einen „ungewollten" Fehlgebrauch auftreten, verursacht durch Instruktionsfehler auf Etiketten, weil etwa wichtige Hinweise zur Zubereitung oder zum Verzehr fehlen oder mißverständlich formuliert sind.

Der Konsument soll sich also darauf verlassen können, daß die angebotene Ware den gesundheitlichen Anforderungen entspricht und gegebenenfalls von einer Gebrauchs-, Zubereitungs- und/oder Verzehrsanweisung begleitet ist, durch deren Befolgen eine Gesundheitsschädigung vermieden werden kann.

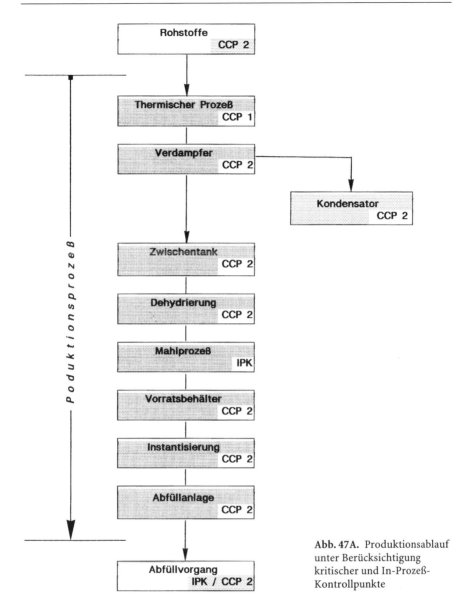

Abb. 47A. Produktionsablauf unter Berücksichtigung kritischer und In-Prozeß-Kontrollpunkte

2.1.4.1
Sicherheits- und (Benutzer) Konsumentenerwartung

Innerhalb der FMEA und insbesondere unter Zuhilfenahme des gefahrenspezifischen HACCP-Konzeptes muß sowohl die Sicherheitserwartung des Konsumenten, als auch die Konsumenten(Benutzer)erwartung, mit der der Hersteller rechnen muß, Eingang finden. Grundlage ist der § 3 des Produkthaftungsgesetzes (PHG).

Prozeßstufe	Mikrobiologie	Chemie, Physik, Sensorik
Rohstoff	CCP2: Probenahmeplan	
Therm. Prozeß		CCP1: Zeit/Temp./Trocken-substanz (TS) in %
Verdampfer	CCP2: Gesamtkoloniezahl < 1.000 per g Enterobakterien < 10 per g	CCP2: Trockensubstanz %
Kondensator	CCP2: Enterobakterien < 10 per g	
Zwischentank	CCP2: Enterobakterien < 10 per g	
Dehydrierung		CCP2: Temp./Vakuumkontrolle
Mahlprozeß		IPK: Siebpassage, Sensorik
Vorratsbehälter	CCP2: Enterobakterien nach der Reinigung nicht nachweisbar (Oberflächenabstrich)	
Instantisierung	CCP2: Enterobakterien < 10 per g	IPK: Benetzbarkeit, Sensorik
Abfüllanlage	CCP2: Enterobakterien nach der Reinigung nicht nachweisbar (Oberflächenabstrich)	
Abfüllvorgang	CCP2: Probenahmeplan	CCP2: Dichtigkeit der Packmittel, Wiegekontrolle, Chargen- bzw. Lotkennzeichnung

Abb. 47B. Zielvorgaben für kritische Kontrollpunkte

Sicherheitserwartung des Konsumenten

„Ein Produkt hat einen Fehler, wenn es nicht die Sicherheit bietet, die – unter Berücksichtigung aller Umstände, insbesondere...<Absatz (1) a), c)> ...*berechtigterweise* erwartet werden kann".

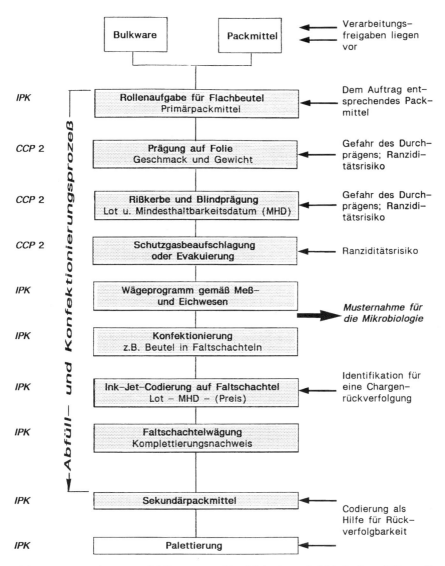

Abb. 48A. Beispiele eines Abfüllvorganges (Konfektionierung) inkl. In-Prozeß-Kontrolle (IPK) und kritische Kontrollpunkte (CCP)

Konsumentenerwartung, mit der der Hersteller rechnen muß

"Ein Produkt hat einen Fehler, wenn es nicht die Sicherheit bietet, die – unter Berücksichtigung aller Umstände, insbesondere...<Absatz (1)b)>... des *Gebrauchs*, mit dem *billigerweise* gerechnet werden kann..."

Kontrollpunkte	Kategorie	Maßnahmen/Prüfungen/Anforderungen
Rollenaufgabe	IPK	Vergleich des Packmittels mit dem Auftrag. Verwerfen der ersten 10 laufenden Meter, Dickenmessung *Anforderung:* 100 μ +/− 10%
Prägung auf Folie	CCP	Vergleich von Aroma und Gewicht mit dem Auftrag, Prüfung des Klischeesitzes, Rhodamintest *Anforderung:* Kein Rhodaminaustritt
Blindprägung, Rißkerbe	CCP	Angaben zur Blindprägung (Lot und Mindesthaltbarkeitsdatum [MHD]) mit Auftrag und Haltbarkeitsliste vergleichen
		Rißkerbe und Prägeintensität mittels Rhodamintest überprüfen *Anforderung:* Kein Rhodaminaustritt
Schutzgasbeaufschlagung	CCP	Überprüfung der Schutzgaseinrichtung. Sequentielle Rest-O_2-Messung *Anforderung:* max. 1,0 % Rest-O_2
Wägeprogramm gemäß Meß- und Eichwesen	IPK	Eingabe der Gewichte gemäß Verpackungsauftrag *Anforderung:* Toleranzen gemäß VO für das Meß- und Eichwesen

Sequentielle Musternahme über die gesamte Abfüllung für die Mikrobiologie gemäß den Vorgaben der Funktion "Mikrobiologische Endprüfung"

Ink-Jet-Codierung auf Faltschachteln	IPK	Vergleich mit Auftrag und Haltbarkeitsliste sowie CCP-Punkt Blindprägung (s.o.) auf Übereinstimmung
Faltschachtelwägung	IPK	*Anforderung:* Soll-Ist-Vergleich
Sekundärpackmittel	IPK	Überprüfung des Packmittels gemäß Auftrag. Vergleich von Lot und MHD mit Auftrag und Haltbarkeitsliste
		Vergleich der Angaben auf Übereinstimmung mit den CCP-Punkten, Blindprägung und Ink-Jet-Codierung (s.o.)
Palettierung	IPK	Palettierung erfolgt ausschließlich gemäß genehmigtem Palettierungsschema

Abb. 48B. Maßnahmen, Prüfungen und Zielvorgaben für einen Abfüll-(Konfektionierungsvorgang)

Wenn auch als Maßstab zunächst der bestimmungsgemäße Gebrauch des Lebensmittel im Vordergrund zu stehen scheint, so ist bei der FMEA und beim HACCP-Konzept in gleicher Weise der Prüfungsmaßstab bzgl. der "Voraussehbarkeit" eines Produktfehlgebrauchs zu berücksichtigen.

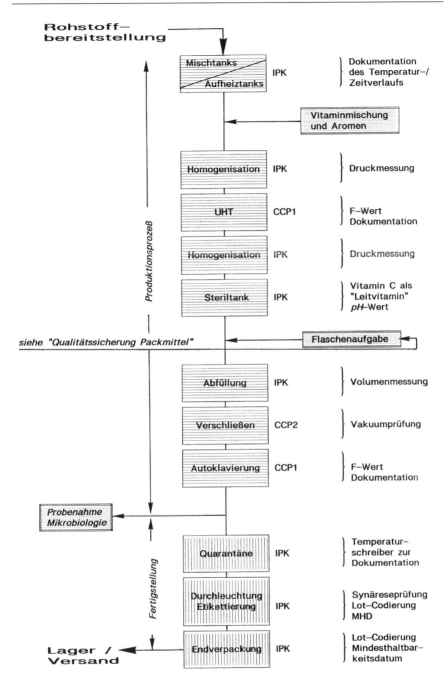

Abb. 49. HACCP-Planung bei einem vitaminierten Flüssigprodukt aus Milchbasis (s. auch Abb. 32)

KRITISCHE KONTROLLPUNKTE (HACCP) UND UND IN-PROZESS-KONTROLLEN (IPK)											Seite ···· von ····
Produktlinie **Datum** **Lfd. Nummer**											
I	II	III	IV	V	VI	VII	VIII	IX	X	XI	
Art der Kontroll-punkte	Rohstoffe oder Prozeß-schritte	Probe-nahme-bzw. Meßorte	Verant-wortung für Prüfungen	Merkmale	Über-wachungs-verfahren	Frequenz/ Zeitpunkt	Richtwerte	Grenzwerte	Verant-wortung für Korrek-turmaß-nahmen	Durchge-führte Korrek-turmaß-nahmen	
1. CCP2											
2. CCP2											
3. CCP1											
4. CCP2											
5. CCP2											
6. IPK											
7. IPK											
8. IPK											
9. IPK											

Abb. 50. Dokumentation von kritischen und In-Prozeß-Kontrollpunkten

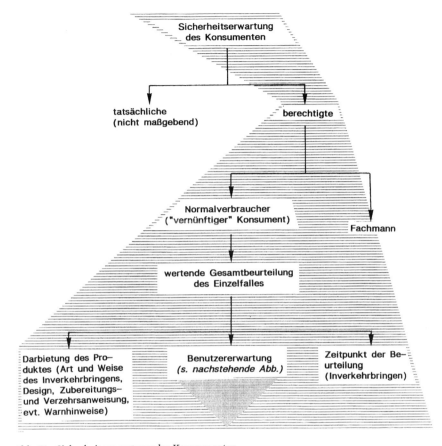

Abb. 51. Sicherheitserwartung des Konsumenten

Die Abbildungen 51 und 52 verdeutlichen die Begriffe „Sicherheitserwartung" und „Benutzererwartung".

2.1.4.2
Haftpflichtrisiken

Hinsichtlich der Produkthaftung (hier: lebensmittelspezifisch) haben sich folgende Risikogruppen herausgebildet:

Entwicklungsrisiko[2]

Grundsätzliche Fehlkonzeption vor der serienmäßigen Herstellung. Der Fehler wirkt sich auf die gesamte Serie aus.

---

[2] Entwicklungsfehler im Sinne eines Konstruktionsfehlers; d.h. ein Produkt wird nicht deshalb fehlerhaft, weil später eine verbesserte Ausführung in den Verkehr gebracht wird

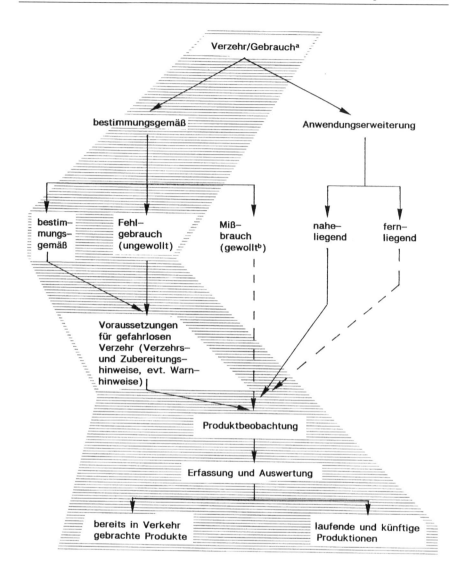

ᵃ Bedarfsgegenstände, Spielsachen
  als Beilage zu Lebensmitteln
ᵇ z.B. mißbräuchlicher Alkoholkonsum

Abb. 52. Benutzer(Konsumenten)erwartung mit der der Hersteller rechnen muß

Risikominimierung: Stand von Wissenschaft und Technik berücksichtigen. Entwicklung vor Inverkehrbringen abschließen. Test- und Versuchsergebnisse dokumentieren und für die Lebensdauer des Produktes archivieren.

Fabrikationsrisiko

Das Produkt ist grundsätzlich für den gedachten Verzehr geeignet, jedoch weisen einzelne Packungen (Gebinde, Stücke) infolge der Produktion Fehler auf, die beim Konsumenten Schäden verursachen.

Risikominimierung: Sorgfältige Auswahl (Listung), Überwachung (Auditierung) und Instruktion (u.a. Spezifikation) der Zulieferer. Systematische Wareneingangsprüfung anhand aussagekräftiger Stichprobenpläne. Freigaberelevante Prozeßprüfungen und besondere Endprüfung vor Vertrieb des Produktes sicherstellen. Archivierung von Prüfprotokollen und Rückstellmustern.

Instruktionsrisiko

Das Produkt selbst weist keine Mängel auf; der Konsument wird jedoch durch eine mangelhafte Zubereitungs- oder Verzehrsanweisung unzureichend instruiert, so daß es bei einer Nichtbeachtung zu Schäden kommen kann. Die Schadenursache liegt also weder in der Entwicklung noch im Herstellprozeß.

Risikominimierung: Warnung vor Gefahren, die bei nicht bestimmungsgemäßer Verwendung eintreten können. Warnen vor Gefahren, wenn ein Produkt bestimmungswidrig verwendet wird. Verfassen von Zubereitungs- und Verzehrsanweisungen, die auch von einem nicht fachkundigen Käufer verstanden werden. Beobachtung des Konsumentenverhaltens. Besuchsberichte und Reklamationen auswerten. Kritische Bewertung eigener Werbemaßnahmen. Hinweise der Entwicklungsabteilung berücksichtigen.

Die Interessenlage von Marketing und Produktsicherheit ist nur selten identisch. Wenn auch Warnhinweise nicht gerade verkaufsfördernd wirken, so muß doch im Hinblick auf die Produkthaftung die Produktsicherheit Vorrang vor den Gesichtspunkten der Verkaufsförderung haben (Hahn 1993).

Fabrikationsfehler werden gerne mit „Ausreißerschäden" umschrieben. In vielen Fällen sind allerdings diese Schäden auf unzureichende Risikoianalysen zurückzuführen, die bei sorgsamen Fehler- und Gefahrenanalysen vermeidbar gewesen wären.

Die Verwendung des Begriffes „Ausreißerschaden" im Sinne des Konsumentenrisikos ist nur dann berechtigt, wenn die lückenlose Überprüfung den Schluß zu läßt, daß sich der Schaden gemäß Stand des Wissens und der Technik nicht vermeiden ließ. Insbesondere beim Auftreten mikrobiologisch/hygienischer Probleme zeigen die zugrunde gelegten Stichprobenpläne und Probengrößen oftmals Unzulänglichkeiten.

Selbstverständlich kann kein durchführbarer Probenahmeplan absolute Abwesenheit jeglicher Mikroorganismen garantieren. Allerdings sollte man sich bzgl. mikrobiologisch/hygienischer Gefahren darüber im Klaren sein, daß ein oder 2 Proben á 25 g pro Fabrikationseinheit von etwa 10 oder 20 t für die Abwesenheitsprüfung potentiell pathogener Mikroorganismen keinesfalls ausreichend sind (vergl. auch Foster 1971, Habraken et al. 1986, Pichhardt 1993).

Beanstandungen, die auf unzureichende Stichprobenpläne oder eine nicht gewissenhafte Klassierungen von Rohstoffen und Fertigprodukten für eine mikrobiologische Gefährdung zurückzuführen sind verdienen den Begriff des „Ausreißers" nicht.

2.2
Entwicklung

Die Entwicklung eines Produktes umfaßt diverse Phasen, so die Produktidee als Keimzelle, die Produktdefinition (Produkteigenschaft, mit dessen Profil das Kundenbedürfnis erfüllt werden soll), Marktstudie (Markt vorhanden/Markt schaffen), Produkt- und Prozeßplanung, Produktentwurf (mit parallel dazu verlaufenden Verifizierungen und fabrikationsseitigen Qualifizierungen), Entwurfsüberprüfung und Prozeßverifizierung, die Validierung (Gültigkeitserklärung) Fabrikation, Vertrieb, Marktbeobachtung.

Daraus ergibt sich, daß die Entwicklung von Produkten einen hohen innerbetrieblichen Stellenwert einnimmt. Nach Emde (1992) stecken 75 Prozent aller Produktfehler bereits in der Planung, und 80 Prozent der Fehler werden erst am fertigen Produkt gefunden. Nun sind die entstandenen Planungsfehler keinesfalls der Funktion Entwicklung alleine anzulasten; vielmehr gilt es, das Augenmerk auf Präventivmaßnahmen aller am Entstehen eines Produktes beteiligten Bereiche zu lenken, um ein Konglomerat von Fehlern erst gar nicht entstehen zu lassen.

Die DIN EN ISO 9004-1 weist in den Unterpunkten 8.2.1 bis 8.2.3 des Abschnittes Designplanung und -ziele auf die besonderen Verantwortungen der Leitung im Zusammenhang mit den Entwicklungsaktivitäten hin.

Die an der Entwicklung und Designlenkung eines Produktes beteiligten Bereiche haben bzgl. der normenkonformen Qualität eine besondere Verantwortung. Der Bereich Entwicklungskoordination ist die zentrale Informations-, Kommunikations- und Dokumentationsstelle für die Berücksichtigung externer und interner Kundenwünsche, der Qualitätsplanung und -lenkung, Produkt- und Fabrikationsentwurf und damit verbundener Technologien von neuen Produkten, aber auch bestehenden Produkten, die modifiziert werden sollen.

Die Produktgeschichte, beginnend bei der Initiierung der Produktidee inkl. Marktanalysen und Mengengerüste, Definition der Konsumentenzielgruppe, einzusetzende Rohstoffe und deren Gefahrenpotenial, Technologie und Fabrikationsbeherrschung unter Berücksichtigung von GHP, FMEA und HACCP, Primär- und Sekundärpackmittelauswahl (5.4.1), Qualitätskriterien und Haltbarkeitsfristen, Lot-Kennzeichnungselemente, Gefahrenklassierung für einen Produktrückruf (9.1.3.1), Distribution inkl. eventueller Exportvorschriften, ist so zu dokumentieren, daß sie als Arbeitsvorlage dienen kann und auf ihre Effizienz und Schlüssigkeit hin überprüfbar ist.

2.2.1
Produktentwicklung – beteiligte Bereiche

Unter der federführenden Dokumentationspflicht des Bereiches Entwicklung sind insbesondere die in Abb. 53 genannten Bereiche innerhalb ihres Kompetenzrahmens (Abb. 54) am Gelingen einer kundenorientierten und normenkonformen Qualität des zu entwickelnden Produktes verantwortlich beteiligt, wobei das Mar-

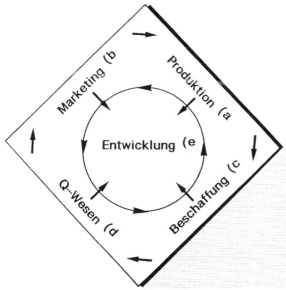

a) Bereitstellung von Maschinen und Anlagen, Personal und deren "Know how", GHP, Produktions–FMEA, Prozeß–HACCP, gute Lagerhauspraxis

b) Produktkonzeption, lebensmittelrechtliche und wettbewerbsrechtliche Belange, Mengengerüste, Beachtung des redlichen Handelsbrauchs, Konsumentenzielgruppen, Distributionskanäle

c) Eruierung von Rohstoffherstellern und Packmittellieferanten, Ausstattungsmaterialien

d) Rohstoff- und Packmittelevaluationen, begleitende Prüfungen (chemisch-physikalische und mikrobiologisch-hygienische Parameter), Gefährdungsanalyse und Stufenkontrollen zur Festlegung kritischer Kontroll- bzw. In-Prozeß-Kontrollpunkte

e) Umsetzung der Planungsaktivitäten und Dokumentation, Entwicklungs–FMEA, Rohstoff–HACCP, Herstellanweisungen zur Prozeßtechnologie, Haltbarkeitstests

Abb. 53. Produktentwicklung – beteiligte Bereiche und deren Aufgaben

keting gemäß Empfehlung der DIN EN ISO 9004-1, Punkt 7.1 im Abschnitt Qualität im Marketing, „eine angemessen festgelegte und dokumentierte Qualitätsforderung an das Produkt" erstellen sollte.

Unterstützung für die kundenorientierte Qualitätsplanung bietet die QFD-Methode (2.1.1). Für Sicherheitsaspekte (Fehler und Gesundheitsrisiken) ist die FMEA (2.1.2) und das HACCP-Konzept (2.14) zu berücksichtigen.

Alle Entwicklungsaktivitäten haben zwei Betrachtungsebenen zu berücksichtigen, nämlich die Marktseite, mit Anforderungen, Wünschen, Erwartungen, Bedürfnisse der externen Kunden und die Unternehmensseite mit der Abfolge diverser Prozesse (Produkt- und Prozeßentwurf, Validierung, Fertigung, an deren Ende das Fertigprodukt steht - und zwar in Übereinstimmung mit den Spezifikationen.

Unter Berücksichting des Regelkreises Lieferant/Kunde, wozu auch die interne Kunden-/Lieferantenbeziehung zählt (1.1.2), sollten alle produkt- und prozeßrelevanten Überlegungen schematisch dargestellt werden.

2.2.1.1
Produktentwicklung – Qualitätsplanung

Bei der Entwicklung von Produkten sind eine Vielzahl von Parametern wie Kosten, Zeitplan, Qualitätsvorgaben (die sich an der Anspruchsklasse des Produktes zu

V→ für die Durchführung verantwortlich M→ zur Mitwirkung verpflichtet Z→ muß zustimmen I → muß informiert werden	Oberste Leitung	Marketing	Entwicklung	Beschaffung	Arbeitsvorbereitung	Produktion	Vertrieb	Qualitätswesen
Vollständige Festlegung der Anforderung an den Entwurf	M	V	M	M	M	M	M	M
Schaffung notwendiger Schnittstellen zu vor- und nachgelagerten Bereichen	Z	M	M	M	M	M	M	V
Weitergabe von Entwicklungsergebnissen	I	I	V	I	I	M	I	M
Festlegung von Abschnitten zur Verifizierung der Entwicklungsschritte	Z	I	V	I	I	M	I	M
Freigabe des Entwurfs	Z	Z	V	I	I	Z		M
Durchführung von Produkterprobungen	I	I	V	M	M	M	I	M

(Spalte: zuständige Abteilung; Zeile: qualitätsbedeutende Tätigkeiten)

Abb. 54. Beispiel einer Matrix eines Kompetenzrahmmens aller an der Produktentwicklung beteiligten Abteilungen bzw. Bereiche

orientieren haben) etc. zu berücksichtigen. Nur eine, wie unter 2.1 beschriebene, intensive Planungsphase hilft bei gleichzeitigem Gewinn an Zeit bis zur Marktreife, bei der frühen Erkennung von möglichen Fehlern und Risiken und ist somit ein bedeutender Faktor innerhalb der Wertschöpfungskette. Das Streben nach der frühen und endgültigen Perfektion muß die Grundlage einer jeden Entwicklungs-aktivität sein.

Das Erreichen von gesteckten Qualitätszielen innerhalb gesteckter Zeitpläne kann durch eine Ablösung der sequentiell durchgeführten Planungs-, Prüfungs-, Freigabe-, und Ausführungsschritte zu Gunsten einer simultanen (überlappend geschachtelten) Arbeitsweise (Abb. 55) erheblich verkürzt werden. Prallel versetzt zu jeder Detailfreigabe beginnt bereits die nächste Tätigkeit.

2.2.2
Schrittfolge der Produktentwicklung

Die DIN EN ISO 9001, Pkt. 4.4 fordert explizit die Einhaltung einer Reihenfolge von Einzelschritten zur Produktentwicklung (Designslenkung), nämlich:

– Planung eines Produktes (siehe 2.2)
– Produktbezogene Vorgaben
– Überprüfung der Entwicklungsergebnisse mit den Vorgaben
– Dokumentation von Prüfungen innerhalb einzelner Entwicklungsphasen (Abb. 56)
– Abschließende Qualitätsbewertung (Verifizierung) aller Ergebnisse inklusive der Dokumentation (2.2.2.1)
– Gültigerklärung (Validierung) eines reproduzierbaren Prozesses für ein Pro-dukt der erklärten Anspruchsklasse (Abb. 57)

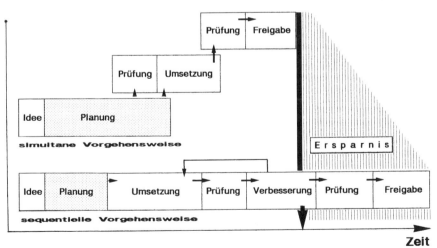

Abb. 55. Zeitvergleich zwischen sequentieller und simultaner Produktentwicklung

Von besonderer Bedeutung ist die Installation von Stop-/Go-Entscheiden bzw. so-
genannter Haltpunkte innerhalb der gesamten Schrittfolge. Dadurch wird rechtzeitig eine *schleichende Vorbeientwicklung* an den usrprünglichen Vorgaben und
somit unnötige Ausgaben an Entwicklungskosten vermieden.

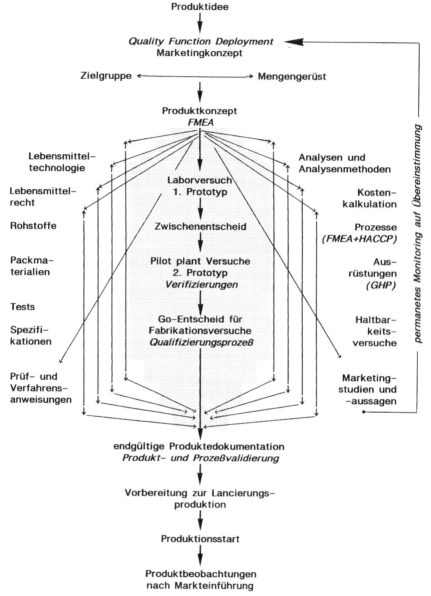

Abb. 56. Schematische Darstellung einer Produkt- und Prozeßentwicklung mit den Elementen,
die die Qualität beeinflussen

Unter einem validen Prozeß versteht man ein bestimmtes Verfahren, das mit Ge-
wißheit gemäß der Vorgaben zu einem einwandfreien Produkt führt - also abgesichert ist. Darüber hinaus sind alle Details dokumentiert und somit lückenlos
nachvollziehbar (Abb. 57).

Bei einem validierten Verfahren darf keiner der festgelegten Verfahrenspara-
meter willkürlich geändert oder dem Zufall überlassen bleiben.

Die Maschinen und Anlagen dürfen erst nach der Überprüfung der Zuverlässigkeit ihrer Funktionen (z.B. Sicherstellung einer homogenen Charge bei Mi-
schern, F-Wert-Prüfung bei Autoklaven) in Betrieb genommen werden. Zuverläs-
sigkeitsprüfungen können auch nach Wartungs- und Reparaturarbeiten von Nö-
ten sein. Die ermittelten Meßwerte sind ebenfalls zu dokumentieren. Diese Prüfungen auf Zuverlässigkeit bezeichnet man als *Qualifizierung* bzw. Qualifikations-
phase innerhalb eines Validierungsprozesses.

Die Abbildung 58 verdeutlicht die Produktentstehung - begonnen bei der Idee
bis hin zur Absicherung – sowie die Schnitt- bzw. Berührungsstellen zu den verschiedenen Unternehmensbereichen.

2.2.2.1
Qualitätsbewertung

Die Qualitätsbewertung (QB) oder auch Designverifizierung begleitet die Entwicklung eines Produktes vom Entwurf, Technologie, Erprobung, über die Freigabe zur
Serienfabrikation bis hin zum Gebrauch beim Kunden. Die Qualitätsbewertung
hat innerhalb der DIN EN IS0 9001 einen hohen Stellenwert.

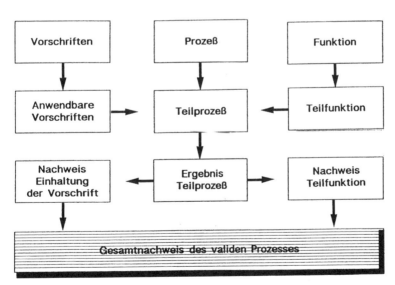

Abb. 57. Gesamtnachweis eines validen Prozesses

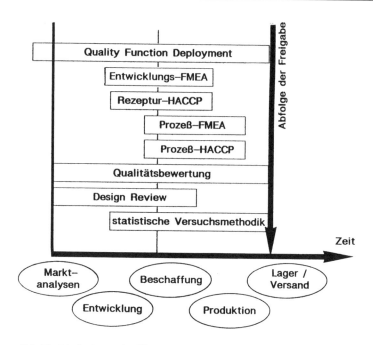

Abb. 58. Methoden und Hilfsmittel der Qualitätssicherung vor der Serienproduktion

Die DIN EN IS0 8402 erläutert die Qualitätsbewertung als „eine systematische Untersuchung, soweit eine Einheit fähig ist, die festgelegte Qualitätsforderung zu erfüllen".

Die Qualität wird durch die systematische Abfrage aller an der Produktentstehung beteiligten Bereiche (2.2.1) bewertet. Im allgemeinen wird die 3-stufige Qualitätsbewertung bevorzugt (Abb. 59):

- QB1 Stufe der Definition und des Entwurf
- QB2 Stufe der Entwicklung und Fabrikationsplanung
- QB3 Stufe der Vorserien

Mit *QB1* erfolgt eine theoretische Vorschau und Bewertung des Entwurfes und zwar am Ende der Entwurfsphase. Durch *QB2* wird der Stand der Qualität bereits aufgrund von Labor- oder Prototypen, also vor einer Nullserienprobung, bewertet. Nach den Vorserien und vor der eigentlichen Serienproduktion wird die Qualitätsbewertung mit *QB3* abgeschlossen.

Zielsetzung

Nachstehende Ziele sollen durch die QB1-3 erreicht werden:

- Frühezeitiges Erkennen von möglichen Schwachstellen und die dazu notwendigen Korrekturmaßnahmen.
- Dokumentation des Qualitätsstandards.

– Informationsaustausch und Begegnung von Kenntnisdefiziten zwischen den beteiligten Bereichen.

Die beschriebene Qualitätsbewertung sollte vorgenommen werden:

– bei Neuentwicklungen und bedeutenden Modifikationen bestehender Produkte
– vor dem Einsatz von Rohstoffen mit noch nicht gesichertem Qualitätstatus – bei geänderter Technologie und dadurch möglicherweise geänderter Risikolage

Da teilweise die Kriterien der Fehlermöglichkeits- und Einflußanalyse (2.1.2) abgedeckt werden, kann die Qualitätsbewertung durchaus die FMEA bei kleineren Modifikationen bzw. Technologieänderungen ersetzen.
Die nachstehende Checkliste (Seite 104) zeigt beispielhaft eine 3-stufige Qualitätsbewertung.

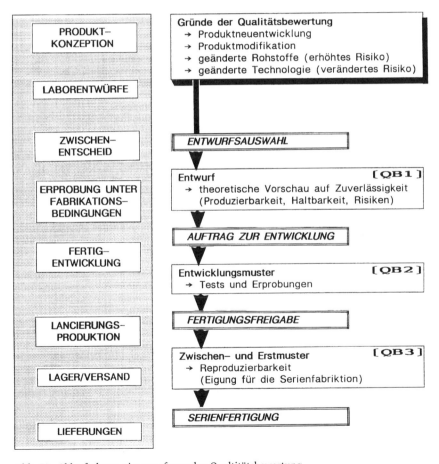

Abb. 59. Ablaufschema einer umfassenden Qualtitätsbewertung

QUALITÄTSBEWERTUNG [QB]
– C h e c k l i s t e –

	QB1 ENTWURF	QB2 MUSTER	QB3 VORSERIEN
1 Einzelbewertung			
1.1 Gesetzliche Anforderungen	+ 1	+ 1	+ 1
1.2 ···			
1.3 ···			
1.4 Kundenanforderung	# 3	+ 3	+ 3/6
1.5 ···			
1.6 ···			
2 Zuverläsigkeit			
2.1 Produzierbarkeit	# 2	× 4	+ 3
2.2 ···			
2.3 ···			
2.4 Haltbarkeit	# 3	× 1	+ 1
2.5 ···			
2.6 ···			
3 Spezifische Eigenschaften			
3.1 Technologieparameter			+ 4/5
3.2 ···			
3.3 ···			
3.4 Kritische Kontrollpunkte			+ 5
3.5 ···			
3.6 ···			
3.7 ···			
3.8 Probenahme/Frequenz			+ 5
3.9 ···			
···			
···			
4 Qualitätsvorschau			
4.1 akzeptable Toleranzen		# 3	+ 7
4.2 ···			
4.3 ···			
4.4 Sensorische Schwankungsbreite		× 3	+ 7
4.5 ···			
4.6 ···			
5 Gesamtbewertung			
5.1 Produkt entspricht voll			+ 6
···			
5.2 Produkt entspricht eingeschränkt			
···			
5.3 Verbesserungen möglich			
···			
5.4 Produkt entspricht nicht			
···			

Symbole	Kennziffern
+ = wird mit Sicherheit erfüllt	1 = Theoretische Betrachtung
# = noch keine Aussage möglich,	2 = Entwicklungs-FMEA
wahrscheinlich unproblematisch	3 = Versuchsmuster
× = noch keine Aussage möglich,	4 = Prozeß-FMEA
Probleme nicht ausgeschlossen	5 = HACCP-Konzept
– = sehr problematisch, noch keine	6 = Bezug auf Wettbewerber
Aussicht auf Erfolg	7 = Serie
	8 = ...

2.2.3
Produktedokumentation

Eine lückenlose Dokumentation beginnt mit der Entwicklung eines Produktes, erstreckt sich über alle Phasen und endet mit der Festschreibung der definitiven Mindesthaltbarkeit einer Serienfabrikation. Diese Dokumentation ist wohl die wichtigste Informationsquelle über alle direkt dem Produkt zugeordneten Aktivitäten zur Sicherung einer normenkonformen Qualität.

Eventuelle Nachbereitungen eines bereits fertigen Produktes (Nachbereitungen können durch unvorhergesehene Situationen nach Markteinführung nötig werden) oder eine stetige Produktpflege im Sinne von Verbesserungen sind ebenfalls in einer Produktedokumentation festzuhalten.

Nachbereitungen sind nicht als Nachbesserungen mißzuverstehen. Nachbesserungen entstehen durch Nichtbeachtung von Kriterien während der Entwicklungsphasen, z.b. durch „Überspringen" von Entwicklungsschritten und damit Inkaufnahme von Fehlern.

Auf Grund der außerordentlichen Bedeutung einer solchen Dokumentation ist diese durch die oberste Firmenleitung zu bestätigen.

2.2.3.1
Elemente einer Produktedokumentation

Die Dokumentation muß mindestens folgende Elemente enthalten:

- Kurzbeschreibung des Produktes inkl. Zubereitungsvorschrift und Konsumentenzielgruppe
- Nennung der beteiligten Bereiche, die mit der Erstellung verantwortlich betraut waren
- Durch Visum und Datum bestätigte Gutheißung der Bereichsaktivitäten
- Qualitätsbewertung
- Deklarationen, Auslobungen, Verkehrsbezeichnungen, Spezifikationen
- Fabrikations- bzw. Herstellvorschrift, Bestätigung der Reproduzierbarkeit, Verpackungsvorschriften
- Prüfvorschriften (on-line und off-line) Bericht über Haltbarkeiten, Lagerbedingungen
- Externe Gutachten von lebensmittelrechtlicher und/oder analytischer Bedeutung

Darüber hinaus müssen Schutzeigenschaften der Packmittel ermittelt worden sein (Abb. 60), deren Ergebnisse zu dokumentieren sind.

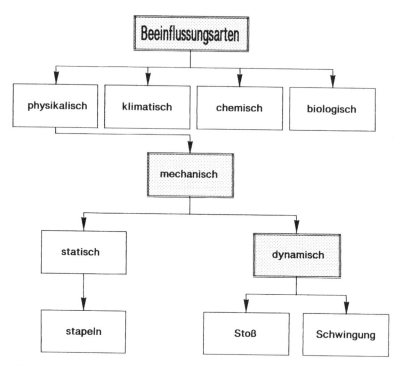

Abb. 60. Beeinflussungsarten, die sich negativ auf die Lebensmittelqualität auswirken können

2.2.4
Produktionsvorschrift, Spezifikation, Prüfvorschrift

Die Produktions- oder auch Herstellvorschrift muß mindestens enthalten:

- %-Formel der Rezeptur
- Chargen- bzw. Losgrößen bezogene Rezeptur
- Detaillierte Produktionsvorgaben und Beschreibungen inkl. Prüf- und Zielvorgaben gemäß In-Prozeß-Kontrollen und HACCP

Der Beschreibung und Darstellung des Herstellverlaufes ist besondere Aufmerksamkeit zu widmen. Es muß deutlich erkennbar sein, wie alle Verfahrensschritte ablaufen müssen, um bei entsprechender Handhabung eines beherrschbaren Prozesses sicher zu sein. So müssen z.B. Zeitangaben definiert sein; es muß eine Gewährleistungen erkennbar sein, die auf eine homogene Mischung schließen läßt; ferner müssen Angaben über Temperatur und Zeit darüber Auskunft geben, ob die Bedingungen keimabtötende Wirkungen haben. Ohne die Festschreibung solcher Parameter können die Produktionsverantwortlichen nicht ihrer Verpflichtung zur ordnungsgemäßen Fabrikation nachkommen.

Für alle eingesetzten Rohstoffe, Zwischenprodukte, Primärpackmittel und für das Fertigprodukt müssen schriftliche *Spezifikationen* vorliegen. Rohstoff- und

Packmittelspezifikationen dienen sowohl dem Einkauf als Beschaffungsunterlagen als auch dem Prüfwesen zur Erstellung der relevanten Prüfparameter.

Die Spezifikation des Fertigproduktes enthält die Deklarationswerte bzw. Zielwerte mit den Toleranzen, angegeben als Minimal- und Maximalwerte, in der das jeweilige Prüfmerkmal schwanken darf. Darüber hinaus sollte die Herkunft der analytischen Daten bekannt sein, d.h. ob die Daten errechnet wurden oder auf intern oder extern (Handelslabor) durchgeführten Analysen beruhen. Weitere Inhalte zeigt das nachstehende Beispiel einer Fertigproduktspezifikation.

Der Bereich Qualitätswesen erstellt eine *Prüfvorschrift* aus der alle Kontrollen hervorgehen, die direkt oder indirekt mit dem Qualitätssicherungsprogramm des Fertigproduktes zusammenhängen. Sie enthält demnach Vorschriften für die kritischen Beherrschungspunkte (CCPs), die vom HACCP-Team erarbeitet wurden, In-Prozeß-Kontrollen (IPKs). Die Prüfintervalle (stündlich, täglich, pro Schicht, wöchtlich, 1 mal pro Jahr) sind festzuschreiben. Zur Dokumentation gehört ebenfalls die Angabe der Stichprobenpläne oder zumindest den Hinweis auf die Fundstelle, auf der die Musternahme basiert.

Prüfvorschriften für Rohstoffe und Zwischenprodukte sind separat zu erstellen und als Anhänge der Produktedokumentation beizulegen.

Kleine Änderungen, z.B. der Lieferantenwechsel bei Rohstoffen, Herstellmodifikationen bedürfen der Zustimmung des Bereiches Entwicklung. Änderungen von Mindesthaltbarkeitsdaten sind durch ein Team, bestehend aus Entwicklung und Qualitätswesen *unter Hinzuziehung des Marketing* zu verabschieden.

Größere Änderungen, wie Rohstoffaustausch, Prozeßänderungen, neuer Maschineneinsatz etc., sollten wie eine *Neuentwicklung* behandelt und über die Stufen Planung bis Validierung abgewickelt werden.

Änderungen sind unter Federführung des Bereiches Entwicklung zu dokumentieren und ebenfalls als Anhänge der Produktedokumentation beizufügen; dadurch wird die Produktgeschichte lückenlos nachvollziehbar.

Fertigproduktspezifikation

Produktname   :
Kurzbeschreibung :
Produkt-Nr.   :
Produktklasse   :
Erstellt durch   : *Visum/Datum*
Geprüft durch   : *Visum/Datum*

Seite   01 von 02
Version 01
Status 01

Freigabe am
Visum/Datum

	Dimension	Deklarations- bzw. Zielwert	Minimum	Maximum	Herkunft der Daten
CHEM. ANFORDERUNGEN					
Wasser	g/100 g				3 int. Analy.
Protein	g/100 g				3 int. Analy.
Protein-Faktor					Literatur
Fett	g/100 g				4 int. Analy.
Asche	g/100 g				2 int. Analy.
Kohlenhydrate					
als Differenz	g/100 g				Berechnung
Energie, total	kJ/100 g				Berechnung
	kcal/100 g				Berechnung
Proteinenergie	%				Berechnung
Fettenergie	%				Berechnung
Kohlenhydratenergie	%				Berechnung
Pestizide	}				
Insektizide	}	der Gesetzgebung entsprechend			3 ext. Analy.
Toxische Metalle	}				
PHYSIK. ANFORDERUNGEN					
Siebpassage	g/100 g				2 int. Analy.
pH-Wert					4 int. Analy.
Schüttvolumen					
-- locker	g/100 g				4 int. Analy.
-- sedimentiert	g/100 g				4 int. Analy.
Dichte	g/cm³				3 int. Analy.
SENSORISCHE ANFORDERUNGEN					
Aussehen/Farbe/Textur					
Geruch/Geschmack					

		Sollwert	Grenzwert	
MIKROBIOL. ANFORDERUNGEN				
Gesamtkoloniezahl	per g			QS Vorgabe
Schimmelpilze	per g			QS Vorgabe
Hefen	per g			QS Vorgabe
Enterobact., total	per g			QS Vorgabe
E. coli	per g			QS Vorgabe
Salmonellen	per 50 g	nicht nachweisbar		QS Vorgabe
S. aureus	per g			QS Vorgabe
Enterokokken	per g			QS Vorgabe

Fertigproduktspezifikation

Produktname	:	Seite	02 von 02
Kurzbeschreibung	:	Version	01
Produkt-Nr.	:	Status	01

	Dimension	Deklarations- bzw. Zielwert	Minimum	Maximum	Herkunft der Daten
Haltbarkeit					
Zeit	Monate				Normen-
Temperatur	°C				gremium
Luftfeuchtigkeit	% rel.Feuchte				

Limitierende Qualitätsmerkmale

Normen-
gremium

Art der Verpackung

QS Pack.

Spezielle Deklarationshinweise
Verkehrbezeichnung
Loskennzeichnung
EAN Code
Warnhinweise
Zubereitung zum Konsum
Verzehrshinweise

HACCP

Die Spezifikation ist Bestandteil der Produktedokumentation!

Kapitel 3

Qualität in der Beschaffung

3.1
Beschaffung und Einkauf

Oft werden die Begriffe *EINKAUFEN* und *BESCHAFFEN* synonym verwendet. Aber nur in den wenigsten Fällen ist der Einkäufer auch prädestiniert, die Tragweite von Beschaffungsaktivitäten beurteilen zu können – ihm fehlen in aller Regel fundierte Kenntnisse von Rohstoff- und Packmaterialqualitäten im Sinne von Anspruchsklassen, ebenfalls die Grundlagen Fehlermöglichkeiten zu erkennen oder gar Bewertungen zu potentiellen Risiken vorzunehmen. Sein Hauptanliegen ist meist darauf beschränkt, eine bestimmte Menge zum günstigsten Preis an einen bestimmten Ort termingerecht zu disponieren. Damit wird deutlich, daß eine qualitätsorientierte Beschaffung technische und kaufmännische Belange abzudenken hat (Abb. 61).

Die Abteilung bzw. der Bereich Einkauf muß sich jedoch als Teilprozeß der Lebensmittelherstellung verstehen und sich so organisieren, daß neben den o.g. kaufmännischen Hauptanliegen die Bereitstellung von Produkten höchster Qua-

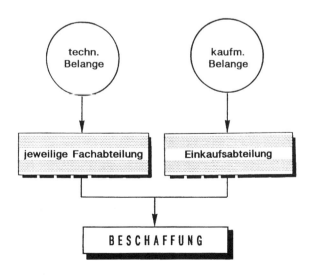

Abb. 61. Grundlage der Beschaffung

lität und Zuverlässigkeit im Vordergrund zu stehen hat. Die Abteilung Einkauf hat darauf zu achten, daß Preisvorteile nicht durch Qualitätsmängel oder verspätete Anlieferungen aufgezehrt werden. Aus dieser Forderung ergeben sich zwangsläufig Zielkonflikte (Abb. 62).

Die Wechselbeziehung zwischen Anfrage und Angebot muß eine Machbarkeitsprüfung des Anbieters enthalten, die sich auf eine Spezifikation stützen muß. Nur so können grundlegende Unzulänglichkeiten frühzeitig erkannt und vermieden werden (Abb. 63).

Die Beschaffung allein durch Eingangsprüfungen sichern zu wollen, ist nicht tragfähig. Andere Unternehmensbereiche, nämlich diejenige Abteilung, die die Fachkompetenz für die Beurteilung von Zukäufen besitzt, ist in die Beschaffungsaktivitäten einzubeziehen (Abb. 64).

Neben der Beschaffung von Materialien, die der Herstellung von Lebensmitteln direkt zuzuordnen sind (Rohstoffe, Primär- und Sekundärpackstoffe), sind auch andere Beschaffungselemente, z.B. technische Einrichtungen, Fremdreinigungsfirmen, Speditionen im Sinne einer qualitätsbeeinflussenden Größe zu berücksichtigen.

Während in aller Regel der Beschaffung von Materialien, die einem Lebensmittel direkt zuzuordnen sind, eine Evaluierung durch die Bereiche Einkauf und Entwicklung vorausgeht, zeichnen für andere Beschaffungselemente im allgemeinen der Bereich Technik/Ingenieurwesen (GHP-gerechte Anlagen und Einrichtungen), der Bereich Produktion (Dienstleistungen wie Fremdreinigungen, Co-Pakker-Aktivitäten etc.), der Bereich Logistik (externes Speditions- und Transportwesen) verantwortlich. Die Forderungen des Qualitätswesens sind hinsichtlich maschinen-, anlagen- und einrichtungshygienischer Belange zwingend zu berücksichtigen.

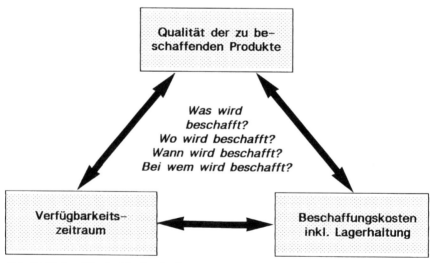

Abb. 62. Zielkonflikte bei der Beschaffung

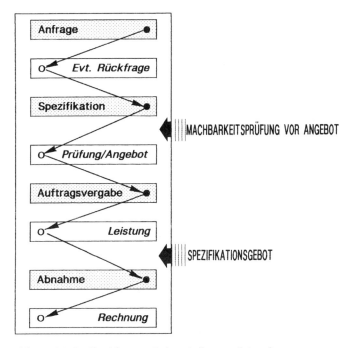

Abb. 63. Wechselbeziehung zwischen Anfrage und Angebot

Die der Lieferanteneruierung nachfolgende Lieferantenauswahl muß folgende Schritte der Vorgehensweise beinhalten:

- Qualifikation des Lieferanten (Anbieters) und seines Unternehmens
- Qualifikation der Herstellungsprozesse der angebotenen Produkte
- Qualifikation der angebotenen Produkte selbst
- Nachweis einer gleichbleibenden Prozeß- und Produktequalität, die der Anspruchsklasse des Abnehmers entspricht.
- Anzeigeverpflichtung des Anbieters, bei Änderung seiner Prozesse, die eine Veränderung der Produktequalität nachsichziehen können
- Finanzierung aller Qualitätsmanagement-Aktivitäten über den Preis

Rohstoffe, d.h. alle Ausgangsmaterialien, die zu einer weiteren Verarbeitung zu Lebensmittel bestimmt sind, sowie Primärpackmittel dürfen nur dann eingekauft werden, wenn der Lieferant die Qualität unter Beweis gestellt hat und vom Qualitätswesen zumindest vorläufig gelistet beurteilt wurde. Darüber hinaus sind Bestellungen nur dann zulässig, wenn definitive Spezifikationen und/oder technische Zeichnungen (z.B. für Packmittel) vorliegen.

Wenn bei Rohstoffen und Primärpackmitteln, die dem Bereich Entwicklung als allererste Testmuster dienen und der Bereich die Gewährleistung bietet, daß diese Muster nicht in die Produktions- und Lagerbereiche gelangen, kann von der strengen Beschaffungsregel Abstand genommen werden.

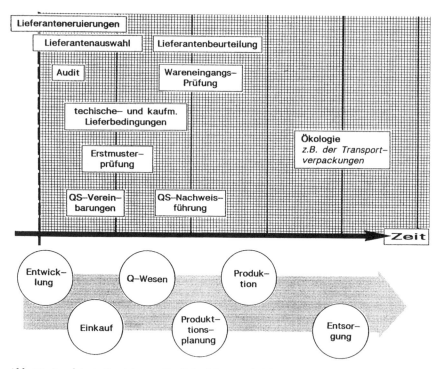

Abb. 64. Involvierte Bereiche zur Qualitätssicherung bei der Beschaffung

Der Bereich Einkauf dokumentiert und archiviert alle Beschaffungsunterlagen, er überprüft sie auf Vollständigkeit, Gültigkeit sowie auf Korrektheit qualitätsspezifischer Belange und zwar in Zusammenarbeit mit den Bereichen Entwicklung und Qualitätswesen.

Spezifikationen, technische Zeichnungen und Lieferantenlistung entbinden allerdings nicht von der Verpflichtung eigener Eingangsprüfungen durch die Funktion der Qualitätsprüfung.

3.1.1
Qualitätseingangsprüfungen

Gemäß § 377 Handelsgesetzbuch (HGB) vom 10. Mai 1897 (RGBL. S. 219 bzw. BGBl. III 4100-1) gilt eine zugelieferte Ware vom Käufer als genehmigt, wenn er:

- den bei einer zumutbaren Untersuchung der Ware erkennbaren Mangel nicht unverzüglich nach Ablieferung/Abnahme dem Verkäufer anzeigt, und diesem zu erkennen gibt, daß er dessen Beseitigung fordert (sog. Untersuchungs- und Rügeobliegenheit).

Bei Unterlassung einer Anzeige gilt die Ware hinsichtlich dieser Mängel als genehmigt, es sei denn, daß es sich um einen Mangel handelt, der bei der Untersuchung nicht erkennbar war. Zum Inhalt des § 377 HGB siehe Abb. 65.

§ 377. Handelsgesetzbuch
[Untersuchungs- und Rügepflicht]

(1) Ist der Kauf für beide Teile ein Handelsge-
schäft, so hat der Käufer die Ware unverzüglich
nach der Ablieferung durch den Verkäufer, soweit dies nach ordnungsmäßigem Geschäftsgange
tunlich ist, zu untersuchen und, wenn sich ein
Mangel zeigt, dem Verkäufer unverzüglich Anzeige zu machen.

(2) Unterläßt der Käufer die Anzeige, so gilt die
Ware als genehmigt, es sei denn, daß es sich um
einen Mangel handelt, der bei der Untersuchung
nicht erkennbar war.

(3) Zeigt sich später ein solcher Mangel, so muß
die Anzeige unverzüglich nach der Entdeckung
gemacht werden; anderenfalls gilt die Ware auch
in Ansehung dieses Magels als genehmigt.

(4) Zur Erhaltung der Rechte des Käufers genügt
die rechtzeitige Absendung der Anzeige.

(5) Hat der Verkäufer den Mangel arglistig ver-
schwiegen, so kann er sich auf diese Vorschriften nicht berufen.

Abb. 65. 377 HGB im Wortlaut – Gesetzliche Grundlage zum Thema Qualitätseingangsprüfung

Wenn auch die Qualitätsprüfung bei Wareneingang keine gesetzliche Verpflichtung darstellt, so sieht das HGB jedoch eine Eingangsprüfung als Erfordernis
an, um Gewährleistungsansprüche gegenüber dem Lieferanten geltend machen zu
können.

3.1.1.1
Just in time-Lieferungen

Über Sinn oder Unsinn von Just in time (JIT)-Strategien (deutsch: rechtzeitige Anlieferung zu dem Zeitpunkt, an dem die Ware vom Abnehmer gebraucht wird) mag
man diskutieren – der volkswirtschaftliche Nutzen scheint jedoch fraglich (Warnke 1993). Jeder Anbieter und Abnehmer von Rohstoffen, die der Herstellung von
Lebensmitteln dienen, sollte sich im klaren sein, daß „just in time" nur dann prak-
tiziert werden kann, wenn erstens ein absolutes Vertrauen bzgl. der gegenseitigen
und individuell abgesprochenen Qualitätssicherungsmaßnahmen besteht und
zweitens der § 377 HGB vertraglich entsprechend gewürdigt wird – denn ein wesentlicher Teil der Just in time-Strategie stellt den Wegfall der Wareneingangsprüfung dar (Pfeifer 1993).

Auf JIT-Lieferungen sollte bei kritischen Rohstoffen (z.B peroxidarme Öle) und Rohstoffe mit mikrobiologischen Gefährdungspotentialen gundsätzlich verzichtet werden. Gerade mikrobiologische Untersuchungen, die Auswahl des geeigneten Stichprobenplanes und die Interpretation der Ergebnisse sind an hohe persönliche Erfahrungen der Untersuchers geknüpft.

3.2
Qualitätsfähiger Lieferant

Die Qualitätsfähigkeit eines Lieferanten *kann* durch ein installiertes Qualitätsmanagementsystem (idealerweise gemäß DIN EN ISO 9000ff.) sowie eigene, auf besondere Bedürfnisse (bzgl. der Anspruchklasse) ausgerichtete Inspektionen und Prüfungen nachgewiesen werden. Ablauf und Tätigkeiten sind in der Abb. 66 dargestellt. Der sich anschließende Fragebogen ist als Selbstauskunft des Anbieters (Lieferant) konzipiert.

Die Kontinuität der Qualitätsfähigkeit wird durch die Verifizierung der beschafften Produkte festgestellt, d.h. die Prüfresultate entsprechen den Anforderungen verbindlicher Spezifikationen.

3.2.1
Qualitätssicherungsnachweise

Weitere Qualitätssicherungsnachweise *können* durch Erstmuster- und *müssen* durch Erstlieferungsprüfungen bestätigt werden.

Erstmusterprüfung
Bei einer Reihe von Rohstoffen, aber auch bei Packmitteln, ist es erforderlich, spezifikationsbeständige chemisch-physikalische und mikrobiologische Prüfungen bzw. Funktionsprüfungen bei Packmitteln durchzuführen.

Viele Rohstoffanbieter unterhalten Musterabteilungen, die i.d.R. sogenannte *Ausfallmuster* in ca. 100 bis 1000 g Gebinden bereitstellen. Für die Beurteilung von Basisrohstoffen wie bspw. Milchpulver, Caseinaten, Kakaopulver etc. sind solche Ausfallmuster praktisch ungeeignet. Man sollte bestrebt sein bzw. darauf bestehen, stets Orginalgebinde aus einer laufenden Produktion zu erhalten.

Keinesfalls darf eine Beschaffung nur auf der Grundlage *Kauf nach Muster*, also losgelöst von Spezifikationen erfolgen.

Erstlieferungen
Erstlieferungen für den Einsatz unter serienmäßigen Fabrikationsbedingungen sind bis zur endgültigen *Listung eines Lieferanten* einer besonderen Qualitätsbeobachtung zu unterziehen. Die Qualität ist von den Bereichen – wie bereits in Abb. 64 dargestellt – zu beobachten und den Bereichen Einkauf und Qualitätswesen anzuzeigen. Die intensiven Erstmusterprüfungen sind wesentlich qualitätswirksamer, da eine „homogene Serie" beurteilt werden kann.

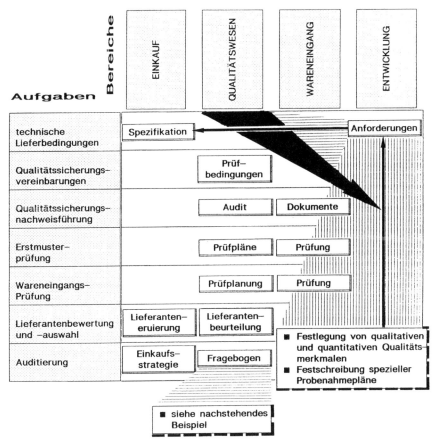

Abb. 66. Schrittfolge einer Qualitätsfähigkeitsprüfung

3.2.2
Lieferantenlistung

Alle von den Bereichen Einkauf und Qualitätswesen freigegebenen Lieferanten müssen vom Einkauf gelistet werden. Dabei muß sichergestellt sein, daß neben den Bestellspezifikationen auch rein kaufmännische Erfordernisse berücksichtigt werden. Wenn immer möglich, sollten mindestens 2 Lieferanten verfügbar sein.

Nur freigegebene Lieferanten dürfen zur Materialbeschaffung für Serienfabrikationen eingesetzt werden. Händler oder Handelsvertretungen sollten nur denn Aufträge entgegennehmen dürfen, wenn auch der Herstellernachweis erbracht ist. Lieferanten sollten dann aus der Listung gestrichen werden, wenn 12 Monate kein Auftrag erteilt wurde. Unwägbarkeiten wie Technologieänderungen, Änderung der Ursprungsquellen etc. machen eine neuerliche Freiprüfung erforderlich. Ein nach Qualitätsmanagementsystem- und Muster-Gutbefund akzeptierter Lieferant erhält den Status *vorläufig gelistet*. Nach wenigstens 3 akzeptierten Lieferungen bzw. 10% des Jahreseinkaufsvolumens kann er denn in den Status *gelistet* aufrücken.

Lieferanten- und Produkt-Beurteilung

1   Allgemeine Information

Punkte 1 bis 3 sind vom Lieferanten vollständig auszufüllen
(Selbstauskunft)

Hersteller/Lieferant   _____

Fabrikationsprogramm   _____

Ist ein Qualitätssystem in der Geschäftspolitik eingeführt? [ ]ja/[ ]nein
Wenn ja, international anerkanntes QS-Zertifikat?   [ ]ja *ISO* /[ ]nein
Sind Organigramme vorhanden? Als Anlage beilegen (a) allg. [ ]ja/[ ]nein
                                      (b) QS   [ ]ja/[ ]nein
                                      (c) Prod. [ ]ja/[ ]nein
Anzahl Mitarbeiter _____   Umsatz _____

1.1   Beurteilung der Qualitätsfähigkeit

Anzahl der Mitarbeiter in der Qualitätssicherung ____ Leiter QS _____
Ansprechpartner QS (mit Tel.Nr. und Fax-Nr.) _____
☆ Bestehen schriftl. Prüfanweisungen, die Angaben enthalten,
  »was, womit, wie, wieviel und wie oft« zu prüfen ist?   [ ]ja/[ ]nein
☆ Werden die Prüfergebnisse niedergeschrieben und stehen
  sie bei Bedarf zur Verfügung?   [ ]ja/[ ]nein
☆ Werden kritische Kontrollpunkte (CCP's) im Betrieb
  systematisch gesucht und beschrieben?   [ ]ja/[ ]nein
☆ Bestehen Richtlinien für die Prüfmittelüberwachung?   [ ]ja/[ ]nein
☆ Welche Prüfungen werden im Labor (intern/extern) durch-
  geführt? _____

1.2   Produktionstechnische Beurteilung

☆ Werden Rohmaterialien so behandelt und gelagert, daß keine
  Vermischung, Beschädigung, Verschmutzung auftreten kann? [ ]ja/[ ]nein
☆ Werden alle Fertigprodukte, die den Richtlinien nicht ent-
  sprechen, gekennzeichnet, separiert und auf Fehlerursache
  untersucht?   [ ]ja/[ ]nein
☆ Werden Rückstellmuster (a) generell / (b) fallweise aufbe-
  wahrt?   [ ]ja/[ ]nein
☆ Welche Hygienemaßnahmen sind in der Produktion getroffen? _____

1.3   Verwaltungstechnische Beurteilung

Leiter Verkauf (Tel.) _____
Ansprechpartner Verkauf (Tel.) _____
☆ Gibt es ein Lieferanten-Bewertungssystem?   [ ]ja/[ ]nein

Lieferanten- u. Produktbeurteilung   Blatt 2 von 4

2   Spezielle Information

Produktbezeichnung
Mat.-Nr. Lieferant   _____
Mat.-Nr. Käufer   _____
Herkunft (Provenienz)   _____
Sorte   _____
Hersteller (Name   _____
Adresse, Kontaktpers.   _____
Telefon, Telefax)   _____
Händler (Name,   _____
Adresse, Kontaktpers.   _____
Telefon, Telefax)   _____

2.1   Deklaration
Mengenmäßige Zusammensetzung in absteigender Reihenfolge

_____ %   _____ %
_____ %   _____ %
_____ %   _____ %
_____ %   _____ %
_____ %   _____ %
_____ %   _____ %
_____ %   _____ %

Ohne entsprechende Auflistung darf das Produkt keine weiteren Zutaten und
Zusatzstoffe enthalten.

2.2   Verpackung und Haltbarkeit

Größe der Gebindeeinheit   _____
Material Außenverpackung   _____
Material Innenverpackung   _____
Haltbarkeit ab Auslieferung   _____
Lagerbedingungen
☆ Temperatur   _____ °C
☆ rel. Luftfeuchtigkeit   _____ %
☆ Lichtschutz   [ ]ja / [ ]nein

2.3   Identifikation des Produktes

Waren-Identifikation möglich? [ ]ja / [ ]nein
Produktionsdatum   [ ]offen / [ ]codiert

Die Lieferung erfolgt aus *einer* **Produktionscharge. Falls das nicht
möglich ist, müssen die Gebinde gekennzeichnet und unterscheidbar
sein. Die Lieferpapiere enthalten die entsprechenden Angaben.**

Lieferanten- u. Produktbeurteilung   Blatt 3 von 4

2.4   Sensorische Beschreibung

Geruch   _____
Geschmack   _____
Konsistenz/Textur   _____
Farbe   _____

2.5   Nährstoffprofil (in 100 g enthaltend)

Fett   _____
Protein   _____
☆ Protein-Faktor   _____
Wasser   _____
Kohlenhydrate   _____
Mineralstoffe (Asche)   _____
Rohfaser   _____
Energie   _____ kJ   _____ kcal

Werte aus Analysen?   [ ]ja / [ ]nein   Quelle _____

2.6   Chemisch/physikalische Parameter

Schüttvolumen in ml/100 g   _____
pH-Wert bei %-Konzentration   _____
Säuregrad   _____
Fettkennzahlen
☆ Peroxidzahl   _____
☆ Verseifungszahl   _____
Trockensubstanz   _____
Kohlenhydratspektrum
☆ Saccharose   _____
☆ Fructose   _____
☆ Glucose   _____
☆ Maltose   _____
☆ Lactose   _____

Lipase/Protease-Aktivität   [ ]positiv / [ ]negativ

2.7   Mikrobiologischer Status

Gesamtkoloniezahl   _____ Stichprobenumfang n = _____
E. coli   _____ Stichprobenumfang n = _____
Salmonellen   _____ Stichprobenumfang n = _____
Enterobakterien-Gesamtzahl   _____ Stichprobenumfang n = _____
S. aureus   _____ Stichprobenumfang n = _____
Enterokokken   _____ Stichprobenumfang n = _____
Schimmelpilze   _____ Stichprobenumfang n = _____
Hefen   _____ Stichprobenumfang n = _____

Stichprobenplan für Salmonellen basiert auf welche Gefährdungskategorie?

....

Lieferanten- u. Produktbeurteilung   Blatt **4** von **4**

2.8 *Toleranz-/Grenzwerte Fremdstoffe*
Bspw. Aflatoxine, toxische Metalle, Insektizide, Pestizide

☆ _____   _____
☆ _____   _____
☆ _____   _____
☆ _____   _____

3   *Lieferantenbestätigung*

Die gelieferte Ware ist ohne Mängel. Die Einhaltung der zuvor genannten
Angaben in diesem Dokument sind vertraulich zu behandeln und nur für den
internen Gebrauch bestimmt. Alle Angaben haben solange eine verbindliche
Gültigkeit, bis eine revidierte Fassung vorliegt. Jede Änderung wird dem
Käufer unaufgefordert schriftlich mitgeteilt und zwar vor einer Liefe-
rung mit geänderten Parametern.

Die Rohstoffe entsprechen in jeder Beziehung dem deutschen Lebensmittelrecht.

DER LIEFERANT

Ort, Datum   Unterschrift(en)

---

4   *Beurteilung und Entscheid*
Wird vom QS-Wesen und Bereich Einkauf des "Käufers" ausgefüllt

☆ Der Lieferant ist befähigt für Q-Ansprüche __ hoch __ mittel __ gering
☆ Der Lieferant ist freigegeben   __ ja __ bedingt __ nein
Die Freigabe gilt für _____

Bemerkung _____
          _____

Datum: _____   Einkauf: _____   Qualitätswesen: _____
                             Visum   Visum

Materialien vorläufig gelisteter Lieferanten sind öfters und/oder nach strengeren Stichprobenplänen (s. 6.2.1.2 u. 6.2.1.3) zu bemustern.

Neben den reinen rohstoff-/packmittelbezogenen Qualitätskriterien gehören auch kaufmännische Belange, die vom Einkauf selbst durchgeführt werden, zu den Bewertungen eines Lieferanten. In Abb. 67 sind Kriterien und Bewertungsstufen exemplarisch dargestellt.

Die Abb. 68 verdeutlicht die bilaterale Beziehung zwischen dem Anbieter und dem Beschaffer. Der Aufbau der Beziehung zwischen den beiden Partnern erstreckt sich in der Regel über Jahre. Das gegenseitige Vertrauen sollte hoch angesiedelt sein und kann in der Anfangsphase von Rückschlägen getroffen werden, d.h. daß das Auftreten eines ersten und vielleicht einmaligen Qualitätsmangels nicht unbedingt zum Bruch der Geschäftsbeziehung führen muß.

Kriterien	Bewertungsstufen						
	-3	-2	-1	0	1	2	3
1. Lieferzeit	8 Wochen	7 Wochen	6 Wochen	5,5 Wochen	5 Wochen	4,5 Wochen	4 Wochen
2. Termintreue	> 5 Wochen später	4 Wochen später	3 Wochen später	2 Wochen später	1 Woche später	2 Arbeits- tage später	pünktliche Lieferung
3. Qualitäts- standard	liegt unter den Quali- tätsanford.			entspricht den Quali- tätsanford.			übertrifft die Quali- tätsanford.
4. Reklamationen	> 50 % der Lieferungen	> 35 % der Lieferungen	> 25 % der Lieferungen	> 20 % der Lieferungen	> 15 % der Lieferungen	> 10 % der Lieferungen	> 0 % oder < 10 %
5. Techn. Beratung und Service	keine Beratung			Schwierig- keiten			kompetente Beratung
6. Durchsetzbar- keit von Auf- trags- bzw. Sonderwünschen	nie möglich			mit Zeitver- zögerung und finanz. Nachteilen			jederzeit möglich
7. Preise	15 % über Preisniveau	10 % über Preisniveau	5 % über Preisniveau	durchschnitt. Preisniveau	etwas günstiger	erheblich günstiger	konkurrenz- los günstig
8. Kundenspezifische Bevorratung	keine Be- vorratung			i.d. Regel Lieferung ab Lager			Mindestbe- stände für alle Teile
9. Nachfragemacht	< 5 % Um- satzanteil	< 10 % Um- satzanteil	< 15 % Um- satzanteil	> 15 % Um- satzanteil	> 20 % Um- satzanteil	> 25 % Um- satzanteil	> 30 % Um- satzanteil
1 0. Vollständigkeit des Programms	lieferfähig für wenige Ausfüh- rungen			lieferfähig für 70 % des Spek- trums			lieferfähig für 100 % des Spek- trums

Abb. 67. Kriterien der Lieferantenbewertung (nach Koppelmann 1990)

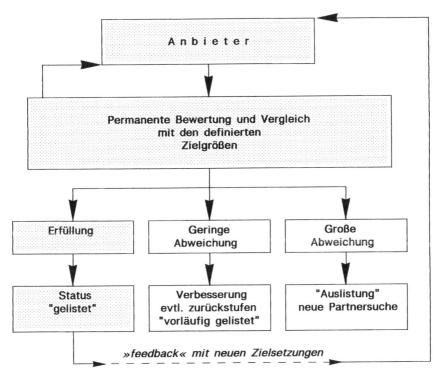

Abb. 68. Wechselbeziehung zwischen Beschaffer und Anbieter

3.2.3
Beschaffungsspezifikation

Rohstoff- oder andere Materialspezifikationen beinhalten die kürzest mögliche
Beschreibung derjenigen Qualitätsmerkmale und Eigenschaften, die ein bestimmter Roh-, Zusatz- oder technischer Hilfsstoff bzw. ein Packmittel aufzuweisen hat.
Chemische und physikalische Anforderungen sind quantitativ zu beschreiben,
wobei der Zielwert (Nenn- oder Optimalwert) mit den Toleranzwerten (Minimal-
Maximalwert) zu ergänzen ist. Aflatoxine, Pestizide, toxische Metalle etc. sind
grundsätzlich als maximal zulässige Werte anzugeben, da man für diese Kontami-
naten keinen tolerablen Gehalt für Lebensmittel angeben kann.

Bei der Festlegung der mikrobiologischen Anforderungen sollte auf einen nach
außen hin bekanntgegebenen Grenzwert verzichtet werden. Der spezifizierte
Richtwert ist für den Lieferanten als Maximalwert zu definieren. Der Vorteil liegt
darin begründet, daß ein erfahrener Mikrobiologe einen eigenverantwortlichen
Entscheidungsspielraum darüber hat, wann er letztendlich die Lieferung für ungeeignet erklärt. Intern festgelegte Toleranz- und Grenzwerte müssen immer
strenger gehandhabt werden als gesetzliche – sofern vorhanden. Nennt z.B. die Ei-
produkte-VO von 1994 einen absoluten Grenzwert von 10^5 aeroben mesophilen
Keimen pro Gramm, so ist ein Produkt mit solchen Keimzahlen durchaus ab-
lehnungswürdig, wenn die Fertigproduktanforderungen kleinere Grenzwerte verlangt.

Neben den zuvor genannten Anforderungen müssen Beschaffungsspezifikationen, sensorische Beschreibungen und Angaben über Lagerbedingungen sowie Haltbarkeiten in Orginalgebinden enthalten. Trotz aller produktspezifischen Angaben sollte auf eine *Allgemeine Anforderung*, insbesondere bei Rohstoffen – nicht verzichtet werden.

Die Spezifikationen müssen vom Kunden als dem Abnehmer erstellt werden und dem Anbieter als (zukünftigen) Lieferanten als *ein* Vertragsbestandteil vorgelegt werden. Der kritiklosen Übernahme einer Lieferantenspezifikation ist eine unmißverständliche Absage zu erteilen, da der Lieferant in aller Regel ganz andere Parameter für seinen Prozeß und sein Produkt für wichtig erachtet, als für den Abnehmer zur Weiterverarbeitung notwendig sind. Besonders wichtig ist auch, daß sich Lieferant und Kunde auf Prüfparameter einigen und einheitliche Prüfmethoden festlegen, um spätere Unstimmigkeiten bereits im Vorfeld auszuräumen.

Die nachstehenden Spezifikationen zeigen beispielhaft den Aufbau und den Inhalt diverser Qualitätsmerkmale.

3.2.3.1
Stichprobenplan

Insbesondere mikrobiologische Spezifikationsanforderungen dürfen nicht losgelöst vom Stichprobenplan gesehen werden. Beispielsweise ist die Angabe für Salmonellen *nicht nachweisbar in 25 g* ohne jeglichen Aussagewert. Bezieht sich die Angabe auf eine Einzelstichprobe oder wurde ein anerkannter Probenplan nach Foster (1971), Habraken et al. (1986) oder ICMSF (1978) zugrunde gelegt? Berücksichtigt der Stichprobenplan (wie z.B. nach Foster), ob die herzustellenden Produkte für Kleinkinder, Rekonvaleszenten oder Senioren bestimmt sind oder ob sie von jedermann konsumiert werden? Handelt es sich um Produkte mit oder ohne bakterienabtötenden Prozeßstufen während der Herstellung?
In jedem Fall ist man gut beraten, in der Bestellspezifikation bzw. in den Lieferverträgen entsprechende Klarstellungen zu treffen.

Beschaffungsspezifikation
- Rohstoffe -

Rohstoff-Bz: Mat.-Nr.:
Lieferant:

ALLGEMEINE ANFORDERUNG

Die Ware darf gesundheitsschädigende Stoffe und Organismen, sowie Organismen, die ein Verderben des Rohstoffes verursachen, nicht enthalten. Sie muß den Anforderungen des Deutschen Lebensmittelrechts entsprechen.

SPEZIELLE ANFORDERUNGEN

	Dimension	Zielwert	Min.-Wert	Max.-Wert	Methodenverweis
Wasser	g/100 g				
Protein	g/100 g				
Protein-Faktor	(z.B. 6,25)				
Fett	g/100 g				
Asche	g/100 g				
Kohlenhyd.als Diff.	g/100 g				
Toxische Metalle					
-- Blei	mg/kg				
-- Cadmium	mg/kg				
Pestizide					
Insektizide					
pH-Wert					
aw-Wert					
Dichte	g/ml				
Siebpassage bei					
Maschenweite 0,5 mm	g/100 g				
Schüttvolumen					
-- locker	ml/100 g				
-- sedimentiert	ml/100 g				
Aussehen/Farbe					
Geruch/Geschmack					
Textur					

(bei Mikrobiologie ausschließlich Grenzwert)

Gesamtkoloniezahl	per g	
Schimmelpilze	per g	
Hefen	per g	
Enterobact., total	per g	
E. coli	per g	gemäß MPN-Technik
Salmonellen	in 50 g	nicht nachweisbar*
S. aureus	per g	
Enterokokken	per g	
B. cereus	per g	
C. perfringens	per g	

Bemusterung gemäß FDA Kategorie I bis III, bei Milchprodukten auch Bemusterungsplan nach Habraken et al. (1986) Neth Milk Dairy J 40:99pp

Haltbarkeit nach Eingang   mind.   Monate in geschlossenen Originalgebinden bei max....°C und 75% rel. Feuchte

In der Fassung vom   Visum QS-Lieferant   Visum QS-Abnehmer

....

Beschaffungsspezifikation
Druck - Umkartons - Trays

```
LIEFERANT:                          BEZEICHNUNG:
MATERIAL-NR:                        Status:        Version:
```

Offenes Format: L × B × H   **Geschlossenes Format** (Innenmaß): L × B × H

....×.....×....   ....×.....×....

```
Gestanzt:     ja [ ] nein [ ]    Geslottert: ja [ ] nein [ ]
Geklebt:      ja [ ] nein [ ]    Sonstiges:
Fabrikkante:  ja [ ] nein [ ]      Gequetscht:  ja [ ] nein [ ]
Sonstiges:

Einlage:      ja [ ] nein [ ]    Format:   L × B × H

                                    ....×.....×....

                                 Material:........................
```

Materialzusammensetzung (UK/Tray/gm^2)
```
AD          :....................................    Farbe:................
Welle       :....................................
Zwischenlage:....................................
Welle       :....................................
ID          :....................................    Farbe:................
```

Außendecke (AD) bedruckt: ...-farbig
```
1. Farb-Nr. :....................................    Farbton:...............
2. Farb-Nr. :....................................    Farbton:...............
3. Farb-Nr. :....................................    Farbton:...............
4. Farb-Nr. :....................................    Farbton:...............
```

```
Flexofarbe: ja [ ]              Farbhersteller:........................
Drucklack:  ja [ ]              Unbedenklichkeitsbescheinigung:..........
```

```
EAN:..........................    RESY-Zeichen:...........................
ID-Nr.:.......................    Sonstiges:..............................
```

Gefache: 24er / 12er Vollkarton

Verpackung: Stapel zu .....Stück / .....Stapel/Lage
                           .....Lagen / Palette (EURO-DB) geschrumpft
                           Kein seitlicher Überstand!
                           Maximale Höhe inkl. Palette 1,85 m

Kennzeichnung:...
                  Mat.-Nr. / Bezeichnung / Bestell-Nr. / Menge / Lieferant
                  Herstelldatum

```
In der Fassung vom        Visum QS-Lieferant        Visum QS-Abnehmer


.................         .................         .................
```

Kapitel 4

Qualität in der Fertigung

4.1
Gute Herstellungspraxis

Die Gute Herstellungspraxis, angekürzt GHP (engl.: Good Manufacturing Practice, GMP[1] ist ein Werkzeug für eine umfassende Qualitätsbeherrschung auf allen Stufen der Herstellung, Behandlung und Lagerung von Lebensmitteln; also eine Festlegung und Beschreibung von Maßnahmen, die das Erreichen einer vorgebenen Qualität gewährleisten.

Im Gegensatz zur branchenneutralen Normenserie DIN EN ISO 9000ff. geben GHP-Empfehlungen detaillierte Hinweise hinsichtlich des Umganges mit Lebensmitteln.

Obwohl es kein international verbindliches Regelwerk der *Guten Herstellungspraxis* für den Lebensmittelbereich und in Deutschland hierfür auch keine Rechtsgrundlage gibt, wird unter dem Begriff die *Verpflichtung zur Sorgfalt* verstanden, und das insbesondere zur Optimierung der Qualitätssicherung in der Lebensmittelhygiene im gesamten Fertigungs- und Lagerbereich.

Bei der Erarbeitung einer betriebseigenen Richtlinie der Guten Herstellungspraxis sind die Forderungen der Anhänge I bis X der EG-Richtlinie 93/43/EWG „Lebensmittelhygiene" vom 16.06.1993 (Abb. 69) zu berücksichtigen.
Die anweisende und protokollierende Dokumentation (s. Abb. 25) kann in idealer Weise in die Elemente der DIN EN ISO 9001, 9002 resp. 9003 integriert werden, wobei insbesondere folgende Elemente hohe Schnittmengen mit der Fertigung von Produkten aufweisen:

- Beschaffung
- Kennzeichnung und Rückverfolgbarkeit von Produkten
- Prozeßlenkung
- Prüfungen
- Prüfmittelüberwachung

---

[1] Unter dem Begriff GMP wurden von der WHO bereits 1968 Grundregeln zur Herstellung und Qualitätssicherung von Arzneimitteln bekanntgegeben, die im wesentlichen als PharmBetrV vom 8. März 1985 in geltendes Recht umgesetzt wurden (Bundesgesetzblatt 1985, Teil I, 548-551). In Abwandlung sind die Aussagen der PharmBetrV auch für den Lebensmittelbereich anwendbar.

- Lenkung fehlerhafter Produkte
- Korrektur und Vorbeugemaßnahmen
- Handhabung, Lagerung, Verpackung, Konservierung und Versand
- Schulung

Die nachstehenden Abschnitte, aber auch nachstehende Kapitel sollen bei der Erarbeitung einer eigenen betriebsspezifischen „GHP" als Hilfestellung dienen (Abb. 70). Auch hier ist zu berücksichtigen, daß eine übergreifende Zusammenarbeit aller mit der Fertigung und der Lagerung befaßten Kräfte, den Kaufleuten aus Einkauf und Vertrieb als auch der Betriebs- und Geschäftsleitung gefordert ist, um praktikable Lösungen als verbindlich vorzuschreiben.

4.2
Rohstoffe

Die Musterprüfung beim Wareneingang ist nur dann aussagekräftig, wenn die geprüften Muster den betreffenden Warenposten repräsentieren. Dies setzt voraus, daß die fragliche Produktmenge homogen ist.

Homogene Chargen entstammen Produktionsabschnitten, die nach technologischem Ablauf und Rohstoffeinsatz als zusammenhängend gelten können. Die

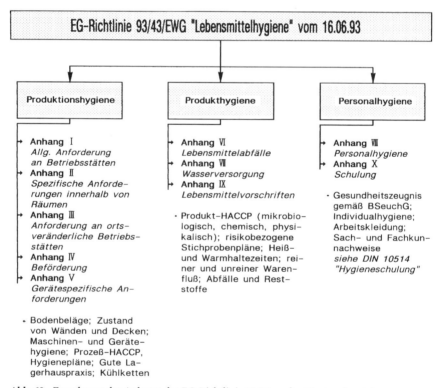

Abb. 69. Zuordnung der Anlagen der EG-Richtlinie 93/43 zu den Hygienebereichen

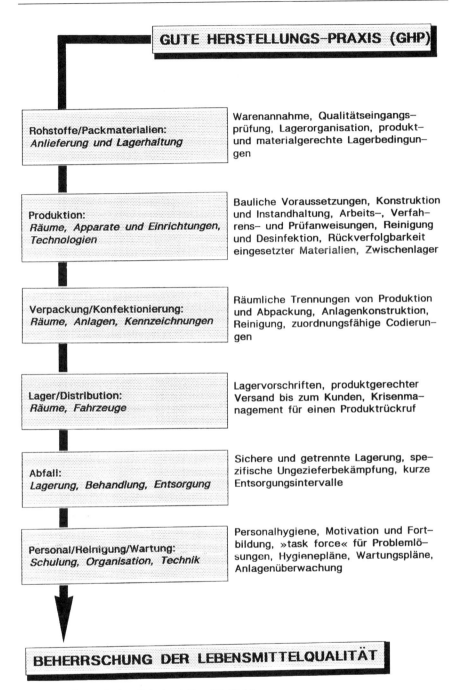

GUTE HERSTELLUNGS-PRAXIS (GHP)

Rohstoffe/Packmaterialien: *Anlieferung und Lagerhaltung*	Warenannahme, Qualitätseingangs-prüfung, Lagerorganisation, produkt- und materialgerechte Lagerbedingungen
Produktion: *Räume, Apparate und Einrichtungen, Technologien*	Bauliche Voraussetzungen, Konstruktion und Instandhaltung, Arbeits-, Verfahrens- und Prüfanweisungen, Reinigung und Desinfektion, Rückverfolgbarkeit eingesetzter Materialien, Zwischenlager
Verpackung/Konfektionierung: *Räume, Anlagen, Kennzeichnungen*	Räumliche Trennungen von Produktion und Abpackung, Anlagenkonstruktion, Reinigung, zuordnungsfähige Codierungen
Lager/Distribution: *Räume, Fahrzeuge*	Lagervorschriften, produktgerechter Versand bis zum Kunden, Krisenma-nagement für einen Produktrückruf
Abfall: *Lagerung, Behandlung, Entsorgung*	Sichere und getrennte Lagerung, spe-zifische Ungezieferbekämpfung, kurze Entsorgungsintervalle
Personal/Reinigung/Wartung: *Schulung, Organisation, Technik*	Personalhygiene, Motivation und Fort-bildung, »task force« für Problemlö-sungen, Hygienepläne, Wartungspläne, Anlagenüberwachung

BEHERRSCHUNG DER LEBENSMITTELQUALITÄT

Abb. 70. Lebensmittelqualität durch Sorgfaltpflicht

Losgrößen dürfen dabei durch keine fabrikationstechnischen Maßnahmen wie Maschinenstillstand aufgrund von Reinigungsmaßnahmen, längerem Schicht-wechsel o.ä. unterbrochen sein.

Ist die Homogenität nicht gegeben, so hat die Eingangsanalyse nur symbolischen Charakter und ist praktisch wertlos.

Inbesondere können sich mikrobiologische Probleme hinter der Anforderung Homogenität verbergen (näheres bei Pichhardt, 1993). Bei der Auswahl der Lieferanten und Verhandlung mit ihnen ist daher ihre GHP zwingend zu berücksichtigen.

Es ist erforderlich, daß der Einkauf Rohstoffe unter strikter Beachtung folgender Bedingungen beschafft:

- Kennzeichnung der einzelnen Chargen auf den Liefergebinden
- Bestellnummer und Chargenvermerk auf den Lieferpapieren
- Hinweis auf den Lieferpapieren, ob unter einer Bestellnummer verschiedene Chargen geliefert werden
- Kennzeichnung einer Mischpalette mit unterschiedlichen Chargen
- Absprache und Dokumentation der Spezifikation und zugehöriger Kontrollvorschrift.
- Absprache und Dokumentation zuordnungsfähiger Beschriftungen auf den Gebinden.

Folgende Daten sind auf der Außenwand eines jeden Gebindes (nicht auf dem Deckel), bei doppelter Verpackung auch auf dem Innensack, anzubringen:

- Eindeutige Bezeichnung des Rohstoffes.
- Herkunft (Name des Herstellers und somit der Qualitätverantwortliche - die ausschließliche Angabe eines Händlers oder einer Handelsorganisation ist unzureichend und kann nicht geduldet werden).
- Chargenbezeichnung
- Brutto-/Nettogewicht

Der Lieferant hat die vereinbarten Spezifikationen zu garantieren d.h. ein Spezifikationsdatenblatt ist vom Lieferanten zu visieren. Der Lieferant hat auf spezielle Lagerbedingungen und evt. kürzere Aufbrauchfristen aufmerksam zu machen.

Im Interesse einer konstanten Qualität der Produkte sollen Lieferanten, die sich als zuverlässig bewährt haben, so lange wie möglich beibehalten werden – Aufbau und Pflege eines Vertrauensverhältnisses.

4.2.1
Qualitätsprüfungen

4.2.1.1
Warenannahme

Anläßlich der Warenannahme ist eine erste Prüfung durchzuführen, wofür die entsprechende Annahmestelle verantwortlich ist.

Diese an jeder Lieferung vorzunehmende Kontrolle umfaßt folgende Kriterien:

- Vergleich mit den Angaben der Ablieferungspapiere
  (Beschriftung, Gewicht, Anzahl der Gebinde)
- Zustand der Paletten (nahrungsmittelkonform)
- äußerer Zustand der Gebinde

Bei groben Mängeln kann eine Lieferung zurückgewiesen werden, ohne daß eine
Analyse durchgeführt wird. Kleinere Mängel sind dem Musterzugspersonal zu
melden.

- Charakterisierung der eingehenden Rohstoff-Lieferungen:
  Jede eingehende Rohstofflieferung ist lieferweise, wenn möglich chargenweise
  (Charge des Herstellers) so zu charakterisieren, daß sie jederzeit eindeutig iden-
  tifiziert werden kann.
- Dokumentation:
  Über eingehende Rohstoff-Lieferungen sind Dokumentationen zu führen.
- Lagerung:
  Vom Eingang ins Lager bis zur Freigabe sind die Rohstoffe zu sperren.

4.2.1.2
Eingangsprüfung und Musterzug

Die Qualitätsprüfung muß grundsätzlich an jeder einzelnen Lieferung bzw. Charge
separat durchgeführt werden. Für die Durchführung der Eingangskontrolle, des
Musterzugs und der Musterprüfung für alle Produkte der Liste Rohstoffe ist das
Qualitätswesen verantwortlich. Der Musterzug sollte unter der fachlichen Aufsicht
der Laborleitung durch geschultes Lagerpersonal wahrgenommen. Die erforderlichen Bemusterungspläne dafür sind vom Qualitätswesen zu erstellen.

Es gehört auch zu den Aufgaben der Musterzieher, Gebinde auf ihren äußeren
Zustand und auf ihre Beschriftung zu prüfen. Beobachtungen von offenkundiger
Uneinheitlichkeit der Gebindeinhalte hinsichtlich Aspekt und Geruch sind den
Kräften des Labors unverzüglich zu melden.

Zweck des Musterzugs ist die Bereitstellung repräsentativer Muster einer Charge oder Lieferung für die Musterprüfung. Für die Technik des Musterziehens muß
eine detaillierte Vorschrift zur Verfügung stehen, die auch Besonderheiten wie steriler Musterzug für die Mikrobiologie enthalten muß. Für die Musterprüfung einer
Charge sind nach einem für jedes Produkt bzw. Produktgruppe festgelegten Mu-
sterzugsplan Analysenmuster zu entnehmen.

4.2.1.3
Zuordnungsfähige Kennzeichnung

- Gebinde, Paletten oder Sendungen mit einem Rohstoff, welcher gesperrt ist,
  sind mit einem roten Etikett zu kennzeichnen. Bedeutung des *roten Etiketts:*
  Der Inhalt der betreffenden Gebinde ist für jegliche Verwendung ausgeschlossen und somit *gesperrt!* Im Etiketten-Text ist dies mit dem Stichwort „gesperrt"
  anzuzeigen.

– Gebinde, Paletten oder Sendungen mit einem Rohstoff, welcher auf Grund eines
  Freigabe-Entscheides freigegeben ist, sind mit einem grünen Etikett zu kennzeichnen. Bedeutung des *grünen Etiketts:* Der Inhalt der betreffenden Gebinde
  ist für die Verwendung *freigegeben!* Im Etiketten-Text ist dies mit dem Stichwort „frei" anzugeben.

Es kann durchaus sinnvoll sein, eine weiter Etikettenfarbe einzuführen, welches
singnalisiert, das ein Rohstoff nur für eine besondere Verwendungsart oder nach
einer speziellen Nacharbeit zur Verwendung gelangen darf.

4.2.1.4
Freigabeentscheid

Für sämtliche Rohstoffe ist pro Charge, allenfalls pro Lieferung, ein Freigabeentscheid zu treffen. Der Entscheid zur Freigabe ist bei Rohstoffen in allen Fällen von
einer kompetenten Person des Prüflabors zu treffen.

Der Freigabeentscheid kann für die weitere Verwendung des Produktes gewisse
Einschränkungen (Vorbehalte) beinhalten. Es ist dann sicherzustellen, daß diese
Vorbehalte der für die Abgabe oder Verarbeitung der Produkte unmittelbar ver-
antwortlichen Person kenntlich gemacht werden.

Die provisorische Freigabe eines Rohstoffes vor Abschluß der Kontrollprüfung
kann in Ausnahmefällen auf Veranlassung und Verantwortung der Produktions-
bzw. Werksleitung unter Meldung an die Freigabe-Instanz vorgenommen werden,
wenn ein positiver Identitätsbefund vorliegt. Die daraus hergestellten Endprodukte müssen solange unter Quarantäne gehalten werden, bis feststeht, daß die eingesetzte Rohstoff-Charge nachträglich für die Fabrikation definitiv freigegeben ist
(s.a. DIN EN ISO 9001, Element 4 „Prüfungen", Pkt. 4.10.2.3).

4.3
Packmittel

Das Packmaterial muß für den vorgesehenen Verwendungszweck geeignet sein
und einen genügenden Schutz der Produkte gegen äußere Einflüsse bieten.

Packungselemente, die zur Dosierung des Lebensmittels notwendig sind (z.B.
Meßlöffel), müssen die erforderliche Dosiergenauigkeit ermöglichen.

Behältnisse für Lebensmittel müssen so beschaffen sein, daß die Produkte weder Schaden erleiden, noch mit dem Material der Behälter reagieren können. Die
verwendeten Materialien müssen ggf. eine antimikrobielle Behandlung gestatten.

Eingangsprüfung I (Lager)	Anweisung: LA 14 erstellt von: *Visum/Datum* geprüft von: *Visum/Datum* gültig ab: *Datum*

Prüfmerkmal	Prüfmethode	Hilfsmittel	Fehleraufteilung	Fehlerklasse
1. Palettie- rung	Sicht- kontrolle	Palettier- vorschrift	- Höhe vorschrifts- widrig	HF
			- Seitlich mehr als 5 cm Überstand	HF
			- Paletten leicht beschädigt	NF
			- Ladung ungenügend gesichert	HF
2. Außenver- packung	Sicht- kontrolle	Liefervor- schrift	*Beschriftung*	
			- Art.-Nr. falsch	KF
			- Art.-Nr. fehlt	HF
			- Produktname	
			--falsch	KF
			--fehlt	HF
			- Stückzahl	
			--falsch	NF
			--unvollständig	NF
			Außenverpackung	
			- vorschriftswidrig	NF
			- stark verschmutzt	HF
			- leicht beschädigt	NF
			- stark beschädigt	HF
3. Menge	messen/ zählen	Liefer- schein	*Abweichungen*	
			- vom Lieferschein > + 3,0%	NF
			- von der Außen- etikette > + 3,0%	HF
4. Unter- mischung	Sicht- kontrolle		*Untermischung* z.B. Text, andere Dimensionen etc.	KF

KF = Kritischer Fehler · **HF** = Hauptfehler · **NF** = Nebenfehler

4.3.1
Qualitätsprüfung

4.3.1.1
Warenannahme

Bei der Warenannahme ist die entsprechende Annahmestelle für eine erste Kontrolle verantwortlich. Diese an jeder Lieferung vorzunehmende Prüfung umfaßt folgende Kriterien:

- Vergleich mit den Angaben der Ablieferungspapiere (Anzahl, Beschriftung, Charakterisierung der Lieferung etc.)
- Zustand der Transportverpackung

Darüber hinaus ist es sinnvoll, eine Checkliste zur Verfügung zu stellen, die die Parameter, Prüfmerkmal, Prüfmethode, Prüfhilfsmittel, Fehleraufteilung sowie Fehlerklasse enthält.

Mit Hilfe einer solchen Checkliste (siehe nachstehendes Beispiel) ist es möglich, augenscheinliche Abweichungen bereits frühzeitig zu erkennen.

Die technischen Qualitätsprüfungen müssen an jeder Lieferung eines Packungselements separat durchgeführt werden und obliegen in der Regel dem Packmittellabor.

Der Einlagerung von Packmittel ist besondere Beachtung hinsichtlich Luftfeuchtigkeit und Temperatur zu widmen. Die Verarbeitungsfähigkeit hängt in vielen Fällen von den genannten Parametern ab. Kartonagen nehmen gerne schnell Gerüche an. Auch hier ist eine sorgsame Einlagerung, z.B. getrennt von Aromen, angezeigt.

4.3.1.2
Musterzug

Bei anerkannt zuverlässigen Lieferanten, die nach Bemusterung mehrerer Lieferungen die Qualität der Sollvorschrift (DIN 40080 reps. DIN 2859) erfüllt haben, kann eine reduzierte Bemusterung in Erwägung gezogen werden. Die Tabelle 1 dient als Beispiel.

4.3.1.3
Freigabeentscheid

Für sämtliche Packungselemente, die im Betrieb eingesetzt werden, ist pro Lieferung ein Freigabeentscheid zu treffen. Dem Freigabeentscheid sind die Resultate der Qualitätsprüfung zu Grunde zu legen, wobei der Entscheid durch eine kompetente Person zu treffen ist. Entscheide in Zweifels- oder Grenzfällen müssen mit den betroffenen Bereichen abgesprochen sein.

Tabelle 1. Reduzierte Bemusterung

Packmittelgruppe	Anzahl Stichproben pro Lieferung
Kartonmanteldosen u. Falzdeckeldosen aus Weißblech	total 12 Stück (je 2 Stück aus verschiedenen Paletten; wenn Palettenzahl < 6: entsprechend mehr Proben pro Palette)
Dosenböden	total 12 Stück (je 2 Stück aus verschiedenen Paletten; wenn Palettenzahl < 6: entsprechend mehr Proben pro Palette)
Verbundfolien	je 5 Laufmeter von verschiedenen Rollen (die ersten 5 Umgänge einer Folienrolle sind zu verwerfen) 1 Palette · 1 Probe 2– 3 Paletten · 2 Proben 4– 6 Paletten · 3 Proben 6–10 Paletten · 4 Proben > 10 Paletten · 5 Proben
Faltschachteln	32 Stück je Lieferung (je 6–8 Stück aus 5 verschiedenen Kartons)
Schnappdeckel für Bidons	total 12 Stück (je 2 Stück aus verschiedenen Paletten; wenn Palettenzahl < 6: entsprechend mehr Proben pro Palette)
Bidons	total 10 Stück (je 2 Stück aus 5 verschiedenen Kartons)
Fibertrommeln	Sichtprüfung bei Anlieferung
Meß–/Dosierlöffel	total 40 Stück (je 5 Stück aus verschiedenen Kartons)
Weithalsgläser	total 80 Stück (aus Testpalette des Glaslieferanten)
Säcke aus Kraftpapier mit und ohne PE–Einlage	total 10 Stück (je 2 Stück aus verschiedenen Gebinden)

Der Freigabeentscheid kann für die weitere Verwendung des Packungselements gewisse Einschränkungen (Vorbehalte) beinhalten. Es ist dann sicherzustellen, daß diese Vorbehalte den für die Abgabe oder Verarbeitung des Packmittels unmittelbar verantwortlichen Personen bekannt gemacht werden.

Ebenso wie bei den Rohstoffen müssen zweckmäßige Maßnahmen getroffen werden, um sicherzustellen, daß:

- Lieferungen, die gesperrt sind, nicht für die Konfektionierung (Verpackung) verwendet werden;
- vorbehaltlich Verwendungszweck freigegebene Packstoffe nur für den besonderen Verwendungszweck eingesetzt werden.

4.4
Gebäude und Räumlichkeiten

Die Räumlichkeiten müssen für den vorgesehenen Zweck geeignet sein. Dies bedeutet u.a., daß Räume, in denen fabriziert und verpackt wird, nicht gleichzeitig Lager- oder Aufenthaltsräume sein können und auch nicht als allgemeine Durchgänge dienen. In sämtlichen Räumen hat Sauberkeit und Ordnung zu herrschen. Der Zugang zu Produktions- und Lagerräumen muß geregelt sein.

Die Gebäudekonstruktion muß ein Eindringen von Tieren, insbesondere von Ungeziefer, unter allen Umständen verhindern.

An Böden, Decken und Wänden dürfen Farbanstriche und andere Oberflächenschichten nicht abblättern.

Dort, wo Herstellungsvorgänge zu jedem Zeitpunkt saubere oder sogar desinfizierte Räume verlangen, müssen Oberflächen zudem so beschaffen sein, daß die Reinigung und Desinfektion wirksam ausgeführt werden kann. Dies bedeutet, daß Oberflächen von Böden, Wänden und Decken in solchen Produktions- und Lagerräumen glatt und frei von Rissen sein müssen, und daß sich Leitungsführungen soweit wie möglich außerhalb der Produktionsräume befinden. Dies trifft insbesondere für Räume zu, in denen mit Substanzen in offenen Behältern umgegangen und/oder in denen Lebensmittel hergestellt oder verpackt werden.

Räume und Arbeitsplätze müssen ausreichend und zweckentsprechend beleuchtet und die Be- und Entlüftung muß in zweckmäßiger Weise auf die Tätigkeiten abgestimmt sein.

Falls bestimmte Klimabedingungen (Temperatur, Luftfeuchtigkeit) Produkte oder deren Herstellung und Kontrolle beeinträchtigen können, muß eine geeignete Klimaanlage vorhanden sein. Klimaanlagen bergen allerdings die Gefahr von mikrobiologischen Luftkontaminationen. Daher ist eine periodisch festgelegte, vorbeugende Wartung unverzichtbar.

Abwässer, Abluft, Fabrikationsrückstände und andere Abfälle müssen entsprechend den behördlichen Vorschriften gefahrlos und hygienisch beseitigt werden können.

4.4.1
Produktionsräume und Räume für die Zwischenlagerung

Die räumliche Anordnung der Produktionsanlagen ist allgemein so zu gestalten, daß folgende Anforderungen erfüllt sind:

- Es muß genügend Platz für eine übersichtliche und dem Arbeitsablauf ange-paßte Anordnung der Fabrikations- und Verpackungsanlagen vorhanden sein.
- Durch räumliche Anordnung muß das Risiko, einen Fabrikationsschritt oder eine -kontrolle auszulassen auf ein Minimum reduziert bleiben. Ferner soll das Risiko von Verwechslungen weitgehend ausgeschlossen sein.
- Die Anlagen müssen leicht bedienbar sein.
- Herstellvorgänge, die in der gleichen Zone oder in benachbarten Zonen ausge-führt werden, dürfen sich gegenseitig nicht beeinflussen.
- Die Möglichkeit, daß Lebensmittel in irgendeinem Stadium der Herstellung durch andere Substanzen verunreinigt werden, muß unter Kontrolle gehalten werden.
- In der Nähe von Produktionsanlagen muß ein angemessener Platz für Zwi-schenlagerung (Puffer) vorhanden sein, damit Produkte und Verpackungsma-terialien, die für einen oder mehrere Fabrikations- oder Verpackungsvorgänge bereit gestellt werden, In-Prozeß-Materialien oder Produkte, die den Fabrikat-ions- oder Verpackungsvorgang soeben passiert haben, fachgemäß aufbewahrt werden können.
- Es muß ein Raum zur Verfügung stehen, in dem mobile Apparate und Behälter gereinigt und falls nötig getrocknet werden können.

Für Zwischenlagerräume sind folgende Anforderungen zu berücksichtigen:

- Es muß genügend Platz für eine übersichtliche, saubere und trockene Aufbe-wahrung von Produkten und Materialien vorhanden sein.
- Wo nötig, muß eine Regulierung von Temperatur und Luftfeuchtigkeit möglich sein.
- Zwischenlager für Packmittel und unverpackte Rohstoffe bzw. Halbfertigwaren sind zu trennen.

4.4.1.1
Temperaturanforderungen

Die folgende Auflistung nach Kuntzer (1994) berücksichtigt die wichtigsten natio-nalen Vorschriften sowie die Richtlinien der Europäischen Union und gestattet ei-nen raschen Überblick bzgl. Temperaturanforderungen an Lebensmittel bzw. Räume, in denen Lebensmittel behandelt und gelagert werden.

Lebensmittel etc. im Sinne der VO	Temperaturanforderung	Bemerkung	Bezug
Hackfleischerzeugnisse	– 18 °C	unmittelbar nach Herstellung, wenn Angebotszustand gefroren (Kerntemperatur)	Hackfleisch-VO (HFIVO) vom 10.05.1976 (§§ 3 + 4)
Räume	+ 4 °C	Erzeugnisse nach § 1 HFIVO dürfen nur in Räumen und Einrichtungen gelagert und befördert werden, deren Innentemperatur + 4 °C nicht überschreitet	
Verkaufseinrichtungen	+ 7 °C	Innentemperatur der Verkaufseinrichtung, in der eine bestimmte Menge zur alsbaldigen Abgabe bereitgestellt wird	
Fleisch in Stücken von weniger als 100 g	+ 2 °C – 12 °C – 18 °C	*Lagertemperatur unmittelbar nach der Herstellung für:* Kühlfleisch Gefrierfleisch Tiefkühlfleisch	Richtlinie des Rates 88/658 zur Festlegung der für die Herstellung und den Handelsverkehr
Fleisch	+ 7 °C	Kerntemperatur, wenn die Arbeitsvorgänge bis zur Herstellung des Endproduktes in 1 Stunde abgeschlossen sind	geltenden Anforderungen an Hackfleisch, Fleisch in Stücken von
Herstellungsraum	+ 12 °C	Raumtemperatur, wenn die Arbeitsvorgänge bis zur Herstellung des Endproduktes in 1 Stunde abgeschlossen sind	< 100 g und Fleischzubereitungen vom 14.12.1988
Lebensmittel tierischer Herkunft	kühl	Lebensmittel sind ausreichend kühl zu halten (kühl = + 7 °C)	VO der Landes Baden-Württ. über die Hygiene mit Lebensmitteln tierischer Herkunft vom 16.02.1977
Frische Fische	in Eis	Außerhalb von Kühleinrichtungen sind frische Fische in Eis oder in Kühlbehältern aufzubewahren	
Fleisch	+ 7 °C	beim Verbringen in Mitgliedsstaaten	Fleischhygiene-VO (FIHV) vom 30.10.1986 (Kapitel IX + X der Anlage 2)
Nebenprodukte der Schlachtung	+ 3 °C	beim Verbringen in Mitgliedsstaaten	
Hackfleisch	– 18 °C	Hackfleisch, < 100 g in Fertigpackungen	
	+ 2 °C	Hackfleisch, gekühlt in Fertigpackungen	

Lebensmittel etc. im Sinne der VO	Temperatur-anforderung	Bemerkung	Bezug
Vor- und Zwischenprodukte	– 12 °C	zur Herstellung von Fleisch-erzeugnissen in gefrorenem Zustand	noch FlHV
Blut	+ 3 °C	Temperatur unmittelbar nach der Schlachtung zum Genuß für den Menschen bestimmt	
Hauskaninchen	+ 4 °C	alsbald	
Tierkörper	+ 7 °C	Einfuhrtemperatur des Tier-körpers (6 Tage)	
	– 3 bis – 5 °C	Einfuhrtemperatur des Tier-körpers (21 Tage)	
Zerlegeraum Wassertemperatur	+ 12 °C + 82 °C	Raumtemperatur zur Reinigung von Geräten	
Frisches Fleisch	+ 7 °C	Innentemperatur, bis zur Verarbeitung	Richtlinie des Rates 77/99 zur Regelung gesundheitlicher Fragen beim innergemein-schaftlichen Handelsverkehr mit Fleischer-zeugnissen vom 21.12.1976
Nebenprodukte der Schlachtung	+ 3 °C	Innentemperatur, bis zur Verarbeitung	
Geflügelfleisch	+ 4 °C	Innentemperatur, bis zur Verarbeitung	
Geflügelfleisch	– 2 bis + 4 °C	*Angebotszustand:* frisches Geflü-gelfleisch, d.h. nicht erstarrtes Fleisch muß ständig auf dieser Temperatur gehalten werden	EWG-VO 1906/90 über die Vermarktung für Geflügel-fleisch vom 26.06.1990 *(Artikel 2)*
	– 12 °C	*Angebotszustand:* gefrorenes Geflügelfleisch, muß ständig auf dieser Temperatur gehal-werden	
	– 18 °C	*Angebotszustand:* tiefgefro-renes Geflügelfleisch, muß ständig auf dieser Temperatur gehalten werden	
Geflügelfleisch	– 12 °C	*Angebotszustand:* gefroren Kerntemperatur	Geflügelfleisch-Handelsklassen-VO vom 20.04.1983 *(Abschnitt III der Anlage)*
	– 18 °C	*Angebotszustand:* tiefgefroren, Kerntemperatur	

Lebensmittel etc. im Sinne der VO	Temperaturanforderung	Bemerkung	Bezug
Geflügelfleisch	+ 4 °C	Kühlhäuser, in denen frisches Geflügelleisch lagert	Geflügelfleischmindestanforderungs-VO vom 08.11.1976 *(Abschnitt II der der Anlage 1)*
	+ 2 °C	in allen Teilen der Körper unverzüglich und bis Verlassen des Schlachthofes	
	+ 4 °C	vom Verlassen des Schlachtbetriebes bis zur Abgabe an den Verbraucher	
Transport	+ 4 °C	beim Transport von frischem Geflügelfleisch	
Wassertemperatur	+ 82 °C	zur Reinigung von Geräten	
Milcherzeugnisse	+ 10 °C	wenn Angabe bei Mindesthaltbarkeitsdatum "gekühlt"	MilcherzeugnisVO vom 15.07.1970 *(§ 3 (2) 4.)*
Eiprodukte	+ 4 °C	Aufbewahrungstemperatur am Tag der Herstellung im gleichen Betrieb	Eiprodukte-VO vom 17.12.1993 *(§ 3)*
	− 18 °C	Aufbewahrungstemperatur für Eiprodukte im tiefgefrorenen Zustand	
Back- und Konditoreiwaren	kühl	(leicht) verderbliche Back- und Konditoreiwaren sind kühl zu halten (kühl = + 7 °C)	BäckereiHygiene-VO des Landes Baden-Württ. vom 14.06.1977
Tiefgefrorene Lebensmittel	− 18 °C	*Angebotszustand:* tiefgefroren, Tiefkühlkost, gefrostet in allen seinen Punkten − 18 °C oder tiefer, bei Versand kurzfristig − 15 °C *(Speiseeis-VO, HFlVO und Geflügelfleischmindestanforderungs-VO bleiben davon unberührt)*	VO über tiefgekühlte Lebensmittel vom 29.10.1991 *(§§ 1 + 2)*

Lebensmittel etc. im Sinne der VO	Temperatur-anforderung	Bemerkung	Bezug
			IV
Tiefgefrorene Lebensmittel	– 18 °C	bei Transport der tiefgefrorenen Lebensmittel, so daß an keiner Stelle – 18 °C überschritten werden	Leitsätze für tiefgefrorene Lebensmittel vom 26.05.1984
	– 15 °C	an den Randschichten	
Lagertemperatur	– 18 °C	an jeder Stelle (beim Verkaufs-vorgang ist ein kurzer Anstieg an den Randschichten um nicht mehr als 3 °C, jedoch nicht hö-her als – 15 °C nicht immer vermeidbar	

4.5
Apparate und Einrichtungen

Zu den Apparaten und Einrichtungen gehören neben den eigentlichen Anlagen für die Herstellung und Verpackung auch Behältnisse wie Container, Einrichtungen, die zur „on-line"-Prüfung (z.B. Waagen, pH-Meter, Thermometer etc.) dienen, aber auch die Belüftungsanlagen für Produktionsräume.

4.5.1
Konstruktion und Anordnung

- Die Fabrikations- und Verpackungsanlagen müssen möglichst übersichtlich angeordnet sein. Eine Bedienungs- und Reinigungsvorschrift muß verfügbar sein.
- Apparate und Einrichtungen müssen so konstruiert und angeordnet sein, daß entsprechende Reinigungen ausgeführt werden können. Reinigungsintervalle müssen vorgegeben sein und dokumentiert werden.
- Sämtliche Apparate und Einrichtungen sollen für ihren Verwendungszweck ge-eignet sein. Bei Apparaten und Einrichtungen, in denen Prozesse durchgeführt werden, die für die Qualität des Endproduktes entscheidend sind, muß die Eig-nung experimentell überprüft werden (Verifizierung), damit der Gesamtpro-zeß als valide erklärt werden kann. Solche Abklärungen müssen protokolliert und als Prozeßdokumentation archiviert werden. Validierungen müssen peri-odisch wiederholt werden.
- Apparate und Einrichtungen müssen dem Stand der Technik entsprechend so beschaffen sein, daß die darin zu verarbeiteten Produkte von außen nicht ver-unreinigt werden können. Ein besonderes Augenmerk gilt den Werkstoffen und Dichtungen (Tab. 2).

- Apparate müssen so angeordnet sein, daß Verunreinigungen durch gleichzeitig nebeneinander laufende Ansätze vermieden werden.
- Oberflächen von Apparaten und Einrichtungen dürfen die Produkte nicht so beeinträchtigen, daß sie nicht mehr der Spezifikation entsprechen.
- Apparate und Einrichtungen müssen dem Stand der Technik entsprechend so konstruiert und angeordnet sein, daß die für den Betrieb notwendigen Hilfsmittel und Betriebsstoffe (Schmiermittel, Kühlmittel etc.) nicht mit dem Produkt in Berührung kommen.

Beispiele

- Große Rohrkrümmungsradien lassen sich leicht reinigen, scharfe Krümmungen begünstigen Produktablagerungen und somit hygienisch bedenkliche „Nestbildungen".
- Standard-T-Verschraubungen sind im Gegensatz zu geschweißten Verbindungen demontierbar.
- Tote Rohrenden sind gefährlich und müssen, sofern vorhanden, beseitigt werden (hohes Hygienerisiko).
- Korrekte Rohrgefälle beachten.
- Behälterabflüsse müssen ein vollständiges Entleeren ermöglichen.

Tabelle 2. Klassierung von Werkstoffen (n. Rippberger 1994)

WERKSTOFF/ DICHTUNG	PRODUKTZONE	SPRITZZONE	PRODUKTFREIE ZONE
Austenitische, nicht rostende Stähle	zulässig	zulässig	zulässig
Aluminium/Legierungen	bedingt zulässig	zulässig	zulässig
Stahl	bedingt zulässig	bedingt zulässig	zulässig
Stahlguß	bedingt zulässig	bedingt zulässig	zulässig
Grauguß	bedingt zulässig	bedingt zulässig	zulässig
Kupfer	bedingt zulässig	bedingt zulässig	zulässig
Messing	nicht zulässig	bedingt zulässig	zulässig
Bronze	bedingt zulässig	bedingt zulässig	zulässig
Beschichtungen aus Chrom	bedingt zulässig	bedingt zulässig	zulässig
Beschichtungen aus Nickel	nicht zulässig	bedingt zulässig	zulässig
Beschichtungen aus Zinn	nicht zulässig	bedingt zulässig	zulässig
Beschichtungen aus Zink	nicht zulässig	bedingt zulässig	zulässig
Stein (Graphit, Porphyr)	zulässig	———	———
Mineralwolle, geschl. verarbeitet	nicht zulässig	zulässig	zulässig
Keramik, Korund	bedingt zulässig	bedingt zulässig	bedingt zulässig
Porzellan	bedingt zulässig	bedingt zulässig	bedingt zulässig
Holz	nicht zulässig	nicht zulässig	nicht zulässig
Cadmium	nicht zulässig	nicht zulässig	nicht zulässig
Antimon	nicht zulässig	nicht zulässig	nicht zulässig
Blei	nicht zulässig	nicht zulässig	nicht zulässig
Email	nicht zulässig	nicht zulässig	bedingt zulässig
Farbauftrag	nicht zulässig	bedingt zulässig	bedingt zulässig
Pulverbeschichtung	bedingt zulässig	zulässig	zulässig
Silikatglas	nicht zulässig	nicht zulässig	nicht zulässig
Splitterfreies Spezialglas	bedingt zulässig	bedingt zulässig	bedingt zulässig
Kunststoffe	bedingt zulässig	zulässig	zulässig
Schicht-Preßstoffe, Klebstoffe	nicht zulässig	bedingt zulässig	bedingt zulässig
Dichtungen	zulässig	zulässig	zulässig

4.5.1.1
Instandhaltung und Prüfmittelüberwachung

Die Apparate und Einrichtungen für Fabrikation, Verpackung, Lagerung und Prüfungen von Zwischenprodukten, Halb- und Fertigwaren müssen periodisch sauber und betriebtüchtig instandgehalten werden. Darüber sind angemessene Aufzeichnungen (Wartungsbuch) zu führen.

Für Meß- und Wägeeinrichtungen sind darüber hinaus besondere Sorgfalt nötig:

– Meß- und Wägeeinrichtungen in der Produktion müssen mit Hilfe anerkannter Methoden justiert, kalibriert und in geeigneten Abständen geeicht werden. Diese Prüfmittelüberwachungen sind in geeigneter Weise zu dokumentieren (s.a. 6.1.7).
– Wäge- und Meßinstumente in der Produktion müssen eine der Menge der einzuwiegenden Substanz angepaßte Genauigkeit aufweisen (Wägebereich).
– Für die Einwaage von besonderen Zusatzstoffen etc. (Konservierungsstoffe, Spurenelemente, Vitamine) müssen Waagen verwendet werden, deren Skaleneinteilung eine derartige Ablesegenauigkeit erlaubt, so daß das abgelesene Gewicht nicht mehr als 1 % vom tatsächlichen Gewicht abweicht.
– Um exakte Wäge-Resultate zu gewährleisten, darf ferner die vorgeschriebene Mindestlast der Waage nicht unterschritten und die Höchstlast nicht überschritten werden.

Sollte sich ein Prüfmittel als möglicherweise fehlerhaft erweisen, so ist dieses aus dem Produktionsfluß zu nehmen und entsprechend zu kennzeichnen. Anhand von Rückstellmustern sind rückwärtige Analysen oder Prüfungen durchzuführen, damit der Fehlergrad ermittelt und dann eine entsprechende Entscheidung getroffen werden kann.

4.5.1.2
Dokumentation bei Mehrzweckapparaturen

Für Apparate und Einrichtungen, die für mehrere Produkte eingesetzt werden, sind, wo sinnvoll, Aufzeichnungen über die Reihenfolge der darin verarbeiteten Produkte zu führen und entsprechend zu archivieren.

Diese Aufzeichung gestattet es, z.B. Aromaverschleppung, auf zuvor produzierte Chargen zu verfolgen.

4.6
Produktion und Verpackung

Für die geordnete Produktion eines Lebensmittels sind nachstehende Erfordernisse zwingend notwendig:

– Produktionsvorschrift
– Fabrikationseinrichtungen, Gerätschaften und Behälter

- Fabrikationsauftrag
- qualitätsgeprüfte Rohstoffe und Packmaterialien
- eventuell Vorschriften für Zwischenlagerungen
- Verpackungsvorschriften
- „on-line"-Prüfplan (In-Prozeß-Kontrollpunkte und HACCP)
- Regelung beim Auftreten eines Fehlers
- Dokumentationen in Form von Herstell- und Verpackungsprotokollen

Eine der wichtigsten Ressourcen ist allerdings der qualifizierte und stetig geschulte Mitarbeiter (s. Kap. 8). Es muß das Ziel einer jeden Unternehmung sein, Mitarbeiter für eine Teambildung zu begeistern, um die traditionelle Fremdführung durch Selbstführung zu ersetzen. Eines sollte allerdings unmißverständlich sein: der Produktions- bzw. Herstellungsleiter ist dafür verantwortlich, daß Lebensmittel ordungsgemäß hergestellt, verpackt und gelagert werden. Er hat für die Herstellungsqualität die Sorgfaltpflicht zu erfüllen.

Die Herstellung besonderer Lebensmittelspezialitäten (vgl.§ 11 (2) der Diät-VO) erfordert sogar eine Genehmigung, die nur dann erteilt wird, wenn u.a. die Leitung über die erforderliche Sachkunde und Zuverlässigkeit verfügt.

Der Produktionsleiter allein kann aber unmöglich jede Einzelheit überschauen und für alle Arbeitsgänge und Tätigkeiten die Verantwortung tragen. Er muß sie also auf alle Mitarbeiter übertragen, die in der Fertigung von Lebensmitteln tätig sind. Hierzu sind eindeutige Vorschriften in Form von Verfahrens- und Arbeitsanweisungen nötig, die eine ordnungsgemäße Herstellung sichern.

4.6.1
Produktionsvorschrift

Unter einer Produktionsvorschrift sind schriftliche Anweisungen für die Herstellung und Handhabung eines Produktes vom Rohstoff bis zum Endprodukt zu verstehen. In ihnen ist detailliert *vorgeschrieben*, welche Mengen einzusetzen sind und wie der Verarbeitungsablauf erfolgt. Temperaturen, Misch-, Quell- oder Lösungszeiten, Sterilisationsbedingungen, Trockenzeiten sind festgesetzt und müssen eingehalten werden. Darüber hinaus sind Angaben wie

- Anweisungen für die für CCP's und In-Prozeß-Kontrollen,
- Lagerungsbedingungen und Lagerzeit für Zwischenprodukte sowie
- Vorsichts- und Hygienemaßnahmen zum Schutz des Personals und der Produkte Bestandteil von Produktionsvorschriften.

4.6.1.1
Arbeitsanweisungen

Arbeitsanweisungen sind Regeln, die nicht nur für ein bestimmtes Produkt gültig sind, sondern allgemeine Vorgänge betreffen. Bei der Fertigung eines Pulverproduktes muß nicht jedesmal die Bedienung einer Siebmaschine in der Vorschrift neu geschildert werden, sondern sie wird einmal für alle Produkte in einer Arbeitsanweisung festgelegt.

- Bedienen von Maschinen
- Kennzeichnung von Gebinden
- Kontrollvorgänge in Fertigung und Verpackung

4.6.1.2
Anforderungen an Produktionsvorschriften

Eine Produktionsvorschrift muß so ausgearbeitet und abgefaßt sein, daß nach ihr Produkte in wiederholbar konstanter, dem validierten Entwicklungsmuster und somit der Spezifikation entsprechenden Qualität hergestellt werden können.

Sämtliche anweisende Dokumente, das gilt gleichermaßen für Produktions- sowie Verpackungsvorschriften, müssen durch Titel, Version, Erstellungsdatum und Visum des Erstellers, Freigabedatum und Visum des Überprüfenden resp. des Freigebenden gekennzeichnet sein. Der Bezug auf untergeordnete Anweisungen - soweit erforderlich - sind zu nennen. Bei Änderungen von Vorschriften ist im jeden Fall sicherzustellen, daß negative Qualitätsbeeinflussungen unterbleiben. Änderungen sind zu verifizieren und zu validieren, d.h. eine neue Version hat das Freigabeprocedere zu durchlaufen.

Wird eine Vorschrift ungültig bzw. außer Kraft gesetzt, so ist sie entsprechend zu kennzeichnen. Eine angemessene Archivierung (i.d.R. 5 Jahre) ist wegen einer eventuell notwendigen Rückverfolgbarkeit zu gewährleisten.

4.6.2
Fabrikationseinrichtungen und Behälter

Auch Einrichtungen für kontinuierliche Produktionen müssen in zeitlich festgelegten Abständen gereinigt werden. Da Reinigungen Unterbrechungen eines Prozesses bedeuten, sind diese in einem Herstellprotokoll zu dokumentieren. Wenn auch Reinigungen gewollte Eingriffe in einen Prozeß darstellen, so könnten diese bei groben Unachtsamkeiten große Probleme nach sich ziehen, im schlimmsten Falle etwa Rückstände von Reinigungs- oder Desinfektionsmitteln etc.

Behälter für die Produktion und ggf. Zwischenlagerungen von Rohstoffen, Zwischen- oder Endprodukten müssen so gekennzeichnet sein, daß jederzeit Produktname, Auftrags- oder Chargennummer und ggf. weitere Angaben zweifelsfrei ersichtlich sind.

Bevor eine Einrichtung für eine Operation verwendet wird, müssen alle Bezeichnungen, die vom früheren Gebrauch stammen, ausgewechselt werden; bei Produktwechsel sind alle Beschriftungen zu erneuern. Entscheideetiketten und Chargenbezeichnungen an Transportbehältern sind zu entfernen oder zu entwerten, sobald sie geleert sind. Bei Behältnissen, die ausschließlich für ein bestimmtes Produkt verwendet werden, darf die Produktbezeichnung fest angebracht werden.

4.6.3
Vorübergehende Lagerung von Produkten in Betrieben

Eine übersichtliche Bereitstellung der für die Herstellung notwendigen Rohstoffe und Zwischenprodukte vor der Ablieferung an die Produktion muß gewährleistet sein. Die Art der Bereitstellung darf zu keiner Verwechslung oder Verunreinigung führen. Besondere Vorschriften bzgl. Lagerbedingungen müssen auch in den Betrieben beachtet werden (z.B. Kühlung, Lichtausschluß, rel. Luftfeuchtigkeit etc.). Rohstoffe und Zwischenprodukte müssen in abgeschlossenen, d.h. zu- bzw. abgedeckten Behältnissen aufbewahrt werden.

4.6.4
Verpackungsvorschrift und Verpackungsauftrag

Verpackungsvorschriften beziehen sich i.d.R. nicht auf ein Produkt, sondern auf den eigentlichen Verpackungs- sowie Palettierungprozeß. Für alle Tätigkeiten müssen schriftliche Anweisungen, die geprüft und freigegeben wurden, vorliegen.

Die Verpackungsvorschrift beinhaltet alle Checks, die notwendig sind um den Verpackungsprozeß beginnen zu lassen. Anhand einer Checkliste sind die einzeln Stationen zu prüfen und abzuzeichnen. Diese Checkliste sowie sequentielle Prüfaufzeichnungen während des Verpackungsvorganges sind Bestandteile des Verpackungsprotokolls.

Für Verpackungsmaschinen und -anlagen gelten die unter 4.5 genannten Anforderungen.

4.6.4.1
Verpackungsauftrag

Verpackungsaufträge sind produktbezogen und sollten mindestens folgende Angaben enthalten:

- Angaben über das zu verpackende Fabrikat
- Name des Produktes
- zu verpackende Menge
- Mindest-Haltbarkeits-Datum (MHD)
- Chargen(Lot)-Bezeichnung
- evt. Preisauszeichnung im Auftrag des Handels

Eindeutige Nennung der zum Einsatz kommenden Pack- und Packhilfsmittel (Stückliste), z.B.:

- Faltschachtel mit Patentboden
- Laufmeter stickstoffbegasungsfähiger Verbundfolie
- Druckanordung zu bedruckender Flachsiegelbeutel (Abb. 71)
- Versandkarton
- Palettenart, Zwischenlagen, Palettensicherungselemente

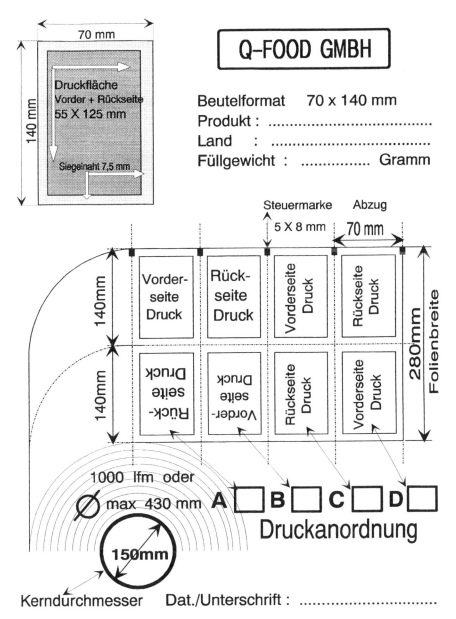

Abb. 71. Beispiel einer Anweisung zur Druckanordnung

Produktspezifische Besonderheiten falls erforderlich, z.B.

- Stickstoffbeaufschlagung während der Abfüllung
- Rest-Sauerstoffmessung (halbstündlich)

Palettierungsschema (Abb. 72)

Artikel–Nr.:   Produkt–Bz.:   EAN–Code:

Palettierungsschema Nr.:   Stand: Version:

Abmessung   Länge   Breite   Höhe   Gewicht in kg

Verkaufseinheit
Versandeinheit
Palettenblockmaß

Einheiten pro Lage:
Lage:
Einheiten pro Palette:

Stapelhöhe in Paletten
– im Lager:
– beim Transport:

Bemerkung: Bei mehr als + 25 °C
Transport in Thermobox

Palettenüberstand:
Palettenauslastung in %:

Erstellt	Datum	Visum	Genehmigt	Datum	Visum

Abb. 72. Beispiel eines Palettierungsschemas

Wie alle anweisenden Dokumentationen sind auch Verpackungsaufträge durch den Aussteller zu datieren und visieren und damit verbindlich für den Ausführenden.

Selbstverständich dürfen nur solch Packmittel zur Verpackung von Fertigpprodukten eingesetzt werden, die entsprechend den Prüfungen und Richtlinien des Packmittellabors freigegeben wurden.

Angebrochene Gebinde (Bündel, Kartons etc.) von überschüssigem bedruckten Packmaterial (Etiketten, Faltschachteln, sind sorgfältig zu kennzeichnen, um Verwechslungen bzw. Untermischungen auszuschließen.

4.6.4.2
Verpackungsprüfungen

Verpackungsfehler sind nicht selten. Durch eine falsche Monats- oder Jahresangabe beim Mindest-Haltbarkeits-Datum oder eine unzureichende Chargen (Lot)-Bezeichnung ist ein Fertigprodukt nicht verkehrsfähig, da die Elemente der LebensmittelkennzeichnungsVO resp. LotkennzeichungsVO nicht eingehalten werden.

Unzureichenden Füllmengen täuschen den Verbraucher (§ 17 LMBG), stehen im Widerspruch zur FertigpackungsVO, und zu den Regeln des Meß- und Eichwesens.

Da Verpackungsfehler mit erheblichen Fehlerkosten für Nacharbeiten zu Buche schlagen, sind präventive Maßnahmen vor und sequentielle Prüfungen während des Verpackungsprozesses absolut notwendig. Folgende Parameter sollten als In-Prozeß-Kontrollen mindestens überprüft werden:

- Einstellung der Kontrollwaagen und Codeleser (Genauigkeit, Toleranzen)
- Einstellung des Chargencodes und Mindesthaltbarkeitsdatum (insbesondere bei Chargenwechsel)
- Überprüfung auf Untermischungen bei Etiketten aber auch Faltschachtel mit Hilfe von Flattermarken (Abb. 73)
- Identität des zu verpackenden Gutes mit der Identität der Packmittel
- Qualität (Lesbarkeit) des Chargencode und Mindesthaltbarkeitsdatum
- Klebung und Sitz von Etiketten

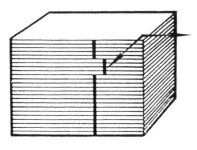

Flattermarkenversatz,
angezeigte Untermischung

Abb. 73. Flattermarkenversatz als schnelle visuelle Prüfmöglichkeit

4.6.5
Feststellung von Mängeln oder Fehlern

Sollten während des Verpackungsprozesses Unregelmäßigkeiten festgestellt werden, ist zu regeln, wie das Produkt aus dem Produktionsprozeß genommen, gekennzeichnet und zwischengelagert wird (DIN EN ISO 9001ff. Element 13), um ggf. Nacharbeiten zu veranlassen. Entsprechende Stellen (z.B. Qualitätsswesen, Lagerleitung, Speditionswesen, sind in Kenntnis zu setzen.

Die weitere Behandlung solcher Waren muß im Herstellungsprotokoll festgehalten werden.

4.6.6
Produktions- bzw. Herstellungsprotokoll

Mit Hilfe der Produktionsprotokolle ist die *Hergestellungsgeschichte* einer jeden Charge nachvollziehbar dokumentieren. Es besteht durchaus die Möglichkeit Produktionsprotokolle mit Herstellanweisungen zu koppeln, etwa indem auf der einen Seite des Dokumentes die Vorgaben niedergeschrieben sind und auf der anderen Platz für Eintragungen der wirklich abgelesenen Werte vorgesehen ist (Soll-Ist-Vergleich). Solche Eintragungen müssen unbedingt vollständig und wahrheitsgemäß sein und vom Protokollierenden mit Datum und Visum versehen sein. Die Archivierungszeit solcher Dokumente sollte mindestens 5 Jahre betragen.

4.6.6.1
Umfang und Inhalt

Produktionsprotokolle müssen alle Phasen eines Fertigungsprozesses erfassen, insbesondere auch Vorgänge, die vom normalen Prozeßverlauf abweichen. Produktionsprotokolle sollten mindestens folgende Angaben enthalten:

- Auftrags- und Chargennummer
- Herstellungsdatum; falls erforderlich auch Zeitangaben zur Charakterisierung der wesentlichen Arbeitsschritte
- Befolgte Produktions(Verpackungs)-vorschrift (Code, Datum, oder andere Identifikation)
- Bezeichnung, Menge, Charge-, Liefer- und/oder Analysenkontrollnummer aller eingesetzten Rohstoffe
- Eingesetzte Apparate (z.B. produziert auf Linie I)
- Angaben und Beobachtungen über alle wichtigen, insbesondere über die für die Produktion kritischen Arbeitsgänge und die Aufzeichnung von automatischen Überwachungsgeräten
- Datenblatt mit In-Prozeß- und HACCP-Prüfungen
- Ausbeuten, wenn sinnvoll mit Bezug auf die theoretische Normalausbeute
- Fehlleistungen und deren Behebung (Nacharbeitung)
- Unplanmäßige Maschinenstillstände

– Reinigungsoperationen
– Allgemeine eventuell qualitätsbeeinflussende Beobachtungen, die vom Maschinen- bzw. Linienführer nicht abschließend beantwortet werden können

Dort, wo die Ausführung eines Arbeitsschrittes die Gegenwart von zwei Personen vorschreibt (z.b. Verwiegen von Vitaminen, Mineralstoffen oder Spurenelementen) müssen beide Ausführende im Protokoll die Tätigkeiten visieren.

4.7
Lager- und Versandwesen

Der Bereich des Lagerwesens ist in aller Regel mit einer Vielfalt qualitätsrelevanter Tätigkeiten betraut, die zum einen den Produktionsprozessen direkt vor- und zum anderen unmittelbar nachgeschaltet sind. Zunächst wäre die Warenannahme und Eingangsprüfung von Rohstoffen und Packmitteln zu nennen. Die Prüfungen beziehen sich im allgemeinen auf den mengenmäßigen Abgleich der Lieferpapiere mit der Bestellanforderung des Einkaufs bzw. der Materialbeschaffung sowie die visuelle Begutachtung der Gebinde:

– einwandfreie Transportmittel des Frachtführers (Fremdgerüche, sonstige nichtkonforme Besonderheiten)
– falls relevant, Temperaturprüfung des Laderaumes (Einhaltung der Kühlkette)
– hygienische einwandfreie Außenverpackung
– zweifelsfreie Beschriftungen der Gebinde (Produktname, Hersteller, Chargennummer)

Das zweite wichtige Aufgabengebiet ist die Einlagerung der eigenen Fertigprodukte sowie die ordnungsgemäße Verladung und die Distribution.

Neben diesen beiden lagerspezifischen Aufgabengebieten tritt auch häufig die Verwaltung von sog. Sperrlagern für intern gesperrte Chargen, bei denen Nachuntersuchungen angezeigt sind oder die für eine spätere Nacharbeit zwischengelagert werden.

4.7.1
Lagervorschriften

Dem Lagerpersonal müssen mindestens folgende Detailregelungen als Arbeitsanweisungen zur Verfügung stehen:

– Richtlinien für die technischen Belange der Einlagerung (Stapelhöhe, Zwischenräume, Abstand von den Wänden etc.)
– Produktspezifische Lagerbedingungen (Temperatur, Feuchtigkeit, Lichtschutz)
– Produktspezifische Anweisungen für die Handhabung der Produkte (Umgang mit offenen Substanzen, Sicherheitsvorschriften)
– Rückweisungskompetenz für augenscheinlich festgestellte Mängel an Rohstoff- oder Packmittellieferungen

- Bemusterungspläne für Rohstoffe und Packmittel, sofern diese Tätigkeit dem
  Lagerwesen obliegt (ausgebildete Musternehmer)
- Regelungen für den Zutritt zum Lager: Außenstehende dürfen sich nur in Be-
  gleitung von Lagerpersonal oder im Einverständnis mit der Lagerverwaltung im
  Lager aufhalten.

4.7.1.1
Lagerung

Jede Palette und jedes Gebinde muß vorschriftsmäßig beschriftet sein. Eine übersichtliche Lagerordnung muß dazu beitragen, daß Verwechslungen ausgeschlossen sind und das Gebot von "first in - first out" eingehalten wird.

Sämtliche Produkte sind so zu lagern, daß sie zum Zeitpunkt der Verwendung
noch der geforderten Spezifikation entsprechen, d.h.:

- Die Produkte sind vor Verunreinigungen sowie vor außergewöhnlichen Licht-
  und Temperatureinflüssen zu schützen;
- produktspezifische Lagervorschriften sind strikt zu beachten.

Wenn notwendig, sind im Lager die klimatischen Verhältnisse (Temperatur,
Luftfeuchtigkeit) mittels geeigneter Prüfmittel zu überwachen und entsprechende
Aufzeichnungen zu führen. Die eingesetzen Prüfmittel unterliegen zwecks Nach-
weis der Funktionstüchtigkeit der Prüfmittelüberwachung (s. Element 11 der DIN
EN ISO 9001ff).

Freigegebene, gesperrte und zurückgewiesene Produkte können durchaus
„chaotisch", d.h. ohne räumliche und zonenmäßige Trennung gelagert werden,
wenn durch geeignete Maßnahmen (computergestützte Dispositionssperre innerhalb der Lagerplatzverwaltung) eine Sicherung gegen mißbräuchliche Verwendung gewährleistet ist, wie bei separater Lagerung mit gebindeweiser Entscheid-
kennzeichnung.

4.7.1.2
Behandlung zurückgewiesener Chargen

Die Lagerverwaltung muß mittels einer Verfahrensanweisung darlegen, wie mit
zurückgewiesenen Produkten und Materialien zu verfahren ist, damit diese weder
in der Produktion eingesetzt, noch verpackt oder an Dritte geliefert werden.

Für zurückgewiesene Produkte und Materialien sind so rasch wie möglich die
notwendigen Maßnahmen zu treffen:
- Sie sind entweder dem Hersteller oder Lieferanten zurückzuschicken oder zu
  vernichten.
- durchgeführte Maßnahmen sind zu protokollieren (Menge, Zahl der Gebinde,
  Datum, Visum etc.).
- Es ist eine *Reklamationsmeldung* zu organisieren (siehe unter 4.8).

4.7.1.3
Nachkontrollen

Für anfällige Rohstoffe (z.B. Haltbarkeitseinschränkungen) muß eine Regelung durch das Qualitätswesen getroffen werden, wann Chargen bzw. Lieferungen oder Teile davon analytisch (sensorisch, mikrobiologisch) neu zu überprüfen sind *(ordentliche Nachkontrolle)*.

Es ist zweckmäßig, ordentliche Nachkontrollen zu den festgelegten Terminen durch die Materialdisposition oder das Lagerwesen zu veranlassen, da hier i.d.R über die Bestände buchgeführt.

Während der Dauer der ordentlichen Nachkontrollen muß die betreffende Charge nicht zwangsläufig gesperrt sein.

Werden an einem Rohstoff, Zwischenprodukt etc. irgendwelche Unregelmäßigkeiten festgestellt, so muß das Produkt vom Qualitätswesen für die weitere Abgabe oder Verwendung sofort gesperrt werden (Veranlassung einer *außerordentlichen Nachkontrolle*). Während einer außerordentlichen Nachkontrolle ist die Charge grundsätzlich gesperrt.

Wird anläßlich einer Nachkontrolle festgestellt, daß eine Charge nicht mehr den Anforderungen entspricht, so sind von der Freigabeinstanz die notwendigen Maßnahmen zu treffen, sowohl für Chargenteile, die sich noch am Lager befinden, als auch für Chargenteile, die bereits für den Fabrikationsprozeß freigegeben bzw. verarbeitet wurden.

4.7.2
Distributionsvorschriften

Werden Fertigwaren nicht ausschließlich palettenweise versandt, sondern als Versandheiten unterschiedlicher Produkte, so muß dem Verladen von Einheiten besondere Aufmerksamkeit geschenkt werden, wenn die Lieferungen den Handel sicher erreichen sollen. Arbeitsanweisungen für die Distribution enthalten daher Informationen bzgl. Verpackungsabmessungen, maximale Stapelbarkeit- bzw.-höhe; Verpackungen, die zuvor stapelbar gemacht werden müssen; Stapelungen in Regalstandardabmessungen auf Wunsch des Handels; mit Gabelstabler unterfahrbare Stapelungen etc.

4.7.3
Lagerhygiene

Lagerhäuser und Lagerbereiche sind hygienische Problemzonen hinsichtlichen Nagern und anderem Ungeziefer. Es ist daher unumgänglich, Hygienepläne zu erstellen, um einer Plage vorzubeugen. Grundrißpläne mit den eingezeichneten Stellplätzen von Fallen dienen der systematischen Bekämpfung. Das periodische Ablaufen der Fallen sowie das gleichzeitige Auslegen von neuen Ködern gibt Auskunft über die getroffenen Maßnahmen.

4.8
Fehlermeldung

Ein irgendwie fehlerhaftes oder Mängel aufzeigendes Produkt sollte in allen Phasen der Herstellung so früh wie möglich erkannt, erfaßt und gekennzeichnet werden, damit die weitere Verwendung unterbunden werden kann. Das Resultat der Ursachenanalyse bildet die Basis für sofortige Korrekturmaßnahmen (s. 4.9), damit der festgestellte Fehler – so möglich – im Ansatz vermieden wird.

4.8.1
Kennzeichnung fehlerhafter Produkte

Zeigt die Überprüfung eingegangener Rohstoffe/Packmittel, von produzierter Halb- oder Fertigware eine Abweichung des Sollzustandes (Spezifikation) oder bestehen Zweifel an der Konformität, ist der betroffene Artikel an seinem Behältnis bzw. Gebinde entsprechend zu kennzeichnen. Wird direkt bei Wareneingang eine Nichtkonformität vermutet oder festgestellt, erfolgt ebenfalls eine unfreie Bestandsqualifikation, und zwar solange, bis die definitive Weiterverwendung festgestellt wurde.

Die Bestandsqualifikation und entsprechende Kennzeichnungen sind:

– Versand- bzw. Fertigungsfreigabe
– Gesperrt für den Versand bzw. für eine Weiterverarbeitung
– Bedingte Freigabe (mit entsprechendem Vermerk bzw. Einschränkung)

Änderungen an der Bestandsqualifikation dürfen nur vom Qualitätswesen vorgenommen werden.

4.8.2
Erfassung eines fehlerhaften Produktes

Fehlerhafte Produkte können in allen Phasen der Fabrikation (Rohstoffe, Halb- und Fertigwaren) auftreten; ihre Nichtkonformität kann nach Maßgabe – neben der Wareneingangs-, der Fabrikations- oder der Endprüfung – von jedem Beschäftigten festgeselt und gemeldet werden. In allen Fällen ist vom Qualitätswesen eine Beurteilung mittels Fehlerbeleges (siehe nachstehendes Beispiel) über die Qualitätsabweichung zu erstellen, damit die Ursachenabklärung und der Entscheid über Weiterverwendung eingeleitet wird.

Fehlermeldungen dienen auch der Finanzadministration für eine Qualitätskostenberechnung bei fehlerhaft hergestellten Produkten sowie dem Einkauf für Reklamationen beim Unterauftragnehmer.

4.8.2.1
Arten der Weiterverwendung

Es kann durchaus möglich sein, daß ein nicht der Spezifikation entsprechendes Produkt einer Weiterverwendung zugeführt wird. In der Regel sind drei Möglichkeiten gegeben:

Interne Sonderfreigabe

Die fehlerhafte Ware (Produktionslos oder Anlieferung) zeigt einen tolerierbaren Mangel und kann ohne Nacharbeit für die Weiterverarbeitung bzw. den Versand freigegeben werden. Der Entscheid wird durch ein ad hoc Team gefällt und protokolliert. Sofern es sich um einen Rohstoff/Packmittel handelt wird der Einkauf informiert, damit die Beanstandung dem Unterlieferanten mitgeteilt wird und in die Lieferantenbewertung Eingang findet (s.a. 3.2.2). Bei einem Mangel an Eigenfabrikaten ist, wenn möglich, die Nacharbeit in Erwägung zu ziehen. Eine Korrekturmaßnahme ist einzuleiten.

Nacharbeit

Der Entscheid zur Nacharbeit wird ebenfalls von einem Team aus Entwicklung, Produktion und Qualitätswesen - evt. unter Hinzuziehung des Marketingverantwortlich - gefällt. Nach Abschluß der Nacharbeit wird die normale, d.h. routinemäßige Endprüfung durchgeführt.

Vernichtung/Rücksendung

Der Entscheid zur Vernichtung sollte in der Kompetenz des Qualitätswesen liegen. Die Entsorgung der Ware hat gemäß Anweisung als Wertstoff (Tierfutter) oder durch anderweitige Vernichtung zu erfolgen.

4.8.3
Retourenwaren

Von Handel retournierte Produkte werden bis zum Vorliegen der Prüfresultate separat gelagert und nicht in den Lagerbestand aufgenommen. Nach Vorliegen der Prüfresultate wird die Retourenware wie folgt weiterbehandelt:

- Bei Fehllieferung, z.B. mengenmäßige Überschreitung der Bestellmenge, kann die Ware zum externen Verkauf weiterverwendet werden, sofern keine anderweitigen Mängel vorliegen
- Ist die Mindesthaltbarkeit soweit fortgeschritten (jedoch nicht abgelaufen), daß ein externer Verkauf nicht mehr möglich ist, könnte sie bei einwandfreier Qualität noch firmenintern abgegeben werden.
- Ist das Mindesthaltbarkeitsdatum überschritten, oder wurde die Ware infolge qualitativer Mängel zurückgegeben, ist sie der Entsorgung zuzuführen.

Fehlermeldung
Lenkung fehlerhafter Produkte

Identifikation   Bezeichnung:.....................
Teile-/Produkt:.................. Datum Eingang:...........
Bestell-Nr.:..................... Produktionsdatum:........
Menge:........................... Verfalldatum:............

Fehlerentdeckung	**Fehlerursache**
[ ] Eingangsprüfung	[ ] Material Inhalt........ Verpackung...
[ ] In-Prozeß-Kontr.	[ ] Maschine
[ ] Konformitätsprüfung	[ ] Management
[ ] Lager/Versand	[ ] Umwelt
[ ] Markt/Kunde	[ ] Mensch [ ] Methode

Beschreibung des Fehlers
....
....
....
Evt. bereits eingeleitete Maßnahmen:..................................
....
....
Teamleader:..

Zur Beurteilung an →
Entscheid: Sonderfreigabe [ ] Datum/Visum............ Betroffene Stellen in-
             Sperrung   [ ] Datum/Visum............ formieren
             Nacharbeit   [ ] Datum/Visum............ ...   .
             Normkorrektur [ ] Datum/Visum............ ...   .
             .... [ ] Datum/Visum............ ...   .

Maßnahmen/Korrekturen
Wer:..............................
....   bis wann:...........................
Was:..............................
....   bis wann:...........................
Maßnahme durchgeführt   Datum/Visum....................

Kostenerfassung			Verlust		
Bearbeitungsaufwand	Stunden	D-Mark	Material	kg/Stck.	D-Mark
....	....	......	....	....	......
....	....	......	....	....	......

Totale Fehlerkosten in D-Mark   Verbucht auf Kostenstellen   Datum/Visum
....

Einkauf → Verrechnet an Zulieferant
      Erfaßt in der Lieferantenbewertung   Datum/Visum ....

Aussteller des Formulars Datum/Visum........... ╲   *Zur Kontrolle*
Teamleader, verantwortl. Datum/Visum........... →   *ob Maßnahme(n)*
Linienvorgesetzter   Datum/Visum........... ╱   *wirksam!*

Zur Kenntnis
Qualitätsbeauftragter der obersten Leitung   Datum/Visum ....
Leitung QS-Labor   Datum/Visum ....
Leitung Produktion   Datum/Visum ....
Leitung Finanzadministration (Kostenrechn.)   Datum/Visum ....

4.9
Optimierte Produktionsabläufe

Fehler werden trotz aller Vorkehrungen nie unvermeidbar bleiben. Allerdings sollte die Wiederholung des gleichen Fehlers unterbunden werden d.h. die Zuverlässigkeit des Arbeitssystems muß erhöht werden. Das Element 14, Korrektur- und Vorbeugemaßnahmen, der DIN EN ISO 9001ff. verlangt die Einleitung systematischer Verbesserungen durch das Vermeiden von Wiederholungsfehlern und das Beseitigen von Fehlerursachen. Eine Korrekturmaßnahme ist nicht synonym mit einer Korrektur. Eine Korrektur ist mit einer Nacharbeit bzw. der Behandlung eines existierenden Fehlers gleichzusetzen. Die DIN EN ISO 8402 definiert die Korrekturmaßnahme als: *„Tätigkeit, ausgeführt zur Beseitigung der Ursache eines vorhandenen Fehlers, Mangels oder einer anderen unerwünschten Situation, um deren Wiederkehr vorzubeugen".*

Als Methode der Wahl für die systematische Ermittlung von Problemanalysen gilt das „Ursache-Wirkungs-Diagramm", welches von dem Japaner Dr. Kaoru Ishikawa entwickelt wurde. Wegen der bildlichen Darstellung wird es auch Fischgräten-Diagramm genannt.

4.9.1
Ermittlung von Problemursachen

Störfaktoren bergen Risiken und kosten Geld. Störfaktoren zu begegnen und damit die Wirtschaftlichkeit zu erhöhen, ist im Rahmen einer modernen Unternehmensführung selbstverständlich.

Die Abb. 74 und 75 zeigen Modelle eines Ursachen-Wirkungs-Diagramms. Im ersten Fall wird die Analyse einer Folge von Prozeßschritten dargestellt; das Modell soll zunächst helfen, die Problemstufen zu ermitteln. Bei komplexen Proble-

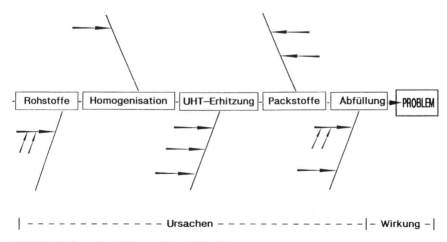

Abb. 74. Analyse einer Folge von Prozeßschritten

men dient dies als Vorstufe für eine sich anschließende Einzelanalyse in denen Ursachengruppen untersucht werden.

Mit dem Ursachen-Wirkungs-Diagramm können in der Lebensmittelindustrie
folgende Ursachen analysiert werden:

Prozeßstörungen
- Ausfall von Steuerungen
- Schwankende Temperaturverläufe
- Unzureichende Dosierung von Schleusen

Organisatorische Abläufe
- Fehldisponierte Rohstoffe (Packmittel)
- Unwirtschaftlicher Maschinenbelegungsplan
- Schlechte Abstimmung Speditionswesen/Versand

Produktabweichungen
- Schwankendes Schüttvolumen (Über- bzw. Unterfüllung)
- Schlechter Etikettensitz, blasige Banderolen
- Grenzwertüberschreitungen

Die Ishikawa-Methode ist nicht nur bei bestehenden Prozessen einsetzbar, sondern kann bereits im frühen Stadium einer Entwicklungstätigkeit angewandt werden, um potentielle Schwachstellen frühzeitig zu ermitteln.

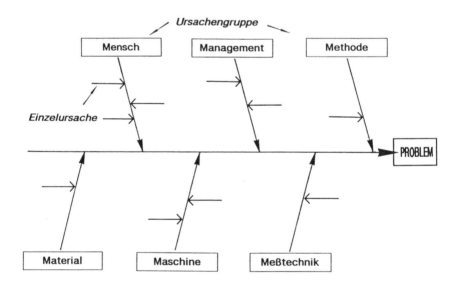

Abb. 75. Analyse von Ursachengruppen (Streuungsanalyse)

4.9.1.1
Vorgehensweise

Grundlage möglicher Ursachen waren ursprünglich fünf Haupteinflußgrößen oder auch Ursachengruppen („*fünf M*") angeführt: Mensch, Methode, Material, Maschine, Meßtechnik. Anstelle der Meßtechnik wird auch oftmals die Mitwelt als eines der 5 M genannt. Ein *sechstes* M sollte unter keinen Umständen außer acht gelassen werden - das Management. Damit alle denkbaren Ursachen erfaßt werden können, ist es wichtig, alle Einflußgrößen einzubeziehen.

Nach dem Benennen einer fachkundigen Arbeitsgruppe (s.a. 1.1.3), die von einem Moderator geleitet wird, ist in 5 Schritten vorzugehen:

1. Schritt
Problembeschreibung und Vorklärung ob eine Abfolge von Prozeßschritten (Abb. 74) oder ein in sich abgeschlossener Prozeß (Abb. 75), z.B. Abfüllprozeß mit kombinierter Rinserreinigung, analysiert werden muß.

2. Schritt
Ursache-Wirkungs-Diagramm zeichnen und die Haupteinflußgrößen (Ursachengruppen) eintragen.

3. Schritt
Geführt durch einen Moderator sind *Haupt- und Nebenursachen zu erarbeiten* und *kritiklos* und *ohne Bewertung* in das Diagramm einzutragen. Nebenursachen werden mit kleineren Pfeilen an die Hauptursachen angehängt, so daß sich immer feinere Verästelungen ergeben.

4. Schritt
Die *Vollständigkeitsüberprüfung* durch das Team klärt, ob alle Ursachen im Diagramm aufgenommen wurden und gegenseitige Abhängigkeiten plausibel sind.

5. Schritt
Die *Bewertung* mit Gruppendiskussion stellt die Grundlage für die Ausarbeitung der wesentlichsten Einflußgrößen.

Der Schwerpunkt der Methode nach Ishikawa liegt also auf dem Erfassen der Problemursachen der ermittelten Einflußgrößen (Abb. 76). Anhand dieser ermittelten Problemursachen sind im Anschluß Problemlösungen zu erarbeiten.

4.9.2
Wichtung von Problemursachen

Sind für ein Qualitätsproblem verschiedene Ursachen analysiert worden, z.B. mit Hilfe des Ishikawa-Diagramms, stellt sich die Frage der Wichtung der Probleme. In der Regel basiert ein großer Anteil der Probleme auf einen relativ geringen Anteil der Ursachen. Lösungsmöglichkeiten bietet eine statistische Versuchsmethodik, die dem *Pareto-Prinzip* unterliegt. Vifredo Pareto (1848-1923) stellte die 80/20er-Regel auf, allerdings sind die Zahlen nicht als mathematisch absolute Größe,

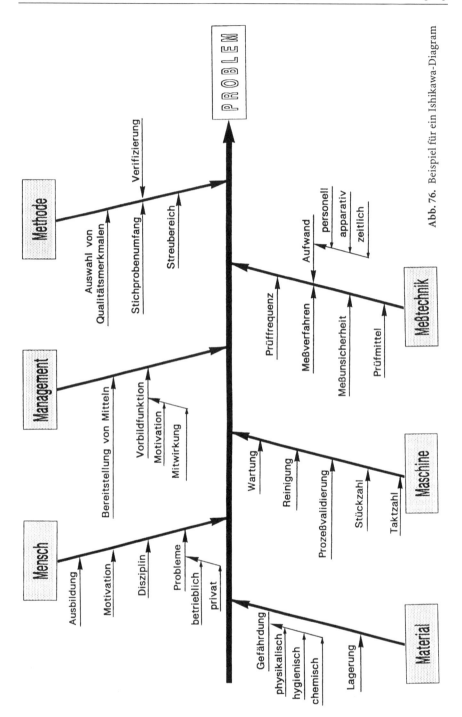

Abb. 76. Beispiel für ein Ishikawa-Diagram

sondern als Anhaltspunkt zu verstehen, (z.B.: 80 % der Arbeitsleistung werden nur mit 20 % an Arbeitszeit getätigt; 80 % des Firmenumsatzes wird mit 20 % der Produkte erbracht; *80 % der Probleme sind auf 20 % der Ursachen zurückzuführen*). Daher ist es bedeutend, die wichtigsten Fehler zu ermitteln, die dann mit erster Priorität bearbeitet werden, um Störfaktoren auszuschließen.

4.9.2.1
Vorgehensweise

Die Pareto- oder auch ABC-Analyse (A-,B- und C-Fehler) wird ebenfalls in 5 Schritten bearbeitet: 1. Untersuchungsgegenstand innerhalb eines Untersuchungszeitraumes festlegen; 2. Daten erfassen; 3. Erfaßte Daten ordnen; 5. Pareto-Diagramm zeichnen 5. aufgrund der Diagramm-Analyse weiteres Vorgehen festlegen.

Beispiel
In einem definierten Zeitraum werden mit Hilfe einer Strichliste alle Fehler erfaßt und diesen ihre absolute Häufigkeit zugeordnet. Aus der Summe der absoluten Häufigkeit (= 100 %) wird die relative Häufigkeit pro Fehler errechnet und tabellarisch festgehalten.

Die ungeordneten Daten werden anschließend in absteigender Reihenfolge ihrer absoluten Häufigkeit wiederum tabellarisch geordnet und anschließend in das Pareto-Diagramm eingezeichnet. Zunächst werden auf der Abszisse die Fehler in der Reihenfolge ihrer absoluten Häufiskeit aufgezeichnet, auf der Ordinate wird die relative Häufigkeit fixiert. In der oberen Hälfte des Diegramms werden die kumulierten Summen der relativen Häufigkeiten eingezeichnet (Abb. 77).

Das ausgefüllte Diagramm liefert die besten Grundlagen für ein Ansetzen von Verbesserungs- bzw. Opitmierungsmaßnahmen. Das Diagrammbeispiel zeigt, daß die kumulierte Häufigkeit der Fehler 11, 5 und 3 (von insgesamt 12 Fehlern) etwa 80 % und die restlichen 9 Fehler kumuliert rund 20 % darstellen .

4.10
Personal und Besucher

Mitarbeiter müssen entsprechend ihrer Funktion ausgebildet sein. Neu eingestelltes Personal muß vor seinem Einsatz neben der technischen Ausbildung mit den Grundprinzipien der für seinen Arbeitsbereich gültigen GHP-Anforderungen vertraut gemacht werden.

Personal ohne Erfahrung in der Branche darf ohne entsprechende Überwachung nur auf einfachen Arbeitsplätzen eingesetzt werden. Für schwierige Aufgaben müssen die Mitarbeiter über eine ausreichende Ausbildung und genügend Erfahrung verfügen.

Von den Mitarbeitern muß folgendes verlangt werden:

- Ihrer Funktion entsprechende Kenntnisse und Fähigkeiten nach einer gewissen Einarbeitungszeit
- Zuverlässigkeit und Gewissenhaftigkeit

 – notwendige Erfahrung in der Produktion und bei der Kontrolle der auszuführenden Tätigkeit
 – Verständnis für die am betreffenden Arbeitsplatz notwendigen GHP-Maßnahmen

Den Laboratorien, die sich mit Entwicklung und Qualitätsprüfungen befassen, müssen Leiter(innen) vorstehen, die sich durch ihre Aus- und Weiterbildung für die an sie gestellten Anforderungen hinreichend qualifiziert haben, und somit Verantwortung übernehmen können.

Für die wichtigsten Arbeitsplätze, insbesondere für Vorgesetztenfunktionen, müssen Stellenbeschreibungen vorliegen, aus denen Aufgabenbereiche, und Kompetenzen hervorgehen. Für Vorgesetztenfunktionen jeglicher Stufen ist die Stellvertretung zu regeln.

4.10.1
Gesundheitszustand

Personal, das in der Herstellung beschäftigt ist, muß einen guten Gesundheitszustand aufweisen, der eine Kontamination der Produkte während der Produktion soweit als möglich verhindert.

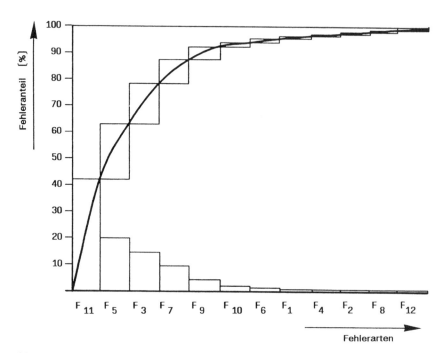

Abb. 77. Pareto-Diagram

Die Sicherstellung des entsprechenden Gesundheitszustandes soll sich auf folgende Maßnahmen stützen:

- Bei jedem Neueintritt ist die Regelung des Bundesseuchen-Gesetzes (BSeuchG) zu beachten
- Periodische Schirmbilduntersuchung
- Krankheitsmeldung durch die Mitarbeiter selbst
- Betreuung durch den arbeitsmedizinischen Dienst
- Aufforderung von Vorgesetzten oder Kollegen zum Arztbesuch bei entprechenden Anzeichen;
- Periodische ärztliche Untersuchung von Personal an bestimmten Arbeitsplätzen
- Gegebenenfalls nach Rückkehr aus Ländern mit erhöhtem Infektionsrisiko besondere Sorgfalt walten lassen

Krankheiten, die nicht arbeitsverhindernd sind, die jedoch die betriebliche Hygiene gefährden könnten (z.B. Durchfall, Hautleiden, starker Schnupfen, Katarrh), sind dem Vorgesetzten und dem Arzt des Vertrauens zu melden, die darüber entscheiden, ob die betreffende Person weiterhin an ihrem Arbeitsplatz tätig sein kann. Die gleiche Aufforderung zur Meldung gilt beim Auftreten von ansteckenden Krankheiten im privaten Bereich von Mitarbeitern. Es gehört zu den Pflichten der Vorgesetzten, ihre Mitarbeiter bei äußerlichen Anzeichen von Krankheiten anzuhalten, einen Arzt aufzusuchen.

Die Eintrittsuntersuchung und die periodische ärztliche Untersuchung von Personen an bestimmten Arbeitsplätzen hat nach Maßgabe des zuständigen Arztes zu erfolgen.

Die Häufigkeit dieser Untersuchungen und die Wahl der in diesem Programm einbezogenen Mitarbeiter sollte entsprechend des am Arbeitsplatz für das Produkt vorhandenen Kontaminationsrisikos nach einem Prioritätenprogramm festgelegt werden.

4.10.1.1
Personalhygiene

Es ist Aufgabe der Vorgesetzten, ihre Mitarbeiter(innen) über die Bedeutung der persönlichen Hygiene in bezug auf die Tätigkeit am Arbeitsplatz aufzuklären. Das Produktions-, Lager-, Musterzugs- und Prüfungspersonal muß eine für die auszuführende Tätigkeit geeignete, saubere Arbeitskleidung tragen. Die Häufigkeit des Arbeitskleiderwechsels ist den hygienischen Anforderungen der einzelnen Arbeitsplätze anzupassen, wobei wenn nötig auch Produktwechsel zu berücksichtigen sind.

Besondere Beachtung ist der Pflege der Hände und Fingernägel zu schenken. Eine selbstverständliche Hygienemaßnahme ist das sorgfältige Waschen der Hände mit Seife vor der Aufnahme von Tätigkeiten und nach Benutzung der Toilette. Je nach Arbeitsplatz sind dabei desinfizierende Seifen zu verwenden. Zum Trock-

nen der Hände dürfen nur hygienisch einwandfreie Handtücher – niemals Mehr-
fachhandtücher – benutzt werden.

Haare dürfen nicht arbeitsbehindernd wirken. Nötigenfalls muß mit geeigneten
Maßnahmen z.B. Kopfbedeckung (obligatorisch bei „offenen" Produkten), Span-
gen o.ä. verhindert werden, daß die Mitarbeiter(innen) gezwungen sind, während
der Arbeit die Haare zu ordnen oder aus dem Gesichtsfeld zu streichen.

Weiterhin sind nachstehende Punkte zu beachten:

- Produkte sollen nicht mit den bloßen Händen berührt werden
- Verpflegungen dürfen nicht in Produktions-und Lagerräumen eingenommen
  werden
- In Produktions- und Lagerräumen darf nicht geraucht werden
- Persönliche Medikamente dürfen – im Bereich der Produktion – nicht direkt
  an den Arbeitsplatz genommen werden
- Beim Arbeiten an oder mit offenen Produkten sollte Hals-, Arm und Finger-
  schmuck nicht getragen werden (Schmuck ist neben einem Hygienerisiko auch
  ein Problem des persönlichen Unfallschutzes)

4.10.2
Schulung

Personal muß unmittelbar nach Neueinstellung im Ausbildungsbereich Hygiene
geschult (s. Kap. 8) werden. Die Schulung erstreckt sich über die „Fünf M":

- Mikrobiologie
- Mensch
- Maschine
- Material
- Milieu

Neben der Hygieneschulung sind auch zeitig rohstoff- und verfahrenskundli-
che Schulungen zu planen.

Rohstoffe sind in der Regel Naturstoffe und unterliegen somit unvermeidlichen
Schwankungen. Insbesondere bei neuen Rohstoffen ist das Personal rechtzeitig
über deren Einführung zu informieren und bezüglich ihrer Handhabung zu schulen. Die Schulung sollte sich insbesondere auf sensorische Eigenschaften konzentrieren:

- Geruch, Farbgebung, Geschmack, bzgl. Degustationen sind u.U. besondere
  Schulungen notwendig, so z.B. bei Konzentraten, Essenzen etc.
- Textur, Fließverhalten, Viskosität etc.

Bei Einsatz von Vitaminen, Mineralstoffen, Spurenelementen, Aromastoffen
sowie bei der Handhabung von Chemikalien im Laborbereich sind zusätzlich
Aspekte der Arbeitssicherheit zu schulen. Als Schulungsunterlagen dienen entsprechende EG-Datensicherheitsblätter.

4.10.3
Besucherregelung – Fremdfirmen

Besucher und Mitarbeiter von Fremdfirmen sind vor Betreten der Produktionsräume oder Lagerhäuser über Verhaltens- und Hygieneregeln aufzuklären. Es
kann nicht gestattet werden, daß Besucher sich von der Gruppe abtrennen. In Bereichen mit „offener" Handhabung von Roh-, Halb- und Fertigwaren ist auf Füh-
rungen zu verzichten; Ausnahmen bilden lediglich besondere Fachbesucher bzw.
Personal von Fremdfirmen. Das Tragen von Schutzbekleidung ist obligatorisch.

Kapitel 5

Qualitätssicherung der Packmittel

5.1
Aufgabe und Funktion von Packmitteln

Durch geeignete Packmittel müssen ausreichende und konstante Schutzeigenschaften des Lebensmittelgutes sichergestellt werden. In allen Fällen ist das Packmittel aber auch Informations- und Werbeträger für das Produkt und das Unternehmen. Die optische Darstellung von Verkaufspackungen hat eine Signalwirkung auf den Kunden – nämlich eine attraktiv gestaltete Fertigpackung zu kaufen, eine andere dagegen im Regal stehen zu lassen. Neben der optischen Gestaltung beeinflussen aber mehr und mehr ökologische Aspekte (Wiederverwendbarkeit, Wertstoff, Entsorgung) das Kaufverhalten. Die Funktionen von Packmitteln sind also vielseitig (Abb. 78).

Die Rechtmäßigkeit von Angaben auf den Packmitteln, z.B. Informationen zur Lebensmittelkennzeichnungs-Verordnung, Nährwertkennzeichnungs-Verordnung, Zubereitungs- und Verzehrsvorschriften, evt. Warnhinweise oder wettbewerbsrechtliche Belange muß gesichert sein.

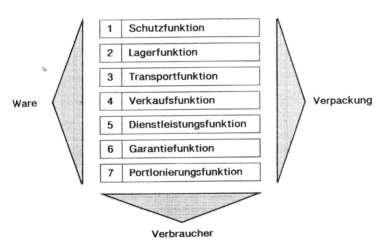

Abb. 78. Funktionen eines Packmittels (nach Bauer 1981)

Packmittel müssen außerdem von der technischen Qualität her so beschaffen sein, daß zum einen vom *Primärpackmittel* selbst keine Gefahr auf das Gut und somit möglicherweise auf den Konsumenten übergehen kann (z.b. Glassplitter) und zum anderen Störungen im Verpackungsprozeß durch technisch fehlerhafte Packmittel auf ein Minimum beschränkt bleiben.

Darüber hinaus muß sichergestellt sein, daß *Sekundärpackmittel* und *Packhilfsmittel* dem Gut eine angemessene Transportsicherung gewähren und es auch vor klimatischen Schwankungen schützen.

5.1.1
Definitionen der Packmittel und des Fehlerbegriffs

Packmittel lassen sich in drei Kategorien einteilen:

- **Primärpackmittel** sind alle Packmittel, die direkt mit dem Lebensmittel in Kontakt stehen.
- **Sekundärpackmittel** sind Packmittel, die zur Herstellung einer bestimmten Verkaufs-, Lager-, Transport- oder Versandeinheit dienen, z.B. Trays, Versand- oder Aufstellboxen
- **Packhilfsmittel** sind alle Artikel, die eine bestimmte Hilfsfunktion ausüben, z.B. Klebebänder, Leim, Schrumpf-Folien.

Die Fehlerbegriffe sind in Anlehnung an die DIN 40 080 (1979) "Verfahren und Tabellen für Stichprobenprüfung anhand qualitativer Merkmale (Attributprüfung)" gewählt, wobei die Definitionen und die Beispiele auf Packmaterialien für Lebensmittel abgestimmt wurden.

Kritische Fehler 1 (KF) sind Fehler, die die Gesundheit des Konsumenten gefährden können und somit eine Auslieferung der Gebinde nicht zulassen.

Beispiel: Glasfäden (Affenschaukel) oder Glasspitzen, die abbrechen können (Stempelkleber) im Inneren von Behältnissen; durch Spülen, Wenden oder Ausblasen nicht entfernbare Glas-, Metall- und Kunststoffsplitter (Abb. 79)

Kritischer Fehler 2 sind Fehler, welche die Verwendbarkeit des Packmittels sehr stark mindern.

Beispiel: Fehler, die zum Verderben eines Füllgutes führen können, aber sofort nach einer Befüllung festgestellt werden; das Fehlen von Elementen zur Lebensmittelkennzeichnungs-Verordnung; Fehler, die die Maschinengängigkeit stark beeinträchtigen oder unmöglich machen

Hauptfehler (HF) sind Fehler, die die Brauchbarkeit mindern.

Beispiel: Die Maschinengängigkeit ist beeinträchtigt; Druckfarbentoleranzen über-/unterschritten; nicht gesetzesrelevante Textelemente fehlen.

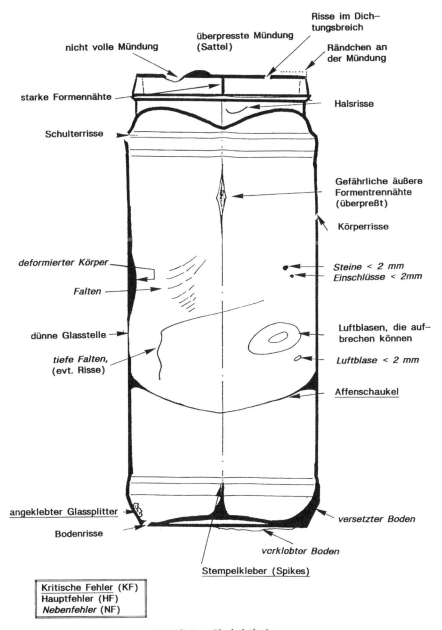

Abb. 79. Fehlerklassierung am Beispiel eines Glasbehältnisses

Nebenfehler (NF) sind Fehler, die die Brauchbarkeit wenig mindern.

Beispiel: Schönheitsfehler wie Farbspritzer an anderen als augenfälligen Stellen.

Je nach der Schwere und den Folgen, die ein Fehler verursachen kann, sollte er in eine der 4 Fehlerklassen eingestuft werden. Die individuelle Bildung von Unterklassen kann sinnvoll sein.

5.2
Bemusterungen und Stichprobenpläne, Prüfungen

Die Qualitätssicherung der Packmittel basiert auf folgenden Voraussetzungen:

- Die Qualitätspolitik der Hersteller von Primärpackmitteln sind auf das Packgut Lebensmittel ausgerichtet. Die Qualitätsmanagement- und -sicherungsaktivitäten sind durch regelmäßige Audits zu prüfen.
- Alle Packmittellieferanten verfügen über schriftlich formulierte Anforderungen (Spezifikationen). Sie liefern nur Packmittel aus, die gemäß ihren eigenen Prüfungen den gestellten Anforderungen entsprechen.
- Für Packstoffe aus Kunststoff bescheinigt der Hersteller, daß nur Stoffe zur Herstellung verwendet werden, die gemäß Liste Bedarfsgegenstände-V0 vom 10. 4 1992 (BGBl. I S. 866) zugelassen sind.
- Angelieferte Packmittel sind zu bemustern, die Muster auf Erfüllung der Anforderung zu überprüfen.
- Packmittel sind bis zur ausdrücklichen Freigabe durch das Prüflabor für eine Verarbeitung gesperrt.
- Umfang und Frequenz der Bemusterung richtet sich nach dem Gefährdungsgrad (s. 5.1.1 Fehlerklassierung).

5.2.1
Bemusterung und Stichprobenpläne

Die Qualitätsbeurteilung einer Packmittellieferung kann nicht auf der Zufälligkeit von ein paar wenigen Stichproben basieren, vielmehr muß eine repräsentative Stichprobe geprüft werden, die durch Umfang und Art der Entnahme die gewünschte Sicherheit gewährleistet.

Es sollte angestrebt werden, die Aussage über die Qualität des Packmittels nicht so genau wie möglich, sondern so genau wie nötig zu machen und die Bedeutung eines möglichen Fehlers und den dazugehörigen Prüfaufwand in Relation setzen (Abb. 80).

Bei statistisch gesicherten Stichprobenplänen kann man die Größe des Stichprobenfehlers mathematisch genau fixieren. Es wird meist mit einer statistischen Sicherheit von 90, 95, oder 99 % gearbeitet.

5.2.1.1
Reduzierte Bemusterung

Bei anerkannt zuverlässigen Lieferanten, die nach Bemusterung mehrerer Lieferungen die Qualitätsnormen nach einem anerkannten Stichprobenplan erfüllt ha-

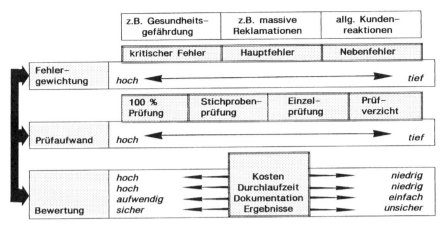

Abb. 80. Prüfaufwand in Abhängigkeit von einer Fehlergewichtung

ben, kann eine reduzierte Bemusterung angewandt werden (Abb. 81; s.a. Tab. 1 unter 4.3.1.2).

Sollten bei Qualitätsprüfungen aus der reduzierten Mustermenge Fehler festgestellt werden die in die Kategorie kritischer oder Hauptfehler fallen, ist mindestens eine Nachbemusterung des anerkannten Stichprobenplans angezeigt.

5.2.1.2
Statistisch gesicherte Stichprobenentnahme

Die statistisch gesicherte Stichprobenentnahme (nach Military Standard MIL-Std 105 D oder DIN 40 080 resp. DIN 2859) ist bei Nachbemusterungen oder bei neuen, noch nicht gelisteten Lieferanten vorzusehen.

Die Fehlerbewertungsliste sowie der AQL-Wert (Annehmbare Qualitätsgrenzlage = max. Anteil fehlerhafter Einheiten in Prozent) ist zwischen der Beschaffung und dem Packmittellieferanten vertraglich festgehalten. Diese Liste ist für alle Lieferungen bis auf Widerruf gültig. Die Fehlerbewertungsliste schränkt die Verbindlichkeit von Zeichnungen, Liefervorschriften und Normen nicht ein.

Später erkannte Qualitätskriterien, die bei der Abfassung der Fehlerbewertungsliste noch nicht bekannt waren, werden dem Lieferanten schriftlich mitgeteilt. Sie werden somit ein Bestandteil der Fehlerbewertungsliste.

Für die mikrobiologische Prüfung existiert die Norm DIN ISO 186 Papier und Pappe – Probenahme für Prüfzwecke (Deutsche Norm 1982; Fraunhofer Institut 1988).

5.2.2
Prüfungen

Die qualitätssichernden Prüfungen der Packmittel können wie folgt gegliedert sein (Abb. 82):

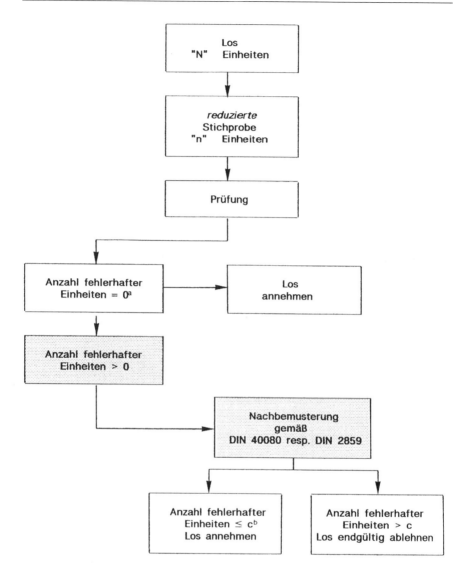

[a]Es darf weder ein kritischer, noch ein Hauptfehler nachgewiesen werden
[b]Zu tolerierende Fehleranzahl pro geprüfter Menge (n) aus Los mit N Einheiten

Abb. 81. Entscheid, von Bemusterungen nach DIN 40080 resp. DIN 2859 auf reduzierte Bemusterung überzugehen

- **Ausführungsvorschriften:** Technische Spezifikationen und Zeichnungen, Materialspezifikationen, Anlieferungsvorschriften, Beschreibungen, Prüfvorschriften und -methoden (s. nachstehende Beispiele)
- **Annahmeprüfung:** Erste Eingangsprüfung bei Warenannahme (4.3.1.1)

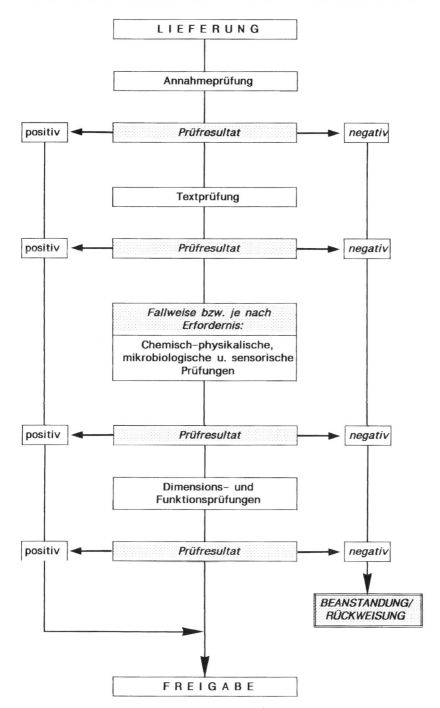

Abb. 82. Ablaufbeispiel einer Packmittelqualitätsprüfung

- **Qualitätsprüfungen:** Text-, Funktions- und Dimensionsprüfungen, Geruchs- und Migrationstests, evt. chemisch-physikalische und mikrobiologische Prüfungen
- **Qualitätsentscheid:** Freigabe, Freigabe mit Vorbehalt, Beanstandung und Rückweisung
- **Überwachungs- und Zuverlässigkeitsprüfung:** Ständige Erfassung von Mängeln im Produktionsverlauf

Nur bei Beachtung aller Stufen kann ein gleichmäßig hoher Qualitätsstandard von Packmitteln erreicht werden.

5.2.2.1
Freigabe oder Beanstandungen

Aufgrund der ausgeführten Prüfungen ist der Entscheid zu treffen, ob der betreffende Eingang der Losgröße

- freigegeben (primäre Freigabe),
- unter Vorbehalt angenommen (sekundäre Freigabe) oder
- zurückgewiesen

werden muß.

In jedem Falle wird die Entscheidung im Prüfprotokoll der Packmittelprüfung vermerkt.

Ein Freigabeentscheid kann für die weitere Verwendung des Packmittels gewisse Einschränkungen beinhalten. Es ist dabei sicherzustellen, daß diese Vorbehalte den für die Abgabe oder Verarbeitung der Produkte unmittelbar verantwortlichen Personen zur Kenntnis gebracht werden.

Es sind zweckmäßige und ausreichende Maßnahmen zu treffen,

- daß ausschließlich freigegebene Packmittel eingesetzt werden,
- daß noch in Prüfung befindliche Packmittel nicht eingesetzt werden,
- daß für die Verwendung gesperrte Lieferungen nicht eingesetzt und dem Lieferanten zurückgegeben, bzw. mit Einverständnis des Lieferanten vernichtet werden.

Sofern die Ergebnisse der Untersuchung den Spezifikationen nur teilweise entsprechen, könnte eine Beurteilung der Art der Fehler sowie nach Stichprobenplänen, aus welchen die Annahmekennzahl für alle Fehlerklassen bei entsprechender Losgröße ersichtlich sind, erfolgen (s. 5.2.1.2).

Beanstandungen können in 3 Kategorien eingeteilt werden:

- Die Packmittel weisen kritische Fehler auf. Die Verwendbarkeit ist deshalb ausgeschlossen; die Lieferung ist gesperrt.
- Packmittel sind infolge von Hauptfehlern nur bedingt verwendbar, z.B. müssen Fehler an der Linie durch Mehraufwand (Qualitätskostenerhöhung) nachgebessert werden oder das Packmittel ist nur auf einer bestimmten Anlage verar-

beitungsfähig. Sie können mit einem entsprechenden Vermerk der bedingten Verwendbarkeit versehen freigegeben werden (sekundäre Freigabe), sind jedoch zu beanstanden.

QUALITÄTSPRÜFUNG II

Säcke aus Kraftpapier mit u. ohne PE-Einlage	Anweisung: LA 15 erstellt von: *Visum/Datum* geprüft von: *Visum/Datum* gültig gab: *Datum*

Prüfmerkmal	Prüfmethode	Hilfsmittel	Fehleraufteilung	Fehlerklasse
1. Außenver- packung	Sicht- kontrolle		- beschädigt -- leicht -- stark - stark verschmutzt (Öl, Geruch)	 NF HF HF/KF
2. Menge	zählen	Liefer- schein	- Abweichungen von angegebener Menge +/- 1% - Unterlieferung - Überlieferung	 NF HF NF
3. Maße	messen	Spezifi- kation	- Dimension außer- halb der Tole- ranz	 HF/KF
4. Anzahl Papier- lagen	zählen	Spezifi- kation	- entspricht nicht der Spezifikation	KF
5. PE-Sack	Sicht- kontrolle	Spezifi- kation	- nicht vorhanden (sofern vorge- schrieben)	 KF
6. Flächen- gewicht (Papier und PE)	Vorschrift VP 1130/7	Analysen- waage	- außerhalb der Toleranz	 HF/KF
7. Sauberkeit	Sicht- kontrolle		- Verschmutzung -- innen -- außen	 KF HF/KF
8. Dichtigkeit der Siegel- nähte bei PE-Einlagen	Vorschrift VP 15	Rhodamin- lösung	- Siegelnähte -- leicht undicht -- stark undicht	 HF/KF KF
9. Geruch (PE-Einlage)	Vorschrift DIN 10955		- Geruchsnote < 2 - Geruchsnote > 2	NF HF

– Packmittel haben Nebenfehler (z.b. Farbspritzer an nicht augenfälliger Stelle;
  nicht paßgenau aufeinandergeklebte Rundumetiektten auf Kartonmanteldo-
  sen) könnten freigegeben werden, da weder Haltbarkeit des Produktes noch die
  Maschinengängigkeit beeinträchtigt wird. Gleichzeitig erfolgt eine Beanstandung beim Lieferanten. Bei einer Folgelieferung müssen die bekanntgemachten
  Mängel behoben sein.

DIN EN ISO 9001 – Prüfungen *(Element 10)*

Q-Food GmbH	Methoden–Nr.: VP 15	Seite 1 von 2
Labor Packmittelprüfung	erstellt am: 1995–03–02	durch: *Visum*
	geprüft durch: *Visum*	freigegeben am: 1995–03–18

DICHTIGKEITSPRÜFUNG VON SIEGELNÄHTEN, DOSEN, VERSCHLUSSRINGEN
ETC. MITTELS RHODAMIN-KRIECHFLÜSSIGKEITS-TEST

1. Prinzip und Anwendungsbereich

Kriechflüssigkeiten sind alkoholische Farbstofflösungen mit einer niedrigen Oberflächenspannung. Während z.B. der Vakuumtest
nur Kapillaren und Poren von ca. 0,01 mm Durchmesser und mehr
anzeigt, zeigt die Rhodaminlösung dank ihrer geringen Oberflächenspannung auch kleinste Undichtigkeiten   im μ-Bereich an.

Der Rhodamintest dient zur Ermittlung von Packungsundichtigkei-
ten folgender Art:

- Poren und Knickstellen in Folienflächen
- ungenügende Verschmelzung von Siegelnähten
- schlechte Bördelung von Dosenböden (Dosenverschlußringen)
- schlechte Abdichtung zwischen Membranen und Verschlußringen bei Dosen

3. Reagenzien und Geräte

   3.1 Reagenzien

   Rhodamin B............3 g
   Ethanol (vergällt)..1000 ml
   Zubereitung: Rhodamin B in
   Ethanol lösen, dann Bürette
   oder Spritzflasche befüllen.

   3.2 Geräte

   Bürette oder Spritzflasche
   Pinsel

Bürette   Spritzflasche

4. Ausführungen

   4.1 Poren und Knickstellen in Folienflächen

   Rollenmaterial auf einer Fläche von 1 m² mit der alkoholi-
   schen Rhodaminlösung auf der beschichteten Seite bepinseln.

   Nach dem Antrocknen der Lösung, Folie drehen und auf rote
   Flecken prüfen.

Q-Food GmbH		Seite 2 von 2
Labor Packmittelprüfung	Methoden–Nr.: VP 15	erstellt am: 1995–03–02

4.2 Unzureichende Verschmelzung von Siegelnähten

Die Packungen (Beutel) sind zu halbieren und beide Hälften mit alkoholischer Rhodaminlösung mittels Spritzflasche oder Bürette "sparsam" an den Siegelnähten zu benetzen. Es ist durch Bewegung sicherzustellen, daß alle Siegelflächen gut benetzt sind. Nach 5-10 min Wartezeit sind die Nähte auf Eindringen von Rhodamin zu prüfen.

Undurchsichtige Packungen (Beutel), wie Aluminiumkombinationen, werden nach dem Benetzen bei 50°C im Wärmeschrank getrocknet, die Nähte anschließend aufgerissen und auf Rhodaminfärbung geprüft.

4.3 Unzureichende Bördelung von Dosenböden (Verschlußringen)

Die Dosen aufrecht oder kopfstehend zur Hälfte mit alkoholischer Rhodaminlösung befüllen und ca. ½ h stehen lassen. Danach prüfen (evt. Dosen in Schale mit Wasser stellen). Bei Durchtritt von Rhodaminlösung färbt sich das Wasser sofort rot.

5.3
In-Prozeß-Kontrollen während der Verpackung

Unter In-Prozeß-Kontrollen (IPK) während des Abfüll- und Konfektionierungs-vorganges zu Fertigpackungen und Versandeinheiten versteht man:

- Die Sicherstellung konstanter Schutzeigenschaften eines Primärpackmittels gegenüber dem Packgut während des gesamten Prozesses;
- die Überwachung der Funktionen von Kontrollgeräten, wie Code-Leser, Ink-Jet-Codierung, Kontrollwaagen;
- Gewichtprüfungen des fertig verpackten Produktes;
- Bestimmung spezifischer Parameter, z.B. Messung von Restsauerstoff gehalten bei unter N2-Schutzgas befüllten Gebinden, Vakuummessungen, Dichtigkeitsprüfung von Siegelnähten.

Diese Prüfungen sollten in der Kompetenz der Produktion liegen, da diese auch die Verantwortung für die Anlagen und die Prozeßführung trägt.

Die nachstehenden Tabellen 3 und 4 dienen als Beispiel für einen Bemusterungsplan an der Verpackungslinie.

Tabelle 3. Bemusterungsumfang an der Verpackungslinie (nach Elser 1987, pers. Mitt.)

Packmittelgruppe	Anzahl befüllter Packungen – gleichmäßig über die ganze Konfektionierung entnommen – am:		
	Vormittag	Nachmittag	bei Konfektionierungs- und Produktwechsel
Kartonmanteldosen	3	3	–
Metalldosen	3	3	–
Evakuierte Metalldosen	5	5	5
Gläser	2	2	–
Flachbeutel	5	5	–
Schlauchbeutel	5	5	5
Flachbeutel und Schlauchbeutel unter Schutzgas abgefüllt	15	15	15
Flügelwickler (z.B. Flowpack)	10	10	10
Kanister aus Metall oder Kunst-stoff	2	2	2

Der IPK kommt besondere Bedeutung zu, da durch eine Annahme- und Qualitätsprüfung keine vollständige Übersicht über die tatsächliche Verarbeitbarkeit im Verpackungsbetrieb gegeben ist. Packmittel können gegenüber deutlichen

Schwankungen von Temperatur und relativer Luftfeuchtigkeit u. U. sehr sensibel reagieren. Den Lagerungsempfehlungen der Hersteller ist daher besondere Aufmerksamkeit zu schenken.

Die für die Verpackungslinien Verantwortlichen sind daher aufgefordert, jede Verarbeitungsschwierigkeit der Funktion Packmittelprüfung zu melden. Erst diese Rückkoppelung ermöglicht ein nahezu vollständiges Bild der Packmittelqualität.

Tabelle 4. Prüfumfang (nach Elser 1987, pers. Mitt.)

Prüfung					
Packmittelgruppe	Gewichts-kontrolle	Dichtigkeit der Siegelnähte, Verschlüsse, Falzen	Codie-rung	Restsauer-stoffgehalt in %	Vakkum-prüfung
Kartonmanteldosen		C	C		
Metalldosen		C	C		
Evakuierte Metall-dosen		ABC	ABC		ABE
Gläser	Gemäß den Vorschriften „Meß- und Eich-wesen"	C	C		
Flachbeutel		C	C		
Schlauchbeutel		C	C		
Flachbeutel und Schlauchbeutel unter Schutzgas abgefüllt		ABC	ABC	ABE	
Flügelwickler (z.B. Flowpack)		C	C		
Kanister aus Metall oder Kunststoff		D	D		

Legende:
A: Bei der Abfüllung oder Anlieferung vom Co-Packer
B: Bei Produktwechsel
C: Vor- und nachmittags
D: Sporadisch, jedoch mindestens 1 x während der Abfüllung
E: Kontinuierlich

5.4
Qualitätssicherung bei Neuentwicklungen, Promotion-Artikeln und Packungstextgestaltungen

Bei Neuentwicklungen von Produkten, kurzfristigen Promotionaktionen sowie der Gestaltung von textlichen Inhalten auf Fertigpackungen sind besondere Qualitätssicherungmaßnahmen zu beachten. Das gilt insbesondere hinsichtlich Kompetenz eines zukünftigen Packmittellieferanten und des rechtlichen Inhalts der Verbraucherinformationen.

5.4.1
Qualitätssicherung bei Neuentwicklungen

Im Projektverlauf für die Entwicklung neuer Produkte, u.U. aber auch bei gravierenden Änderungen von Zutaten bestehender Produkte, ist ein Forderungskatalog nebst interner und externer Verantwortungsbereiche für die Packmittel festzulegen (Abb. 83)

Der externe Verantwortungsbereich (Packmittelhersteller und seine Vorlieferanten) ist nur selten in der Lage, Wechselbeziehungen zwischen Füllgut und Primärpackmittel beurteilen zu können. Allerdings ist er verpflichtet, lebensmittelkonforme Materialien einzusetzen; z.B. gemäß Liste der Bedarfsgegenstände-V0.

Beeinflussungsarten, die die Lebensmittelqualität negativ verändern können, sind vielfältiger Art (s. Abb. 60 unter 2.2.3.1). Neben der direkten Schutzeigenschaft (klimatisch, biologisch etc.) eines Primärpackmittels gegenüber dem Füllgut Lebensmittel steht der indirekte Schutz (physikalisch/mechanisch). Hier sind i.d.R. Sekundärpackmittel von Bedeutung, die für einen Transport die nötige Sicherheit geben müssen. Die wichtigsten mechanischen Beanspruchungen sind in Abb. 84 dargestellt.

Verantwortungsbereich	Packmittelverarbeiter (Auftraggeber)	Packmittelhersteller	Vorlieferanten
Information	Packmittelgraphik Vollständigkeit und Korrektheit der textlichen Aussagen		
	Mogelpackung		
mechanischer Schutz	Stauchdruck des Packmittels		
Wechselwirkungen	Analysen der Eigenschaften des Füllgutes		Abstimmung Packmittelrohstoffe auf das Füllgut
Umwelt	chem./physikalischer und mikrobiologischer Schutz	Dichtigkeit des Packmittels (Abfüllungen unter Schutzgas, hygroskopische Produkte)	

(vertikale Beschriftung links: Anforderungsbreite)

Abb. 83. Interner und externer Verantwortungsbereich

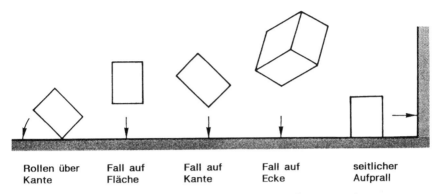

| Rollen über
Kante | Fall auf
Fläche | Fall auf
Kante | Fall auf
Ecke | seitlicher
Aufprall |

Abb. 84. Mechanische Beanspruchungen von Packmitteln (nach Bauer 1981)

Das Festlegen eines Anforderungskatalogs für das Packmittel muß als Teil der Produktplanung und -entwicklung des Lebensmittels angesehen werden. Wie bereits dort beschrieben (2.2.1.1), gilt die intensive Planungsphase als Schlüssel für eine erfolgreiche Umsetzung. Was für das Lebensmittel gilt, gilt selbstverständlich auch für das Packmittel mit seinen Schutz- und diversen Informationsfunktionen. Auch hier sind die Bereiche Marketing, Entwicklung Produktion, Einkauf/Beschaffung und Qualitätswesen gefordert, gemeinsam zum Gelingen beizutragen. Die Matrix mit den zugeordneten Verantwortlichkeiten (Abb. 85) dient als Beispiel.

5.4.2
Promotion-Artikel

Unter diesen Artikeln versteht man Spielsachen, Dosierlöffel und andere Zugaben zu Lebensmitteln, die in der Regel - oft auch zeitlich begrenzt - Marketingaktivitäten unterstützen sollen.

Bei kurzfristigen, zeitlich begrenzten In-Pack-Promotions, soll oftmals auf „Druck" des Marketings auf aufwendige Lagertests verzichtet werden. Die Marketing-Verantwortlichen müssen sich des Risikos einer Produktverschlechterung bewußt sein und zeichen für die Sicherheit von geplanten Promotions voll verantwortlich.

5.4.2.1
On-Pack-Promotions

On-Pack-Promotions sind Artikel, die nicht direkt mit dem Lebensmittel in Berührung kommen, sondern im Stülpdeckel oder eingeschrumpft als Zugabe der Fertigpackung beigegeben werden. Vor dem Einkauf ist sicherzustellen, daß alle Artikel den Vorschriften der Lebensmittelgesetzgebung entsprechen und frühzeitig durch Qualitätsprüfungen auf folgende Kriterien zu prüfen und dokumentieren sind:

Vorgang	Marke-ting	Entwick-lung	Beschaf-fung	Produk-tion	Q-Wesen
1. Start Verpackung	V	i	i	i	i
2. Daten erfassen	B	V	B	B	i
3. Erstes Verpackungs-konzept	B	V	i	i	B
4. Grafische Gestaltung	V	i			
5. Erste Muster	i	V	i	i	i
6. Angebot einholen			V		
7. Kosten- und Funktionsanalyse	i	V	V		
8. Ausführung festlegen	V	B			
9. Prototyp bereitstellen		V			
10. Abstimmung mit Fertigung		V		V	
11. Erprobung von Versuchsmustern		i		V	i
12. Endgültiges Layout der Bedruckung	V				i
13. Endgültige Angebote			V		
14. Lieferantenauswahl			V		V
15. Unterlagen zur Qualitätssicherung		i	V		V
16. Andrucke	V				
17. Erstbestellung			V		i
18. Ausfallmuster		i			V
19. Arbeitsanweisung Verpackungslinie				V	i
20. Verpackungsan-lieferung				V	i
21. Wareneingangs-prüfung I und II		i	i	i	V

V = Verantwortung (Ausführung)
B = Beratung
i = Information

Abb. 85. Verantwortungsbereiche für eine Packmittelentwicklung

– Kein Risiko für den Konsumenten (unter spezieller Berücksichtigung von Kindern) beim Umgang mit den Artikeln
– Keine Giftstoffe (Schwermetalle, toxische Farben etc.) in den verwendeten Materialien
– Kein Eindringen von flüchtigen Substanzen durch das Verpackungsmaterial, d.h. Geruchs- und Geschmacksbeeinträchtigungen des Produktes sind auszuschließen
– Zweckerfüllung der Artikel

5.4.2.2
In-Pack-Promotions

Diese Artikel werden mit verpackt und kommen somit unmittelbar mit dem Lebensmittel in Berührung. Solche Beigaben müssen ebenfalls der Lebensmittelgesetzgebung entsprechen. Vor dem Einkauf muß der Artikel hinreichend getestet und spezifiziert sein.

Wenigstens durch Beschleunigungstests sollte sichergestellt sein, daß während der Lagerung bis zum Konsum keine organoleptischen oder andere Veränderungen beim Produkt auftreten. Folgende Tests haben sich in der Praxis bewährt:

– Mindestens zwanzig Originalpackungen mit allen Artikeln von In-Pack-Promotions bei 30 °C lagern und während 4 Wochen prüfen - in Zweifelsfällen ist die Prüfung auf 8 Wochen auszudehnen
– Jede Woche ist eine Packung organoleptisch gegen eine Packung ohne

In-Pack-Promotion-Artikel zu prüfen auf:

• Geruch (speziell unmittelbar nach dem Öffnen)
• Aussehen
• Geschmack (trocken und gelöst)

Werden *keine* Veränderungen festgestellt und sind alle Qualitätsstandards erreicht, kann der Test nach Überprüfung aller Packungseinheiten abgeschlossen werden.

5.4.3
Packungstexte

Die Richtigkeit von lebensmittel- und wettbewerbsrechtlichen Aussagen (z.B. Nährwertangaben, Verkehrsbezeichnungen, Inhaltsangaben (Stück oder Gewicht), Schriftgrößen), Zubereitungs- und Verzehrshinweise, evt. Warnhinweise sind besonders zu prüfen.

Bedruckte Verpackungsmaterialien dürfen nur dann in Auftrag gegeben werden, wenn neben der Materialspezifikation eine verbindliche, d.h. durch Visum/Datum genehmigte *Reinzeichnung* vorliegt.

Kapitel 6

Chemische, physikalische und mikrobiologische Qualitätsprüfungen

6.1
Grundsätze

Die vom Qualitätswesen veranlaßten Aktivitäten mit den Labors zur chemisch/analytischen und mikrobiologisch/hygienischen Qualitätsprüfung sind so auszurichten, daß folgende Ziele erreicht werden:

- die Beurteilung von Rohstoffherstellern und deren Qualitätsverständnis und somit eine Beratung für die Beschaffungsverantwortlichen bzgl. der produktspezifischen (technischen) Belange und des Einkaufs
- die Verifizierung der Spezifikationskonformität von Rohstoffen, Handelsprodukten und Fertigprodukten anhand schriftlich fixierter Spezifikationen
- die Beteiligung an Vorsorgemaßnahmen für die Qualitätssteuerung während und nach der Produktion im Hinblick auf eine „Gute Herstellungs-Praxis" (GHP/GMP) unter Berücksichtigung von „Gefahrenanalysen und kritischer Kontrollpunkte" (HACCP)
- Musterprüfungen anhand von Qualitätsmerkmalen in allen Stufen des Produktionsablaufes (Qualitätsprüfung)
- nachvollziehbare Erstellung von Annahme- und Ablehnungsentscheiden sowie die lückenlose Dokumentation von Prüfergebnissen
- volle Kompetenzen für primäre Freigabeentscheide.

Alle Endprüfungen, die einem Lebensmittel zuteil werden, dürfen nicht als Qualitätskontrolle im Sinne einer Fehlersuche mißverstanden werden, durch die ggf. Produktfehler entdeckt werden sollen. Die Endprüfung ist Verifizierung des Rechtmäßigkeitssicherungssystems durch Prüfung der Dokumentation und der darin enthaltenen Ergebnisse. Durch die Endprüfung soll am versandfertigen Produkt verifiziert werden, daß nicht nur nach der gedanklichen Konzeption der Rechtmäßigkeitssicherungssysteme und nach der Dokumentation ein rechtmäßiges Produkt erstellt wurde, sondern auch realiter (Gorny 1990) vorhanden ist.

6.1.1
Kompetenzen

Dem Qualitätswesen müssen von der Geschäftsleitung Kompetenzen und Unabhängigkeiten – sowohl der Produktion, als auch dem Vertriebsmarketing gegenüber – eingeräumt werden. Ein Qualitätswesen, das der Produktion oder der produktionsorientierten Werksleitung unterstellt ist, genießt sicherlich nicht die geforderte Unabhängigkeit, primäre Entscheide zu fällen.

6.1.1.1
Primärer Entscheid

Das Qualitätswesen trifft nach Vergleich der Qualitätsprüfungsergebnisse mit der Spezifikation (Anforderungen) den primären Entscheid über die Freigabe eines Produktes, eine Freigabe mit Vorbehalt oder dessen Rückweisung. Das betrifft sowohl Rohstoffe, Packmittel, Halbfertigwaren als auch Produkte aus der eigenen Fertigung; d.h. Verhinderung der Auslieferung von Fertigprodukten.

Die Regelung muß auch dann gelten, wenn Untersuchungen für die Überprüfung der Erfüllung von Spezifikationen nicht in eigenen Labors der Qualitätssicherung durchgeführt werden.

Beim Entscheid *Freigabe mit Vorbehalt* (oder einer anderen Formulierung im Sinne einer beschränkten Freigabe) muß der erlaubte Verwendungszweck eindeutig angegeben sein. Diese Beschränkung gibt Gewähr dafür, daß beim *erlaubten* Verwendungszweck die Spezifikationen gemäß den Ergebnissen der Prüfungen erfüllt sind.

6.1.1.2
Sekundärer Entscheid

Der sekundäre Entscheid kann nur durch die Geschäftsleitung als oberste Verantwortungsträgerin, fallweise unter Hinzuziehung weiterer Bereiche wie bspw. Marketing oder Produktion gefällt werden und zwar auf Grund der Beurteilung und Stellungnahme des Qualitätswesens. Sekundäre Entscheide können dann zum Tragen kommen, wenn das Produkt nicht der ihm zugestandenen Anspruchsklasse genügt und rückklassiert wird – u.U. nach Rücksprache mit einem Kunden. Die gesetzmäßigen Anforderungen bleiben selbstverständlich davon unberührt.

6.1.2
Chemische, physikalische und sensorische Qualitatsprüfungen

Unter chemischen, physikalischen und sensorischen Qualitätsprüfungen wird die Gesamtheit aller Prüfungen verstanden, die für die Freigabe oder Sperrung von Rohstoffen, Halbfertigwaren und Fertigprodukten oder zur Uberwachung ihres Qualitätsniveaus erforderlich sind.

6.1.3
Mikrobiologische Qualitatsprüfung

Die mikrobiologische Qualitätsprüfung hat zur Aufgabe, eingehende Rohstoffe und Halbfertigwaren auf ihre mikrobiologisch-hygienische Eignung zu untersuchen, die Produktion im Sinne einer einwandfreien Prozeßhygiene unterstützend zu steuern und somit positiv zu beeinflussen. Das In-den-Handelbringen von Fertigwaren geringerer hygienischer Qualität oder gar mikrobiologisch verdorbener Nahrungsmittel bzw. solcher mit unzureichender Haltbarkeit soll verhindert werden; zu dem müssen die Konsumenten vor potentiellen Risikokeimen geschützt werden.

Mit der speziellen Hygieneschulung im Prozeßbereich fällt den mikrobiologisch Tätigen eine besondere Aufgabe zu.

6.1.4
Prüfungen in Abstimmung mit dem Herstellprozeß

Die analytischen, sensorischen und mikrobiologischen Qualitätsprüfungen sowie die Packmittelprüfung (s. u. 5) beinhalten in aller Regel folgende Stufen:

- **Rohstoffe, Halbfertigwaren und Packmittel, d.h.**
  die Prüfung jedes von außen ins Werk eingeführten Rohstoffes, Halbfertigwaren (evt. Handelsprodukte) und Packmitteln (Eingangsprüfung).
- **Produktionskontrolle**
  Eine analytische und sensorische Prüfung jedes Produktionsloses, sei es während des Herstellprozesses (In-Prozeß-Kontrolle und kritische Kontrollpunkte, s. Kap. 2.1.3), als Bulkware (Endprüfung des Fertigproduktes, welches noch in Behältnissen zwischenlagert und zur Abfüllung in Primärpackmitteln bereitsteht) oder in besonderen Fällen als Fertigprodukt nach der Konfektionierung. „On-line"-Prüfungen dienen ebenfalls als *eine der Grundlagen* für die zu erteilende Freigabe hinsichtlich der chemisch-physikalischen und sensorischen Konformität.
- **Fertigproduktkontrolle d.h.**
  mikrobiologische Prüfung der Fertigware in der *Originalverpackung;* sie dient der Entscheidung zur Freigabe der lebensmittelhygienischen Konformität, da der Verpackungsprozeß als potentielle Problemzone mit erfaßt wird. Auch hier dienen hygienisch ausgelegte und produktionsseitig durchgeführte „on-line"-Prüfungen (HACCP) als eine Grundlage zum Freigabeentscheid.

Durch diese Stufen wird das differenzierte Procedere zur Freigabe eines Fertigproduktes deutlich, nämlich die schrittweise, sich ergänzende Überprüfung zwischen chemisch-physikalischen und mikrobiologischen Belangen, die durch produktionsseitige Prüfung zur Prozeßbeherrschungen ergänzt werden. Das nachstehende Schema (Abb. 86) möchte verdeutlichen, wie die Prüfungen mit dem Herstellprozeß einhergehen.

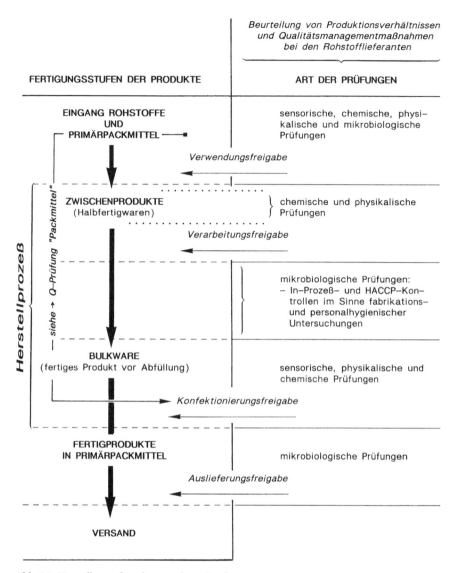

Abb. 86. Herstellprozeß und zugeordnete Prüfungen

6.1.5
Prüfvorschriften

Prüfvorschriften werden i.a.R. von den Spezifikationen abgeleitet. Sämtliche Prüfungen für Rohstoff-, Produktions- und Fertigproduktkontrollen sollen in diesen Anweisungen, in denen Qualitätsmerkmale mit entsprechenden Anforderungen festgelegt sind, vorhanden sein; hier ist festzuschreiben, mit welcher Prüffrequenz (jede Lieferung, periodisch oder fakultativ) die Qualitätsmerkmale zu kontrollieren sind. Auch sollten sie einen Hinweis auf die anzuwendenden Methoden enthalten.

Qualitätsmerkmale sind qualitative und quantitative Eigenschaften, die das Beurteilen eines Produktes ermöglichen, etwa

Qualitative Eigenschaften
- Organoleptische Qualitätsmerkmale (z.b. Aussehen, Geschmack, Geruch, Textur)

Quantitative Eigenschaften
- Technisch-physikalische Merkmale (z.b. Schüttgewicht/Schüttvolumen, Korngrößenverteilung, Fließverhalten, aw-Wert, pH-Wert, Viskosität)
- Chemisch-physikalische Merkmale (z.b. Farbreaktionen, Schmelz- und Siedepunkt, Chromatographie, Kennzahlen wie Dichte, Jodzahl etc.)
- Reinheit (z.b. Bestimmung von Verunreinigungen, Rückständen wie Aflatoxine, Pestizide, Nitrat, Nitrit, Schwermetalle, aber auch pathogene Keime)
- Gehalt des analytischen Nährstoffprofils (Rohprotein, Rohfett, H_2O, Asche, Kohlenhydrate, evt. Mineralstoffe/Spurenelemente, Vitamine).

Qualitätsmerkmale, welche zu einer qualitativen Beurteilung führen, z.B. Aussehen, Geschmack, Geruch, Farbe etc. werden beschrieben und bei der eigentlichen Prüfung meist gegen einen Standard verglichen.

Quantitative Anforderungen können als Minimalwert, Maximalwert oder Bandbreite angegeben werden. Die Anforderungen dienen nebst den gesetzlichen Vorschriften der Beurteilung der Verwendbarkeit von Rohstoffen und Fertigprodukten. In jedem Falle werden die Ergebnisse der Untersuchungen auf Übereinstimmung mit den Anforderungen geprüft.

Bei Nicht-Übereinstimmung der Ergebnisse mit den Anforderungen sollte zunächst eine Nachprüfung der Abweichungsparameter erfolgen. Führt auch die zweite Untersuchung zu den gleichen Ergebnissen erfolgt die Sperrung der Produkte oder die Verarbeitungsfreigabe für solche Produkte, bei denen die abweichenden Parameter im Fertigprodukt nicht zu Qualitätseinbußen führen (Freigabe mit Vorbehalt).

Nachstehendes Beispiel zeigt eine Prüfvorschrift für Magermilchpulver, in der neben den Qualitätsmerkmalen auch die Prüffrequenz und die Methodenvorgabe enthalten sind.

6.1.6
Untersuchungsmethoden

Für jedes Qualitätsmerkmal muß eine Analysen- bzw. Prüfmethode erstellt werden. Die Methoden beschreiben die Prüfung eines Qualitätsmerkmals und sollten zudem folgende Angaben erhalten:

- Titel und Nummer der Methode
- Anwendungsbereich
- Prinzip

Prüfvorschrift
[inkl. Qualitätsmerkmale, Prüffrequenz und Methodenvorgabe]

LANGTEXT	Magermilchpulver, instant	Version	01
KURZTEXT	MMP, inst.	Status	05
HERSTELLER	Laiterie France	geprüft und	
PRODUKT-NR.	50 90 01	freigegeben	
ERSTELLT DURCH	QW-PI/17.05.96	*Visum/Datum*	
PRODUKTKLASSE	Milch und Milchprodukte	gültig ab	06/96

CHEMISCHE ANFORDERUNGEN

	Dimension	Zielwert	Minimum	Maximum	Herkunft d. Daten	Prüf-frequenz	Analy. Meth.
Wasser	g/100 g	3,5	–	3,8	Vorgabe	(x) [b]	C51
Protein	g/100 g	–	34,0	37,0	Vorgabe	x [a]	C06
Protein-Faktor	6,38				Literatur		
Fett	g/100 g	–	–	1,0	Vorgabe	# [c]	C72
Asche	g/100 g	–	7,7	8,2	Vorgabe	#	C21
Kohlenhydrate als Differenz	g/100 g	–	52,0	56,0	Vorgabe		C12
Säuregrad	ml/g	–	6,8	7,6	Vorgabe	#	CF7
Aflatoxine	ppt	–	–	<200	Vorgabe	x	A71
Toxische Metalle							
-- Blei	mg/kg	–	–	1,0 ⎤			
-- Cadmium	mg/kg	–	–	0,05 ⎬ Vorgabe	(x)	EXT
-- Quecksilber	mg/kg	–	–	0,1 ⎦			
Pestizide	der lokalen Gesetzgebung entsprechend					(x)	EXT

PHYSIKALISCHE ANFORDERUNGEN

Siebpassage	g/100 g			30,0 bei MW 0,1 mm		#	P01
Löslichkeit	innerhalb von 10 bis 50 s (10% Lösung)					x	P04
pH-Wert (10% Konz)		–	6,5	7,6		x	P10
Schüttvolumen							
-- locker	ml/100 g	–	190	215	Vorgabe	x	DIN
-- sedimentiert	ml/100 g	–	–	170	Vorgabe	x	DIN
Schmutzprobe	mg/25 g			7,5	ADMI Stand.	x	P10

SENSORISCHE ANFORDERUNGEN

Aussehen/Farbe	blaßgelbliches Pulver	x	S03
Geruch/Geschmack	rein, mild, milchig	x	S04
Textur	freifließend	x	S03

MIKROBIOLOGISCHE ANFORDERUNGEN

		Richtwert	Grenzwert			
Gesamtkoloniezahl	per g	< 10.000	< 50.000	Vorgabe	x	M10
Schimmelpilze	per g	< 100	–	Vorgabe	x	M20
Hefen	per g	< 100	–	Vorgabe	x	M21
Enterobact., total	per g	< 100	–	Vorgabe	x	M31
E. coli	per g	< 1	–	Vorgabe	x	M32
Salmonellen	per 50 g*	nicht nachweisbar	Vorgabe	x	M30
S. aureus	per g	< 10	–	Vorgabe	x	M50
Enterokokken	per g	< 1.000	–	Vorgabe	x	M11

* Bemusterung gemäß FDA Kategorie I bis III

[a]x = jede Lieferung ist zu prüfen
[b](x) = periodische Prüfung
[c]# = fakultative Prüfung

– benötigte Geräte bzw. Aparaturen und Reagenzien
– Durchführungsschritte
– Berechnungen bzw. Auswertungen
– Sicherheits- und Schutzmaßnahmen, falls erforderlich
– Hinweise zur verwendeten Literatur

Weiterhin muß erkenntlich sein, welche Personen für die Erstellung, Prüfung resp. Freigabe der Methode verantwortlich zeichnen.

Als Methoden sollten nur solche zur Anwendung kommen, die anerkannt sind (z.b. Methoden nach § 35 LMBG, Hrg. Bundesinstitut für gesundheitlichen Verbraucherschutz und Veterinärmedizin, DIN – Deutsches Institut für Normung e.V., Schweizerisches Lebensmittelbuch, Food and Drug Administration, International Commission on Microbiological Specification for Foods, American Public Health Association) bzw. auf anerkannten bassieren (Baltes 1987, Baumgart 1993, Matissek, Schnepel u. Steiner 1989, Pichhardt 1993, Rauscher, Engst u. Freimuth 1986, Schmidt-Lorenz 1981).

Wird eine Prüfung mit einer sogenannten „Hausmethode" durchgeführt, so muß die Genauigkeit der Methode statistisch abgesichert sein. Erst dann kann die Methode als valide gelten.

Der Vergleich von mikrobiologischen Analysenergebnissen ist in der Regel nur zulässig, wenn absolut identische Proben zum gleichen Zeitpunkt unter methodisch gleichen Bedingungen untersucht werden. Selbst unter diesen Optimalbedingungen sind Schwankungsbreiten von bis zu 20 % nicht auszuschließen (Schweizerisches Lebensmittelbuch 1985).

Nachstehend wird beispielhaft der Aufbau einer chemischen, einer physikalischen und eine mikrobiologischen Methode dargestellt.

6.1.7
Prüfmittelüberwachung

Die DIN EN ISO 9001ff. verfügt mit dem Element 11 über einen Forderungskatalog an Meß- und Prüfmitteln und deren Überwachung. Meß- und Prüfmittel dienen allerdings nicht nur der Qualitätsprüfung im Laborbereich, sondern gleichermaßen dazu, Prozesse im Fabrikationsbereich zu regeln und zu steuern.

Typische Meß- und Prüfmittel, die bei der Herstellung und Laborprüfungvon Lebensmittel eingesetzt werden, sind:

- Analysengeräte wie pH-Meter, Kjeldahl-Apparatur zur Stickstoffbestimmung, Viskosimeter, Apparaturen zur Fettbestimmung, HPLC- und GC-Instrumente (oder Geräte).
- Waagen, Thermometer, Manometer, Spindel, Volumenmeßgeräte wie Pipetten Büretten, Meßkolben und Pyknometer.

Aber auch die menschlichen Sinnesorgane, insbesondere der Geschmacks- und Geruchssinn, sind Prüfmittel, die es gilt anhand von Sensoriktests, z.B. Überprüfung des Schwellenwertes, zu überwachen.

Prüfmittel, die nur als Produktionshilfe verwendet werden (z.B. Muffelofen, Laborautoklav, graduierter Meßbecher) und bei denen vollkommene Genauigkeit unerheblich ist, können vom System der Prüfmittelüberwachung ausgenommen werden. Wenn derartige Einrichtungen nicht dem Kalibriersystem unterliegen, sind sie deutlich als Werkzeug zu kennzeichnen.

DIN EN ISO 9001 – Prüfungen *(Element 10)*

Q-Food *GmbH*	Methoden-Nr.: C 7S	Seite 1 von 2
Chemisches Labor	erstellt am: 1995-05-11	durch: *Visum*
	geprüft durch: *Visum*	freigegeben am: 1995-05-16

Fettbestimmung nach Gerber

1. Anwendungsbereich

Diese Methode wird zur Schnellbestimmung des Fettgehaltes in pulverförmigen Fettkonzentraten eingesetzt.

2. Prinzip

Die Probe wird durch Zugabe von Schwefelsäure aufgeschlossen. Das freigesetzte Fett wird im Butyrometer durch Zentrifugieren abgetrennt, der Zusatz von Amylalkohol erleichtert die Phasentrennung. An der Skala des Butyrometers läß sich der Fettgehalt der Probe als Massengehalt in % ablesen.

3. Geräte und Zubehör

   3.1 Butyrometer (geeicht) mit geeignetem Stopfen
   3.2 Zentrifuge zur Milchfettbestimmung mit geeichtem Drehzahlmesser
   3.3 Wasserbad (60 - 65°C)
   3.4 Analysenwaage
   3.5 Pipetten (1 und 10 ml)

4. Reagenzien

Butyrometer, genormt für 2,5 g Probe

- Schwefelsäure (90 - 91%) für die Fettbestimmung nach Gerber
- iso-Amylalkohol zur Analyse
- dest. Wasser

5. Schutzmaßnahme

Zum Schutz der Augen und Hände sind Schutzbrille und säurefeste Handschuhe zutragen. Das Ablesen des Wertes erfolgt hinter einer Plexiglasscheibe mit eingelassenem Vergrößerungsglas.

Q-Food GmbH		Seite 2 von 2
Chemisches Labor	Methoden-Nr.: C 7S	erstellt am: 1995-05-11

6. Ausführung

- Füllen des Butyrometers
  · ca. 10 ml dest. Wasser
  · 10 ml Schwefelsäure
  · 1 ml Amylalkohol
  · Probe (Die Probeeinwaage ist produkt- bzw. fettabhängig.
    Das Butyrometer ist auf 2,5 g Probeeinwaage genormt. Bei
    Produkt A und B sind genau 0,625 g einzuwiegen).

- Butyrometer mit Stopfen verschließen und vorsichtig schütteln
  (Achtung, Sicherheitsmaßnahmen beachten) und zur Probenauflö-
  sung ins Wasserbad stellen

- Anschließend 15 Minuten zentrifugieren (8000 U/min)

- Stopfen des Butyrometers so einstellen, daß die Fettsäule
  innerhalb der Skala liegt und der Wert gut abgelesen werden
  kann

- Butyrometer erneut kurze Zeit (7 - 10 Minuten) ins Wasserbad
  stellen

- Nochmals 15 Minuten zentrifugieren (8000 U/min)

- Wert ablesen

7. Berechnung

Der abgelesene Wert entspricht dem Fettgehalt der Probe in %.
Bei Produkt A und B ist der abgelesene Wert mit dem Faktor 4
zu multiplizieren, da die Einwaage 0,625 g beträgt, das Butyrometer aber für 2,5 g Proben geeicht ist.

8. Literatur

Methoden nach § 35 LMBG - Loseblattsammlung - (Hrg. Bundesinstitut für gesundheitlichen Verbraucherschutz und Veterinärmedizin) Beuth Verlag

6.1.7.1
Überwachungsverfahren

Mit der Überwachung, die durch qualifiziertes Personal zu erfolgen hat, soll die
Qualität, Zuverlässigkeit und Einsatzfähigkeit der Prüfmittel gewährleistet werden. Zur Überwachung gehört auch die Prüfung auf Eignung und Verwendbarkeit
vor einer Neubeschaffung und das In-Betrieb-nehmen nach der Beschaffung.

DIN EN ISO 9001 - Prüfungen *(Element 10)*

Q-Food GmbH	Methoden-Nr.: DIN 53 194 Seite 1 von 2
Physikalisches Labor	erstellt am: 1994-10-03 durch: *Visum*
	geprüft durch: *Visum* freigegeben am: 1994-10-14

BESTIMMUNG DES STAMPFVOLUMENS PULVERFÖRMIGER PRODUKTE

1. Anwendungsbereich

Ermittelt werden kann das Stampfvolumen pulverförmiger und fein-
körniger Produkte (Milchpulver, Caseinate etc.). Die erhaltenen
Werte erlauben u.a. Angaben über Füllguthöhen in Dosen und das
Dimensionieren von Produktbehältnissen.

2. Prinzip

Eine bestimmte Menge des zu prüfenden
Produktes wird in den Meßzylinder eines Stampfvolumeters eingewogen. Das
Volumen des Produktes wird vor und nach
dem Stampfen abgelesen.

3. Gerät und Zubehör

    3.1 Stampfvolumeter JEL ST 2, Firma
         J. Engelsmann, Ludwigshafen
    3.2 Kalibrierter 250 ml-Glaszylinder
    3.3 Analysenwaage

Meßzylinder
Meßzylinderhalter mit Führungsstempel
Führungsbuchse
Amboß
Nockenwelle

Prinzipskizze n. Engelsmann (Maß in mm)

4. Ausführung

– Ein möglichst homogenes Durchschnittsmuster des zu püfenden
   Produktes ist Voraussetzung für brauchbare Werte.

– Nach dem Öffnen der Einstellklappe am Zählwerk wird die vorgesehene Anzahl von Aufschlägen durch Einstellen der Greif-
   räder gewählt.

– Die Einwaage richtet sich nach der zu erwartenden Schütt-
   dichte; in der Regel beträgt sie 100 g.

– Das einzuwägende Produkt wird so in den Meßzylinder gebracht,
   daß keine Entmischung in feine und grobe Partien möglich ist.

– Der Meßzylinder wird mit dem Spannverschluß auf dem Gerät be-
   festigt.

Q-Food GmbH	Seite 2 von 2
Physikalisches Labor	Methoden-Nr.: DIN 53 194 erstellt am: 1994-10-03

- Anzahl der Stampfbewegungen: Milchprodukte 1000

- Abgelesen wird die Anzahl an ml Produkt vor und nach den Stampfbewegungen.

5. Prüfbericht

Art und Bezeichnung des Produktes
Volumen des Produktes vor dem Stampfen (SV^0) in ml/100 g
Volumen des Produktes nach dem Stampfen (SV^{500} oder SV^{1000})
in ml/100 g

Sv^0 (vor dem Stampfen)
Sv^{500} oder Sv^{1000} (nach 500 bzw. 1000 Aufschlägen)

Prüfdatum

6. Literatur

DIN 53 194 Bestimmung des Stampfvolumens mit dem Stampfvolumeter

Das Verfahren schließt die

- Erfassung aller Prüfmittel, deren Einsatzgebiet und Standort, Kennzeichnung (z.B. Eichsiegel),
- Intervalle von Justierungen, Kalibrierungen, in- und externe Wartung,
- Auswertung, Dokumentation und Archivierung

in die Überwachung ein.

DIN EN ISO 9001 – Prüfungen *(Element 10)*

Q-Food GmbH	Methoden-Nr.: M 10	Seite 1 von 2
Mikrobiologisches Labor	erstellt am: 1995-05-10	durch: *Visum*
	geprüft durch: *Visum*	freigegeben am: 1995-05-14

BESTIMMUNG DER MESOPHILEN AEROBEN GESAMTKOLONIEZAHL ALS PLATTENGUSS-VERFAHREN

1. Definition

Die Gesamtkoloniezahl umfaßt die koloniebildenden Einheiten ae-
rober und fakultativ anaerober Mikroorganismen pro Gramm Lebensmittel, die unter der definierten Bebrütungstemperatur von 30°C
(±1°C) und der definierten Bebrütungsdauer von 72 h (±2 h) auf
dem nachstehend genannten Nährboden erkennbare Kolonien bilden
Zur Auszählung darf eine Lupe mit 2-4facher Vergrößerung benutzt
werden.

2. Geräte

   2.1 Brutschrank 30°C
   2.2 Stomacher® (Homogenisierhilfe)
   2.3 Wasserbad 20-45°C
   2.4 sterile Meßpipetten für völligen Auslauf (1, 5, 10 ml)
   2.5 Petrischalen, Meßzylinder, Reagenzgläser
   2.6 Reagenzglasschüttler

3. Nährböden und Medien

Plate-Count-Agar (Merck 5463; Oxoid CM 325)
¼-starke Ringerlösung (Merck 15525; Oxoid BR 52)
Die Zubereitung erfolgt nach Angabe der Nährbodenhersteller

4. Probenanzahl

Die Probenanzahl richtet sich nach der *Klassierung für eine mikrobiologische Gefährdung.*

5. Durchführung

Zu 90 ml steriler ¼-starker Ringerlösung werden 10 g Produkt
aseptisch überführt und für 20 s im Stomacher® homogenisiert.
Anschließend ist eine dezimale Verdünnungsreihe bis 10^{-3} anzu-
legen.

Q-Food GmbH		Seite 2 von 2
Mikrobiologisches Labor	Methoden-Nr.: M 10	erstellt am: 1995-05-10

Für jede Verdünnungsstufe werden 2 Petrischalen (Doppelansatz)
benötigt. 1 ml jeder Verdünnungsstufe werden als Parallelansatz
mittels Pipette in die Petrischalen überführt. Hinzu kommen ca.
15 ml des sterilisierten und auf etwa 45 °C rückgekühlten Plate-
Count-Agars, und zwar in der Reihenfolge, wie die Petrischalen
beimpft wurden. Nach einem Durchmischen bleiben die Petrischalen bis zum Verfestigen stehen. Mit dem Deckel nach unten werden die Petrischalen dann im Brutschrank deponiert und wie unter *Pkt. 1* beschrieben bebrütet.

6. Auszählen der Kolonien und Berechnung der Koloniezahl

Es werden Platten ausgezählt, die im auswertbaren Bereich durchschnittlich 5 bis 300 Kolonien je Verdünnungsstufe aufweisen.
Die Koloniezahl per Gramm erhält man, wenn die ausgezählten Kolonien mit der Verdünnungsstufe multipliziert werden. Auf die
statistischen Besonderheiten wird hingewiesen.

7. Literatur

Methoden nach § 35 LMBG - Loseblattsammlung - (Hrg. Bundesinstitut für gesundheitlichen Verbraucherschutz und Veterinärmedizin) Beuth Verlag; Schweizerisches Lebensmittelbuch, Band 2
"Mikrobiologie" (Hrg. Bundesamt für Gesundheitswesen) Eid.
Materialamt, Bern

Neben der Beschreibung des Verfahrens der Prüfmittelüberwachung ist pro je-
weiligem Prüfmittel eine Arbeitsanweisung zu verfassen, in der zum einen die
Durchführung der Prüfung beschrieben und zum anderen die Prüfbestätigung zu
dokumentieren ist (s. nachstehendes Beispiel). Prüfmittel, die eine Prüfung nicht
bestehen, sind deutlich zu kennzeichnen und von einer weiteren Verwendung auszuschließen.

Q-Food GmbH

DIN EN ISO 9001 - Prüfmittelüberwachung *(Element 11)*

Arbeitsanweisung pH-Meter - Justierung und interne Elektrodenwartung	QAL-11 Ausgabe 01 Seite 1 von 2
erstellt: geprüft: freigegeben:	gültig ab:

1.   Justierung

Die pH-Meter sind täglich gemäß nachstehendem Ablauf zu justieren:

1   Gerät einschalten / Drehknopf t/°C auf 20°C stellen
↓
2   Pufferlösungen (pH 4 und pH 7) auf 20°C temperieren
↓
3   Elektrolyt-Einfüllöffnung an der Elektrode öffnen
↓
4   Elektrode abspülen und trockentupfen   ←—
↓
5   Elektrode in Puffer pH 7 tauchen
↓
6   Knopf [meas] drücken
↓
7   Warten bis pH-Wert konstant eingestellt
↓
8   Wenn sich pH 7 nicht einstellt, mit Drehknopf
[Ucomp] drehen bis pH 7 erreicht
↓
9   Taste [**stand by**] drücken,
Elektrode abspülen und trockentupfen
↓
10   Elektrode in Puffer pH 4 tauchen
↓
11   Knopf [meas] drücken
↓
12   Stellt sich pH 4 ein →   stellt sich pH 4 *nicht* ein,
mit Drehknopf [**dU/dpH**]
↓   auf 4 einstellen   **Un**
13   Justierung beendet

2.   Interne Wartung der Elektrode

Da Messungen mit proteinhaltigen Lebensmitteln durchgeführt werden, kann es zu trägen Potentialeinstellungen kommen. Daher müssen die Elektroden der pH-Meter in der ersten Woche eines jeden Quartals mit einer Pepsin-Salzsäurelösung gemäß nachstehendem Ablauf gewartet werden:

1   Herstellen einer Pepsin-Salzsäurelösung
(5 % Pepsin in 0,1 n HCl)
↓
2   Elektrode für ca. 15 Stunden in die Lösung eintauchen
↓
3   Anschließend Elektrode gut wässern
↓
4   pH-Meter wie unter *Pkt. 1* beschrieben justieren
↓
5   interne Wartung beendet

Q–Food GmbH

DIN EN ISO 9001 – Prüfmittelüberwachung *(Element 11)*

Arbeitsanweisung	QAL–11 Ausgabe 01
pH–Meter - Justierung und interne Elektrodenwartung	Seite 2 von 2

Standort:	Physikalisches Labor	Raum 015
Prüfmittelbezeichnung:	pH–Meter	
Prüfmittelhersteller:	Elektronik GmbH & Co.	
Prüfmittelnummer:	ABYZ 0101.08	
Interne Inventarnummer:	I	
Interne Justierung:	täglich	
Interne Wartung der Elektrode:	1. Woche eines jeden Monats	
Externes Wartungsintervall		
des pH–Meters:	2 x jährlich durch den Kundendienst	

Interne Wartung	Interne Justierung		Uhrzeit	Datum	Visum
5 %ige Pepsinlösung	pH 4	pH 7			

6.2
Rohstoffe und Fertigprodukte – Klassierung und Musterzug

Unterschiedliche Rohstoffe, Fertigungsverfahren und -technologien führen zwangsläufig zu Fertigprodukten unterschiedlichster Potentiale für Qualitätsein-bußen. Es ist daher äußerst empfehlenswert, eine Klassierung von Rohstoffen und Fertigwaren vorzunehmen, um spezifische Qualitäts- und Risikomerkmale durch Prüfungen beurteilen zu können (Abb. 87; Hauert 1982). In die Klassierung sollte unbedingt auch die Zielgruppe für ein Produkt sowie die Zubereitungsart zum Konsum einbezogen werden. Je nach Beurteilung für eine Gefährdung sind zum einen Art und Umfang der durchzuführenden Prüfungen, zum anderen entspre-chend aussagekräftige Stichprobenpläne festzulegen.

Der anzuwendende Musterzug-(Stichproben-)Plan richtet sich nach der Klas-sierung der zu bemusternden Produkte. Die Klassierung und Stichprobenpläne sollten vom Qualitätswesen unter Berücksichtigung der erarbeiteten Erkenntnisse des HACCP-Teams festgelegt und verabschiedet werden.

Zur Klassierung von Proben nach Zielsetzung unterscheidet man international <FAO/WHO> wie folgt (Sturm 1991):

– Fabrikproben
– amtliche Proben

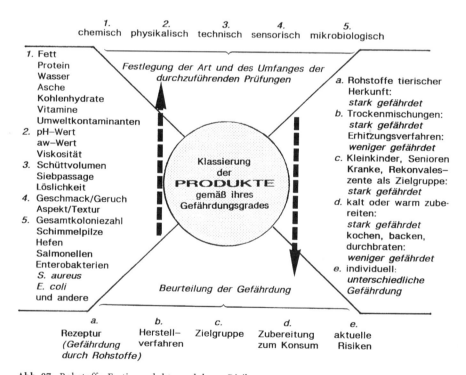

Abb. 87. Rohstoffe, Fertigprodukte und deren Risiken

- Proben zur Erforschung von Schadstoff- oder Umweltbelastungen
- Beschwerdeproben
- Standard-Proben für Marktforschung
- Epidemiologische Proben zur Ursachenforschung
- Proben einer wieder verkehrsfähig gemachten ("reconditioned") Partie

Nachfolgend werden sowohl Rohstoffeingangsprüfungen und sog. *Fabrikproben* für die Ausgangsprüfung behandelt, die unter Beachtung eines umfassenden Qualitätssicherungskonzeptes die unternehmerische Sorgfaltspflicht unterstützen helfen.

6.2.1
Rohstoffe

Die nachstehende Klassierung (Hauert 1984) basiert auf einer Risikobeurteilung bei Rohstoffen und kann nicht isoliert vom Qualitätsbewußtsein des Lieferanten und der Weiterverarbeitung zu einem fertigen Produkt und dessen Verwendungszweck betrachtet werden.

Als Grundlage sind nachstehende Kriterien zu beachten:

- Herkunft der Rohstoffe (pflanzlich, tierisch, synthetisch)
- Herstellung, Gewinnung, Verarbeitung
- Antimikrobielle Eigenwirkung oder Keimvermehrung

Die Beurteilung der Gefährdung gemäß Herstellverfahren hat sich, je nach Produktion, nach den üblich angewandten Prozessen zu richten:

- Mischen/Mixen, Mahlen, Kneten, Schroten
- Sprüh-, Walzen-, Band- oder Gefriertrocknen
- Fermentieren (kurz/lang, heiß/kalt)
- Sterilisieren, Pasteurisieren
- Kühllagern

6.2.1.1
Klassierung für eine mikrobiologische Gefährdung

Klasse I: Rohstoffe, die stark gefährdet sind

- Rohstoffe, bei denen auf Grund ihrer Herkunft oder Bearbeitung eine starke mikrobielle Kontamination auftreten kann,
- Rohstoffe, die laut Literatur, Erfahrungsaustausch und nach eigenen Erfahrungen stark gefährdet sind,
- Rohstoffe neuer bzw. unbekannter Lieferanten sowie neue Rohstoffe bis zum Vorliegen genügender Erfahrungswerte für eine Beurteilung nach der definitiven Klassierung.

Beispiele: Milch und Milchprodukte, Eier und Eiprodukte, Fleisch und Fleischprodukte, Gemüse und Früchte (Mischsalate, Säfte, Extrakte), Mehle, Gelier- und Quellmittel natürlicher Herkunft, Gewürze, Kräuter, Kakaopulver, Nährhefen

Klasse II: Rohstoffe, die weniger gefährdet sind

- Rohstoffe, die erfahrungsgemäß auf Grund der Art und Herstellung keimarm sind und keine mikrobielle Vermehrung ermöglichen,
- Rohstoffe, die während der Herstellung einen ausreichend keimvermindernden Prozeß durchlaufen und anschließend weder mikrobiell rekontaminiert werden noch eine mikrobielle Vermehrung erlauben.

Beispiele: Fette, Öle, natürliche Aromen, Vitamine, spezielle Fruchtkonzentrate, natürliche Farbstoffe.

Klasse III: Rohstoffe, die nicht gefährdet sind

- Rohstoffe, die selbst eine ausreichende antimikrobielle Wirkung aufweisen.

Beispiel: Salze, Säuren, Zucker, Konservierungsstoffe, naturidentische Aromen, künstliche Farbstoffe und andere synthetische Produkte, Antioxidantien, Emulgatoren

6.2.1.2
Musterzug und Stichprobenplan

Der Umfang und die Häufigkeit der Bemusterung sowie der Umfang der mikrobiologischen Prüfung richten sich nach dem Grad der Gefährdung für eine mikrobielle Kontamination.

Bei stark gefährdeten Rohstoffen sollten vor der Aufnahme der Erstlieferung und danach ggf. periodisch Betriebsbesuche (externe Audits) bei den betreffenden Lieferanten durchgeführt werden. Diese Audits haben die Erhöhung der Sicherheit bzgl. Produktequalität zum Ziel, die im wesentlichen durch Abklärung folgender Punkte zu erreichen ist:

- hygienische Verhältnisse und hygienische Risiken im Herstellungsbetrieb
- Qualitätsbewußtsein des Personals für Qualitätsanforderungen sowie für Hygienemaßnahmen im Betrieb und an den Anlagen (HACCP-Konzept)
- Methoden der mikrobiologische Qualitätsprüfung (Umfang und Häufigkeit der Bemusterung, fabrikations- und personalhygienische Prüfungen, Methoden der Untersuchung).

Als Einheit für die Bemusterung gelten Rohstoffe mit gleichem Loscode oder gleicher Lieferung

Rohstoffe der Klasse I

Kritischste Rohstoffe (z.B. Eiprodukte, Milchprodukte nicht gelisteter Lieferanten etc.) sind aufgrund besonders starker Gefährdung für eine Salmonellenkontamination – insbesondere bei einer Weiterverarbeitung ohne weiteren keimvermindernden Prozeß sowie spezielle Indikationen und Zubereitung zum Konsum, gemäß dem Foster-Plan (Foster, 1971, Pichhardt 1983, s.a. 6.2.2.2), als Klasse I zu bemustern:

- Von jeder Charge sind 60 Gebinden, zufällig verteilt über die gesamte Einheit, 25 g pro Gebinde zu bemustern.
- Bei weniger als 60 Gebinden pro Charge werden trotzdem 60 Muster à 25 g, jedoch pro Gebinde mehrere Proben an verschiedenen Stellen, erhoben.
- Für die Gewährleistung der zufälligen Verteilung dienen sogenannte Zufallszahlen (Bozyk u. Rudzki 1971, Sachs 1993).

Die Einzelentnahmen können zu Poolproben vereinigt werden. Der mikrobiologische Laboraufwand wird dadurch erheblich reduziert (Becker 1981, Pichhardt 1993).

Für die systematische Bemusterung kontinuierlich hergestellter Pulverprodukte, z.B. sprühgetrocknete Milchpulver, Caseinate etc., bei denen Kontaminationen sehr unterschiedlich verteilt sein können (Busse, Jung, Braatz u. Seiler 1986, Becker u. Terplan 1986), ist die kontinuierliche Bemusterung (Habraken 1986) während der Produktion aussagekräftiger.

Dazu werden systematisch 2,5 g Proben je 75 kg Pulver entnommen und insgesamt 750 g je Charge von 20 t auf die Abwesenheit von Salmonellen geprüft. Zudem sollte eine Untersuchung auf Enterobakterien in 15 Proben von je 1 g pro 20 t durchgeführt werden.

Alle übrigen Rohstoffe sind pro Lieferung gemäß Tabelle 5 zu bemustern, wobei die Menge pro Muster 30–50 g betragen soll. Rohstoffe, die erfahrungsgemäß für eine Kontamination durch Salmonellen gefährdet sind, werden gemäß Foster-Plan, Kategorie II (aus 30 Gebinden, zufällig verteilt über die gesamte Charge oder Lieferung, je 25) bemustert.

Rohstoffe der Klasse II

Bei Rohstofflieferungen mit *weniger* als fünf Lieferungen pro Jahr werden von mindestens einer Lieferung mindestens fünf Muster erhoben; die Menge eines Musters beträgt 30–50 g.
Bei Rohstofflieferungen mit *mehr* als fünf Lieferungen pro Jahr werden von mindestens zwei Lieferungen mindestens fünf Muster erhoben, die Menge eines Musters beträgt auch hier 30–50 g. Die Herstellung *eines* Mischmusters aus den fünf Einzelmustern pro Lieferung ist möglich.

Rohstoffe der Klasse III

Die Bemusterung ist nur in speziellen Fällen angezeigt.

Packmittel

Packmittel sind periodisch zu bemustern; die Frequenz richtet sich nach Art der potentiellen Fehler, s.u. Kap. 5.1.1. Je nach Umfang der Packmittellieferung sind bis zu 40 Packungen bzw. Behältnisse zu bemustern und zu prüfen. Dabei stehen insbesondere solche Behältnisse im Vordergrund, die bis zur Abfüllung längere Zeit nicht oder nur unzureichend geschützt gegen das Eindringen von Insekten bzw. andere Lebewesen gelagert wurden.

Speziell auf Packstoffe abgestimmte mikrobiologische Prüfmethoden wurden vom Fraunhofer-Institut für Lebensmitteltechnologie und Verpackung herausgegeben (Fraunhofer-Institut 1989). Mit der DIN ISO Norm 186 (Deutsche Norm 1982) steht auch ein Probenahmeplan für Prüfzwecke „Papier und Pappe" zur Verfügung.

Tabelle 5. Bemusterungsumfang von Rohstoffen der Gefährdungsklasse I, die *nicht* der Kategorie I und II gemäß Foster-Plan zugeordnet sind (Hauert 1984)

Anzahl der Packungen pro Lieferung bzw. Produktionseinheit (Losgröße N)	Musteranzahl, die zufällig verteilt über die gesamte Lieferung bzw. Produktionseinheit entnommen wird (Stichprobe n)
2– 4	1
5– 8	2
9– 20	3
21– 30	4
31– 40	5
41– 50	6
51– 70	7
71– 100	8
101– 200	9
201– 1 000	15
1 001– 2 000	20
2 001– 5 000	25
5 001–10 000	30
> 10 000	40

6.2.1.3
Klassierung für eine chemisch-physikalische Prüfung

Die Klassierung und die Bemusterung von Rohstoffen, die chemisch und/oder physikalisch und sensorisch geprüft werden sollen, steht unter einem völlig anderen Vorzeichen als die Klassierung und Bemusterung im Falle eines mikrobiologischen Gefährdungspotentials. In aller Regel geht es mehr um die Konformitätsprüfung der qualitativen und quantitativen Eigenschaften als um gesundheitsschädigende Einflüsse. Unbeachtet dessen sind die Prüfmerkmale auch auf Gefährdungspotentiale wie Umwelteinflüsse, Schwermetalle, Insektizide, Pestizide, Aflatoxine etc. auszudehnen.

Klasse A: Gefriergüter und in Tankwagen oder Flüssigcontainern angelieferte Rohstoffe (z.B. Milch etc.)

Klasse B: Rohstoffe gelisteter Lieferanten, Rohstoffe, deren Lieferhomogenität sichergestellt ist

Klasse C: Rohstoffe vorläufig aufgelisteter Lieferanten (s. Kap. 3.2.2); Rohstoffe, deren Lieferhomogenität nicht sichergestellt ist

Klasse D: Rohstoffe, welche speziell auf kritische Qualitätsmerkmale (Fremdstoffe, Rückstände wie Pestizide, Insektizide, Aflatoxine, Radionuklide) untersucht werden müssen.

6.2.1.4
Musterzug und Stichprobenpläne

Auf der Grundlage eines Standardstichprobenplanes (Tabelle 6), der bereits unterschiedliche Gefährdungspoteniale und damit differenzierte Probenahmegrößen berücksichtigt, ist die Tabelle 7 erstellt. Diese Tabelle zeichnet sich dadurch aus, daß die Klassierung unter Abschnitt 6.2.1.3 sowie der Vorschlag für die Erstellung von Mischmustern integriert wurden.

Ob eine Erstellung von Mischmustern immer sinnvoll ist, muß individuell entschieden werden. Entscheidend ist die homogene Verteilung des betreffenden Qualitätsmerkmals in der Gesamtheit des zu prüfenden Produktes. Ist die homogene Verteilung fragwürdig, sind stets Einzelstichproben zu prüfen.

Details bzw. Anzahl der Gebinde und Einzelmuster für die Klassen B und C siehe Tabellen 8.1 und 8.2. Die Einzelmuster sind zufällig zu ziehen (Zufallszahlen).

Tabelle 6. Standardstichprobenplan

Totalzahl der Gebinde (N)	Anzahl der Gebinde, aus denen Proben zu entnehmen sind (m)		
	gekürzter Plan [a] $0,5 \times \sqrt{N}$	Normalplan [b] $\sqrt{N} + 1$	erweiterter Plan [c] $25 \times \sqrt{N}$
1	1	1	1
2	1	2	2
3	1	3	3
4	1	3	4
5	1	3	4
6	1	3	5
7	2	4	6
8	2	4	6
9	2	4	6
10	2	4	6
25	3	6	10
50	4	8	14
100	5	11	20
300	9	18	34
500	11	23	44
700	16	33	64
1 000	16	33	64
1 500	20	40	78
2 000	23	46	90

[a] $0,5 \times \sqrt{N}$: Erfahrungsgemäß unkritische Rohstoffe von bekannt guten (gelisteten) Lieferanten.

[b] $\sqrt{N} + 1$: Kritische Rohstoffe von bekannt guten (Gelisteten) Lieferanten

[c] $2 \times \sqrt{N}$: Besonders kritische bzw. unbekannte Rohstoffe; Rohstoffe, bei denen noch ungenügende Kenntnisse vorliegen; noch nicht gelistete Lieferanten

Tabelle 7.   Bemusterung von Rohstoffen der Klassen A bis D

Klasse)	Musterzugplan	Anzahl zu erstellender Mischmuster
A	$n = N^a$	–
B	$n = 0.5 \times \sqrt{N}$	1
C	$n = \sqrt{N} :$	$\dfrac{n^b}{15}$
D	$n = 10^c$	1^c

[a] n = Stichprobe, N = Losgröße

[b] Wenn z.B. $15 < n < 30$, werden 2 Mischmuster und damit 2 Vollanalysen durchgeführt.

[c] Für Lieferungen, die 10 Tonnen überschreiten, müssen 10 weitere Proben gezogen und daraus 1 weiteres Mischmuster erstellt werden. Das gleiche gilt für alle weiteren 10 Tonnen.

Tabelle 8.1.   Umfang der Bemusterung von Rohstoffen für die chem.-physikal. Qualitätsprüfung der Klasse B

Anzahl der Packungen pro Lieferung bzw. Produktionseinheit (Losgröße N)	Anzahl der Muster, die zufällig verteilt über die ganze Lieferung bzw. Produktionseinheit zu entnehmen sind (Stichprobe n)
1– 10	1
11– 20	2
21– 40	3
41– 60	4
61– 100	5
101– 200	6
201– 300	8
301– 400	10
401– 600	12
601–1 000	14
> 10 000	15

Tabelle 8.2.   Umfang der Bemusterung von Rohstoffen für die chem.-physikal. Qualitätsprüfung der Klasse C

Anzahl der Packungen pro Lieferung bzw. Produktionseinheit (Losgröße N)	Musteranzahl, die zufällig verteilt über die gesamte Lieferung bzw. Produktionseinheit entnommen wird (Stichprobe n)
1	1
2– 4	2
5– 10	3
11– 17	4
18– 26	5
27– 36	6
37– 50	7
51– 64	8
65– 100	9
101– 144	12
145– 225	15
226– 400	20
401– 625	25
626–1 000	30
> 1 000	35

Ein Teil jedes Einzelmusters kann zur Rohstoffidentifikation benützt werden (Analyse eines Einzelmusters und Sensorik), der Rest der Einzelmuster wird für die Durchführung der chemisch-physikalischen Vollanalyse vereinigt (Analyse des Mischmusters).

Zusätzlich zu Klasse und Plan sollten Musterzugspläne die Probemenge und -verteilung sowie eventuelle Vorsichts- und Sicherheitsmaßnahmen enthalten (Tabelle 9).

Tabelle 9. Musterzugplan am Beispiel von Magermilchpulver

Rohstoffbe-zeichnung	Klasse	Probenahme-menge	Art der Prü-fungen	Rückstell-muster	Bemerkungen
Magermilch-pulver	B	150 g pro Gebinde	chem.-physikal.-sensorisch		
	I[a]	50 g pro Gebinde	mikro-biologisch	ja mind. 200 g	sterile Probe-nahme
	D	10 Stichproben zu je 250 g			

[a] Siehe „Mikrobiologische Qualitätsprüfung" Rohstoffe der Klasse I.

6.2.2
Fertigprodukte

Die Prüfung von Fertigprodukten dient primär dazu, die Effizienz aller Qualitätssicherungsmaßnahmen während der Produktherstellung festzustellen.

Sie erstreckt sich daher auf:

- periodische Nachkontrolle des freigegebenen fertig konfektionierten Produktes,
- Überprüfung von Haltbarkeitsfristen.

Können Qualitätsmerkmale nicht am Ort der Herstellung geprüft werden, so ist die tatsächliche Prüfung dieser Merkmale zweckmäßigerweise in Originalpackungen durchzuführen.

Aufgrund der sorgfältigen Rohstoffbeurteilung und des dokumentierten Herstellprozess mit den entsprechenden Prüfparametern kann idealerweise auf eine permanente Endprüfung mit zeitraubenden Gehaltsbestimmungen oder gar Grundanalysen verzichtet werden. Keinesfalls verzichtet werden darf auf eine Endprüfung im Sinne eines Monitorings. Die DIN EN ISO 9001 ff. fordert die Schritte der Zwischen- und Endprüfung. Es ist durchaus möglich, die Endprüfung bestimmter Parameter bis an die Produktionslinie zu verlegen. Spezifizierte oder deklarierte Werte bzw. Zusammensetzungen sollten aber – soweit Rohstoffe oder Herstelltechnologien nicht geändert wurden – mindestens quartalsweise durch Analysen überprüft werden.

6.2.2.1
Klassierung für eine mikrobiologische Gefährdung

Unter Fertigprodukten sind hier alle Produkte in Originalpackungen oder Produkte ab Abfüllanlage (Bulkwaren für Abfüllung in Originalgebinden) zu verstehen. Analog der Rohstoffe sind auch hier alle fertigen Produkte hinsichtlich einer Gefährdung durch potentielle mikrobielle Kontamination in Klassen eingeteilt.

Sowohl Umfang und Häufigkeit der Bemusterung, als auch der Umfang der mikrobiologischen Prüfungen selbst, richten sich stets nach dem Grad der Gefährdung der mikrobiellen Kontamination.

Der Vorteil der Endprüfung aus Originalgebinden liegt darin, daß auch der letzte Produktionsabschnitt, nämlich die Abfüllanlage als mögliche Kontaminationsquelle mit erfaßt wird.

Die Beurteilung der Gefährdung von Fertigprodukten erfolgt unter Berücksichtigung nachstehender Kriterien:

- Formel (Rezeptur) der Fertigprodukte (Zuordnung unter Beachtung der in den fertigen Produkten enthaltenen Rohstoffe und deren Gefährdungsklasse)
- Herstellverfahren/-technologie (Trockenmischung ohne keimvermindernde Prozeßstufen; Naßverfahren mit keimvermindernden Prozessen; Pasteurisieren, Sterilisieren, Kochen, Sterilfiltrieren)
- Indikation, Konsumentenkreis (Produkte für Säuglinge und Kleinkinder, gesundheitlich beeinträchte immungeschwächte Personen oder Rekonvaleszente oder gesunde Erwachsene und Jugendliche)
- Verwendung und Zubereitung zum Konsum (genußfertige oder nicht genußfertige Produkte, die gekocht, durchbacken, durchbraten, kalt oder warm zubereitet werden)

Sofern die Erfahrungswerte die Erwartungen, die aus der Zuordnung der Produkte zu verschiedenen Gefährdungsklassen resultieren, nicht erfüllen, sind Umfang und Frequenz der Bemusterung – zumindest vorübergehend – zu erhöhen; gegebenenfalls ist eine Umklassierung vorzunehmen.

Klasse I (Fertigprodukte, die stark gefährdet sind):

Diese Produkte enthalten einen oder mehrere Rohstoffe der Gefährdungsklasse I trocken beigemischt oder sind aus anderen Gründen erfahrungsgemäß anfällig für eine mikrobielle Kontamination, z.B. durch spezielle Produktionsprozesse und -technologien, mißbräuchliche Zubereitung oder Verwendung durch den Konsumenten oder unsachgemäße Lagerung, die zum vorzeitigen Verderb führen kann.

Die Klasse I ist in drei Subgruppen unterteilt, sie basieren auf Empfehlungen der AOAC und FDA (Näheres dazu unter Abschnitt 6.3).

Klasse Ia: In diese Klasse fallen Fertigprodukte mit hohem Schwellen-Risiko, die für besonders anfällige Personen (Kleinkinder, gesundheitlich beeinträchtigte Jugendliche und Erwachsene, Rekonvaleszente) bestimmt sind.

- *Risiko 1:* Das Produkt selbst oder einer seiner Bestandteile ist häufiger durch Salmonellenkontaminationen gefährdet.
- *Risiko 2:* Während der Herstellung der Produkte erfolgt keine ausreichende Keimabtötung.
- *Risiko 3:* Eine Vermehrung eventuell vorhandener Salmonellen ist bei unsachgemäßer Behandlung des Lebensmittels möglich.

Klasse Ib: Diese Klasse umfaßt fertige Produkte mit allen Risiken der Klasse Ia für eine Kontamination mit Salmonellen und Produkte mit weniger als drei Risiken für eine Salmonellenkontamination, aber mit starker Gefährdung für eine Verunreinigung durch andere Keime; die Fertigprodukte sind für gesunde Jugendliche und Erwachsene, nicht für Kleinkinder gedacht.

Klasse Ic: Diese Klasse beinhaltet Produkte für gesunde Kinder und Erwachsene und erhält nur einen Rohstoff der Klasse I. Dieser muß von einem sehr zuverlässigen Lieferanten stammen oder erfahrungsgemäß gute mikrobiologische Befunde aufweisen. Außerdem werden Produkte, die aus anderen Gründen für eine mikrobielle Kontamination (außer Salmonellen) anfällig sind, der Klasse Ic zugeordnet.

Beispiele sind: Kakao von bekannt zuverlässigen Lieferanten, Trockenfruchtbestandteile, Crisprice, Kokosraspeln. Keinesfalls tierische Produkte unbekannter Herkunft und Herstelltechnologie, Nährhefen.

Klasse II (Fertigprodukte, die wenig gefährdet sind):

Die Produkte enthalten entweder keine Rohstoffe der Klasse I oder haben einen ausreichenden keimvermindernden Prozeß erfahren. Eine Rekontamination bzw. eine Vermehrung noch vorhandener Keime ist unwahrscheinlich. Die Klasse II ist in zwei Subklassen unterteilt:

Klasse IIa: Diese Klasse beinhaltet Fertigprodukte für besonders anfällige Personen wie Kleinkinder, gesundheitlich beeinträchtigte Jugendliche, Erwachsene und Senioren.

Klasse IIb: In diese Klassierung fallen Fertigprodukte für gesunde Kinder und Erwachsene.

Klasse III (Produkte mit thermischen Prozeßführungen und sonstige Produkte):

Diese Klasse ist ebenfalls in drei Subgruppen unterteilt:

Klasse IIIa: Dieser Klasse sind Fertigprodukte zugeordnet, die pasteurisiert oder UHT-(Ulta-Hoch-Temperatur-)behandelt und aseptisch abgefüllt wurden.

Klasse IIIb: Zu dieser Klasse gehören Konserven und Sterilprodukte, die in den verschlossenen Originalgebinden ausreichend hitzebehandelt wurden sowie pasteurisierte oder UHT-behandelte Produkte, die nicht aseptisch abgefüllt, aber in den Originalpackungen mit Hitze nachbehandelt wurden.
Ferner zählen zu dieser Klasse die Backwaren ohne Füllung.

Klasse IIIc: Sonstige Produkte.

6.2.2.2
Musterzug und Stichprobenplan

Häufigkeit und Umfang einer Bemusterung sind von dem zu untersuchenden Fertigprodukt abhängig, und zwar immer unter dem Gesichtspunkt einer Gefährdung durch mikrobielle Kontamination. *Als Einheit für die Bemusterung gilt immer das Produktionslos,* die verfahrensmäßig einheitliche, bestimm- und abgrenzbare Gesamtheit von Erzeugnissen.

Fertigprodukte der Klasse I:

Klasse Ia: Über das gesamte Produktionslos sind 60 Muster à 25 g gleichmäßig verteilt zu erheben.

Klasse Ib: Produkte mit allen drei Risiken für eine Salmonellenkontamination: Über das gesamte Produktionslos sind gleichmäßig verteilt 30 Muster à 25 g zu erheben. Übrige Produkte, d.h. Produkte mit weniger als drei Risiken für eine Salmonellenkontamination, jedoch starker Gefährdung für eine Verunreinigung mit anderen Keimen: Bemusterung erfolgt gemäß Tabelle 10 (Fertigprodukte der Klasse Ib).

Klasse Ic: Jedes Produktionslos wird mit mindestens fünf Mustern bemustert, gleichmäßig verteilt über die Losgröße; die Gesamtmenge sollte mindestens 200 g betragen.

Tabelle 10. Bemusterung von Fertigprodukten der Gefährdungsklasse Ib (übrige Produkte) (Hauert 1984)

Anzahl der Packungen Produktionslos N	Anzahl der Muster, die gleichmäßig verteilt über das gesamte. Produktionslos zu entnehmen sind (n)
1– 4	1
5– 20	2
21– 50	3
51– 100	4
101– 500	5
501– 1 000	10
> 10 000	15

Fertigprodukte der Klasse II:

Klasse IIa: Fallweise erfolgt eine Prüfung pro Monat bzw. eine Prüfung pro Produktionslos, sofern weniger als ein Produktionslos pro Monat produziert wird. Auch hier sind fünf zufällig verteilte Packungen (Einheiten) zu bemustern, jedoch mindestens 200 g.

Klasse IIb: Fertigprodukte mit weniger als fünf Produktionen im Jahr sind einmal, solche mit mehr als fünf Produktionen zweimal jährlich zu überprüfen. Dabei ist zweckmäßigerweise wie folgt zu verfahren:

Werden < 10.000 Packungen pro Produktion hergestellt, sind fünf Packungen pro Produktionslos zufällig verteilt zu entnehmen, mindestens jedoch 200 g, sofern die Überprüfung auf Salmonellenabwesenheit notwendig ist. Bei > 10.000 Packungen pro Produktion sind 10 Packungen über die Losgröße verteilt zu entnehmen, mindestens jedoch 200 g, sofern die Überprüfung der Abwesenheit auf Salmonellen notwendig ist.

Fertigprodukte der Klasse III:

Ungeachtet aller Prüfungen zur mikrobiologischen Stabilität ist in vielen Fällen eine Quarantänezeit von bis zu vier Wochen erforderlich. Eine Stabilitätsprüfung kann visuell erfolgen oder aber mit Hilfe der Prüfung auf eine hydrodynamische Veränderung (Pichhardt 1992).

Klasse IIIa: Umfang und Häufigkeit der Bemusterung sind abhängig von der Leistung der Abfüllanlagen und dem Umfang einer Produktionslosgröße festzulegen.

Je nach Anzahl der produzierten Gebinde pro Stunde sind etwa alle 10, 20 oder 30 Minuten ein, zwei oder mehrere Packungen zu entnehmen.

Von jedem Produktionslos sind mindestens 50 Packungen über die gesamte Fabrikation gleichmäßig verteilt zu entnehmen.

Bei erhöhten Risiken während der Produktion (Störungen, Änderungen an den Anlagen, Packmittelwechsel), werden je Gefährdung bzw. Indikation der Produkte zusätzlich mehrere aufeinanderfolgende Packungen (2– 20) erhoben.

Es ist vorausgesetzt, daß umfängliche Prüfungen während der Versuchsproduktionen in der Entwicklungsphase (Prüfung mehrerer 100 Packungen) zur Verifizierung und Validierung der Produktionsbedingungen, wie z.B. Gewährleistung einer ausreichenden Keimverminderung von pasteurisierten Produkten oder der ausreichenden Sterilität bei UHT-behandelten Produkten durchgeführt werden.

Beim Nachweis einer oder mehrerer unsteriler Gebinde müssen Nachkontrollen durchgeführt werden. Dazu sind 100 Packungen, verteilt über die gesamte Produktionsmenge, zu bemustern. Bei UHT-behandelten Erzeugnissen, Produkte die also keine Nachsterilisation erfahren haben, sind für eine Grenzwertermitelung 500 Packungen zu erheben (s. Kap 6.3.2).

Klasse IIIb: Pro Produktionslos dürfen bei ausreichender Erfahrung mit der unter definierten Bedingungen durchgeführten Hitzebehandlung nicht weniger als fünf Gebinde zur Prüfung erhoben werden. Bei diskontinuierlicher Autoklavensterilisation (Batchverfahren) ist die Autoklavencharge die Produktionslosgröße.

Bei Kindernährmitteln und Produkten für gesundheitlich beeinträchtigte Personen müssen mindestens 10 Gebinde gleichmäßig verteilt über die gesamte Produktion zur Prüfung erhoben werden.

Bei einer Änderungen der Bedingungen für eine Hitzebehandlung oder bei Unsicherheiten irgendwelcher Art, sowie als Nachkontrolle beim Nachweis einer oder mehrerer unsteriler Gebinde, werden 40 Gebinde pro Produktionslos erhoben.

6.2.2.3
Musterzugpläne für die Endprüfungen

Endprüfungen können an den Produktionslinien oder in den Labors durchgeführt werden. Die Musternahme und zu prüfende Qualitätsmerkmale sind festzulegen, die Prüfungsergebnisse zu dokumentieren.

Bei *diskontinuierlichen Verfahrensstufen*, bei denen das Gesamtprodukt zu *einem* Zeitpunkt den Endzustand erreicht (z.b. Lösungen herstellen, Pulver mischen), ist ein Muster nach der Beendigung der Verfahrensstufe zu ziehen und zu beurteilen (z.b. Feuchtigkeitskontrolle, Dichte, Brechungsindex, pH-Wert).

Bei *kontinuierlichen Verfahrensstufen*, bei denen einzelne Produkte *nacheinander* den Endzustand erreichen (z.b. Riegelherstellung, Konserven), sind systematisch und wiederholt während der Herstellung Proben zu ziehen. Die Häufigkeit hängt von der Produktionsgeschwindigkeit und der Stabilität des Fabrikationsvorganges ab. Der Stichprobenumfang, d.h. wieviele Einzelprüfungen oder die Menge pro Probe, richtet sich nach Sicherheit, Aufwand pro Messung und Grad der Prozeßbeherrschung.

Die Endkontrollen umfassen alle Prüfungen, die an Produkten durchgeführt werden; diese Endresultate eines Fabrikationsprozesses dienen der Konformität mit Spezifikationen und sind somit freigaberelevant.

Die Musterzugspläne sollen lebensmittelform- und qualitätsmerkmalspezifisch festgelegt sein. Die Einheit für die Bemusterung ist die Produktionslosgröße. Für den Fall einer kontinuierlichen Produktion, bei der kein klarer Chargennachweis möglich ist, sollten diejenigen Gebinde als Bemusterungseinheit gewählt werden, in denen Bulkwaren – fertiges Produkt, welches noch mit einer ersten Umhüllung (primäres Packmittel) verpackt werden muß – für die Abfüllung zwischenlagern.

Der Bemusterungsplan (s. Tabelle 11) dient als Beispiel.

6.3
Besonderes zu Stichprobenplänen

Empfohlene Probenahmepläne existieren für diverse Qualitätsmerkmale sowie für diverse Produkte bzw. Produktgruppen (Sturm 1991). Die zuvor beschriebenen Möglichkeiten von Stichprobengestaltungen liegen einer permanenten Qualitätsbegleitung zugrunde.

6.3.1
Stichprobenplan für chemische, physikalische und sensorische Prüfungen

Der Probenahmeplan (Tabelle 12), der bei internationalen Streitfällen Anwendung finden kann, bezieht sich zwar nur auf organoleptische und physikalische Kriterien, doch vor allem Aussehen, Geschmack, Menge oder Größe entscheiden meist über eine Wertminderung.

Tabelle 11. Musterzugplan für Endprüfungen

Lebensmittelform	Qualitätsmerkmale/Muster für			
	Äußere Merkmale und Sensorik	Chemie/ Physik allgemein	Mikro- biologie	Rückstell- muster
Pulver				
– Vor der Konfektionierung	E	F		
– Während der Konfektionierung	G	G		M
– Fertigprodukt	H	H		M
Riegel, Gebäck, Bonbons				
– Vor der Konfektionierung	G	G	Siehe Mikro- biologie 6.2.2.2	
– Während der Konfektionierung	G	G		M
– Fertigprodukt	H	H		M
Lösungen, Suspensionen; Emulsionen				
– Vor Abfüllung	J	J		
– Nach Abfüllung und Pasteurisie- rung	K	K		M
– Nach Abfüllung und Auto- klavierung	L	L		M
– Nach aseptischer Abfüllung	G	G		M
Konserven	L	L		M

Klassie- rung		Vorschrift
E	→	Aus jeder Charge bzw. jedem Gebinde eine für die Qualitätssicherung erforderliche repräsentative Menge ziehen
F	→	Von allen vorliegenden Chargen bzw. Gebinden werden 10 zufällig ausge- wählt. Aus jeder dieser Auswahlchargen wird $1/10$ der erforderlichen Menge gezogen und alle Proben werden vereinigt und gemischt. Sind we- niger als 10 Chargen bzw. Gebinde vorhanden, werden alle Einheiten be- mustert
G	→	Die von der Qualitätssicherung geforderte Anzahl Einzelstücke ziehen, gleichmäßig über den letzten Herstellvorgang
H	→	Aus der definierten Gesamtheit eines Fertigproduktes die für die Quali- tätssicherung erforderliche Anzahl. Packungseinheiten zufällig ziehen
J	→	Pro Fabrikation das für die Qualitätssicherung erforderliche Lösungsvo- lumen
K	→	Nach dem Pasteurisieren werden pro Fabrikation die für die Qualitätssi- cherung erforderlichen Packungen gezogen, gleichmäßig aus den vorlie- genden Chargen verteilt
L	→	Pro Fabrikation wird aus allen Autoklaven die für die Qualitätssicherung erforderliche repräsentative Anzahl an Packungseinheiten gezogen
M	→	Pro Charge bzw. pro Fabrikation wird ein Muster zufällig gezogen

Dem Plan liegt ein AQL (Akzeptabler Qualitätslevel) bzw. annehmbare Qualitätsbegrenzung von 6,5 zu Grunde. Der AQL ist jedoch nicht vertretbar für Annahmekriterien, die ein Gesundheitsrisiko für den Verbraucher bedeuten könnten.

Tabelle 12. Probenahmeplan: I für normale Probenahme, II für Streitfälle (Cod.aliment., s.sturm 1991) bei Erzeugnissen mit Einzelgewichten bis 1 kg

Losumfang der Originalverpackungen (N)	Stichprobenumfang(n)		Annahmezahl (=zulässigeFehlerzahl)	
	I	II	für I	für II
4 800 oder weniger	6	13	1	2
4 801– 24 000	13	21	2	3
24 001– 48 000	21	29	3	4
48 001– 84 000	29	48	4	6
84 001– 144 000	48	84	6	9

6.3.2
Stichprobenpläne für mikrobiologische Prüfungen

Foster veröffentlichte bereits 1971 einen Stichprobenplan, für die Untersuchung von Lebensmitteln auf Salmonellen, welcher im Prinzip von der Food and Drug Administration im „Bacteriological Analytical Manual" (FDA 1990) als verbindlich vorgeschrieben wurde.

Die Stichprobenpläne für Rohstoffe der Klasse I (s. 6.2.1.2) sowie für Fertigprodukte der Klassen Ia und Ib (s. 6.2.2.2) basieren auf dem sogenannten *Foster-Plan*.

Der *Foster-Plan* stützt sich auf zwei grundlegende Ansätze:

1. Unterschiedliche Lebensmittelarten besitzen auch unterschiedliche Risiken einer Salmonellen-Kontamination.
2. Mit einem Stichprobenverfahren kann eine Salmonellen-Kontamination nie mit absoluter Sicherheit ausgeschlossen werden.

Diese beiden Ansätze führen zur Differenzierung der drei produktabhängigen Risikofaktoren:

– Das Produkt selbst oder einer seiner Bestandteile ist häufig mit Salmonellen kontaminiert.
– Während der Herstellung eines Lebensmittels erfolgt keine Salmonellen-Abtötung.
– Eine Vermehrung eventuell vorhandener Salmonellen ist bei unsachgemäßer Behandlung des Lebensmittels möglich.

Es ist verständlich, daß ein Lebensmittel mit allen drei produktabhängigen Risikofaktoren gefährdeter ist als eines ohne oder mit nur einem oder zwei Risikofaktoren.

Außerdem berücksichtigt der Foster-Plan, daß insbesondere Säuglinge, Alte und Kranke eine höhere Anfälligkeit gegenüber einer Salmonellen-Infektion aufweisen.

Alle Fakten zusammen ergeben die Aufstellung eines Schemas mit folgenden Produktkategorien:

- Produkt-Kategorie I: Nichtsterile Lebensmittel für Kleinkinder, alte und kranke Personen
- Produkt-Kategorie II: Lebensmittel mit 3 Risikofaktoren
- Produkt-Kategorie III: Lebensmittel mit 2 Risikofaktoren
- Produkt-Kategorie IV: Lebensmittel mit 1 Risikofaktor
- Produkt-Kategorie V: Lebensmittel ohne Risikofaktor

Die Food and Drug Administration (FDA 1990) schlüsselt die Lebensmittel in drei Produkt-Kategorien auf:

- Produkt-Kategorie I:
  Lebensmittel der Kategorie II, die aber für Säuglinge, alte und kranke Personen bestimmt sind
- Produkt-Kategorie II:
  Lebensmittel, die normalerweise zwischen Herstellung und Verzehr keinem Prozeß unterworfen werden, der Salmonellen abtötet
- Produkt-Kategorie III:
  Lebensmittel, die normalerweise einem Prozeß unterworfen werden, der Salmonellen abtötet.

Die Tabelle 13 gibt auf Grundlage der Risikobetrachtungen ein Prüf- und Bewertungsschema.

Tabelle 13. Prüf- und Bewertungsschema für 25-g-Stichproben (n. Foster 1971)

Produktkategorie	Alle Proben negativ von	Maximal eine Probe positiv	Mit 95 % Wahrscheinlichkeit ist maximal eine Salmonelle enthalten in
I	60 Proben * (= 1500 g)	95 Proben (= 2375 g)	500 g
II	30 Proben (= 750 g)	48 Proben (= 1200 g)	250 g
III–V	15 Proben (= 375 g)	24 Proben (= 600 g)	125 g

* Die für die Praxis sehr aufwendige Untersuchung von 60 (20; 15 usw.) Einzelmustern à 25 g läßt sich durch Mischmuster (Poolproben) wesentlich vereinfachen (Pichhardt 1983, 1993).

In allen Fällen, in denen auf Grund der Untersuchungsergebnisse von Rohstoff-
oder Fertigproduktmustern Unsicherheiten bzgl. einer Freigabe oder Sperrung bestehen, sollte die *Bemusterung* für weitere Untersuchungen nach den in Tabelle 14
aufgeführten, international anerkannten Stichprobenplänen erfolgen.

Tabelle 14. Stichprobenpläne nach international anerkannten Richtlinien

Fragliche Keime	Produkt	Bemusterung gemäß	Ergebnisse/ Entscheide gemäß
Salmonellen	Fertigprodukte der Klasse: (nichtflüssige Produkte)	FDA:	
	Ia + IIa	Kategorie I	Vorschriften FDA
	Ib + IIb	Kategorie II	und E.M. Forster,
	IIIb + IIIc	je nach Indikation Kategorie I oder II	AOAC (Associstion of Official Analyti-cal Chemists
	Rohstoffe für Fertig-produkte der Klasse: (nichtflüssige Produkte)	FDA:	
	Ia + IIa	Kategorie I	Vorschriften FDA
	Ib, Ic + IIb	Kategorie II	und E.M. Forster,
	IIIb + IIIc	Kategorie III	AOAC
Gesamtkolonie ae-rober Keime Coliforme	Fertigprodukte, die den Produktgruppen gemäß „Sampling plans for dried foods",	Microorganisms in foods 2 ICMSF: Plan/ class, n and c	Anforderungen in den Vorschriften für die entsprechen-den Produkte
Gesamtzahl Enterobakterien	Microorganisms in foods 2, ICMSF zuzu-ordnen sind		Angestrebte Werte und Grenzwerte
S. aureus B. cereus	Rohstoffe in Abhän-gigkeit des Fertigpro-duktes (Zielgruppe,	Microorganisms in foods 2, ICMSF: Plan/ class, n and c	
C. perfringens	Zubereitung etc.)		

Einen der gründlichsten Bemusterungspläne für Konserven schlug die CMSF
(1974) vor; dieser Plan soll dann Anwendung finden, wenn keine oder nur ungenügende Herstell-/Kontrolldaten vorliegen. Die Annahmewahrscheinlichkeit für
eine Partie (Charge/Lot) mit 0,025 Fehlern liegt bei 95 %.

Diesem Plan liegt ein 4-Stufen-Konzept zugrunde. Handelt es sich z.B. um im-
portierte Ware, kann man davon ausgehen, daß sich während eines längeren
Transportes überlebende Mikroorganismen vermehrt haben. Nach Abschätzen
der Risiken könnte in einem solchen Fall evt. auf eine Vorbebrütung verzichtet
werden. Frisch produzierte Waren sind einer Vorbebrütung zu unterwerfen.

Stufe 1:

200 Packungen nach dem Zufallsprinzip aus einer Partie auf Bombagen und Falzdefekte kontrollieren. Sind alle Packungen ohne Befund, erfolgt die Annahme, bei
> 3 defekten Packungen die Ablehnung. Bei 1–2 fehlerhaften Gebinden ist nach
Stufe 2 weiterzuprüfen.

Stufe 2:

Die gesamte Partie ist einer Kontrolle auf Bombagen und Falzdefekte zu unterziehen. Bei > 1 % Defekten erfolgt die Ablehnung. Bei 1 % und weniger Defekten ist
nach Stufe 3 weiterzuprüfen.

Stufe 3:

200 Packungen werden nach dem Zufallsprinzip entnommen und zunächst einer
10tägigen Bebrütung bei 30–37°C unterzogen. Danach wird auf Bombagen kontrolliert. Bei einer defekten Packung erfolgt die Ablehnung; sind alle Packungen
ohne fehlerhaften Befund, ist nach Stufe 4 weiterzuprüfen.

Stufe 4:

20 Packungen, die nach Stufe 3 kontrolliert wurden, sind auf Falzdefekte sowie pH-
Wert-Änderungen des Füllgutes zu prüfen. Bei mehr als einer defekten Packung erfolgt die Ablehnung. Sind alle 20 Packungen dagegen ohne fehlerhaften Befund,
führt dieses zum endgültigen Annahmeentscheid der gesamten Partie.

Wie bei jedem Bemusterungsplan, kann auch dieser keine absolute Garantie für
die Abwesenheit spezifischer Organismen geben.

Für UHT-behandelte und aseptische abgefüllte Packungen liegen die realisti-
schen Anforderungen (angestrebte Werte) für Produkte bei < 1 unsterile Packung
pro 1.000 Packungen, Grenzwert eine unsterile Packung auf 500 geprüfte Packungen (Hauert 1984; Teuber 1987). Nach Cerf (1987) liegt der geschätzte maximale
Prozentsatz fehlerhafter Einheiten pro Charge (Wahrscheinlichkeitsgrenze 95 %)
zwischen 0,3 / 0,47 / 0,63 / 0,77 / 0,91 / 1,04 bezogen auf 0 / 1 / 2 / 3 / 4 / 5 defekte
Einheiten bei einer Stichprobengröße von n = 1.000

Nachstehend ist ein Stichprobenschema (Abb. 88) aufgeführt, das sicher nach-
weist, daß keine größeren technischen Mängel während der Produktion aufgetre-
ten sind.

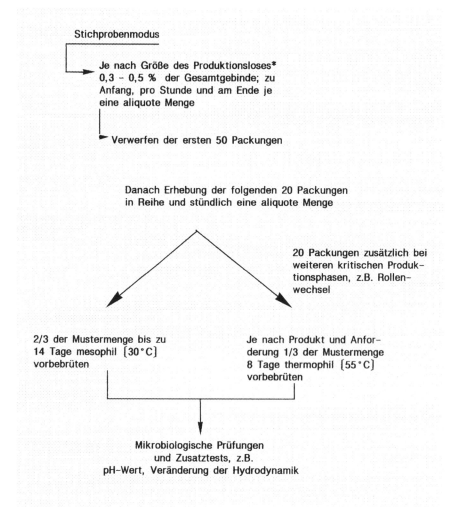

Stichprobenmodus

Je nach Größe des Produktionsloses*
0,3 - 0,5 % der Gesamtgebinde; zu
Anfang, pro Stunde und am Ende je
eine aliquote Menge

Verwerfen der ersten 50 Packungen

Danach Erhebung der folgenden 20 Packungen
in Reihe und stündlich eine aliquote Menge

20 Packungen zusätzlich bei
weiteren kritischen Produk-
tionsphasen, z.B. Rollen-
wechsel

2/3 der Mustermenge bis zu
14 Tage mesophil [30 °C]
vorbebrüten

Je nach Produkt und Anforderung 1/3 der Mustermenge
8 Tage thermophil [55 °C]
vorbebrüten

Mikrobiologische Prüfungen
und Zusatztests, z.B.
pH-Wert, Veränderung der Hydrodynamik

* Pro 1.000 produzierten Packungen höchsten fünf Packungen erheben, jedoch mind. 50 Packungen pro Produktionslosgröße (die 20 Packungen bei
Beginn bzw. bei kritischen Produktonsphasen nicht einberechnet). Die insgesamt zu erhebende Anzahl der Packungen für die mikrobiologische Prüfung beträgt bei normalem Produktionsverlauf, z.B. mit nur einem Rollen-
wechsel, 90 Packungen pro Losgröße.

Abb. 88. Stichprobenschema für UHT-Produkte

Kapitel 7

Rechnergestützte Qualitätssicherung

7.1
Integrierter Rechnereinsatz

Die Planung neuer Lebensmittelprodukte, die Entwicklung dazugehöriger Rezepturen, die Technologien selbst, sowie die Produktionsplanung und -steuerung, Fertigung, Prüfung, Qualitätskostenrechnung, Lagerung, inklusive Vertrieb und Kundenservice sind heute allesamt komplexe Prozesse. Wenn vorhanden, sind die einzelnen Datenverarbeitungssysteme i.d.R. arbeitsplatzgebundene „Insellösungen" – sie dienen zwar der deutlichen Verbesserung im lokalen Einsatzbereich, ein Gesamtnutzen zur ganzheitlichen Qualitätsbeherrschung wird jedoch nur durch die Integration aller Systeme gewährleistet werden können (Abb. 89).

Der Aufbau eines *Computer Integrated Manufacturing (CIM) System* erfordert eine vollständige Kenntnis und Beschreibung aller Prozesse, die in folgende vier Regelkreise unterteilt werden können:

- *Qualitätsmanagement* (Grundlage: Qualitätspolitik, s. 1.1.1)
- *Qualitätsplanung*
- *Qualitätslenkung*
- *Qualitätsprüfung*

Bei der Festlegung der Informationsbedürfnisse ist nach dem „top-down" Prinzip vorzugehen, d.h. die Qualitätspolitik und die dazugehörigen Informationsbedürfnisse der obersten Leitung geben den Input für die weiteren Schritte der anderen Hierarchieebenen und deren Informationsbedürfnisse.

7.1.1
Begriffe und Definitionen

Für rechnergestützte Systeme existieren Abkürzungen, aus denen die Anwendung hervorgeht:

CAD:
Computer Aided Design (rechnergestützte Entwicklung)
- Fehlermöglichkeits- und Einflußanalyse, HACCP
- Rezepturen
- Technologien

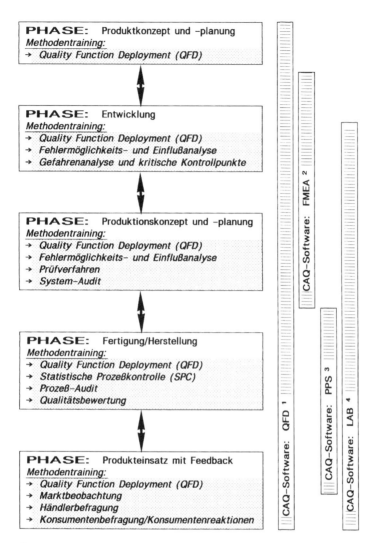

¹ Arbeitsblätter "House of Quality", graphische Darstellungs- und Auswertungsmöglichkeit
² Arbeitsblätter, Terminüberwachung und -verfolgung etc.
³ Produktionsplanung/-steuerung, lückenlose Chargenrückverfolgbarkeit
⁴ Analysenauftrag, Methodenvergabe, Soll-/Ist-Vergleich, Analysenbefund, Dokumentation

Abb. 89. Beispiel für einen integrierten Rechnereinsatz

CAP:

Computer Aided Planning (rechnergestützte Planung)
– Arbeitsplanerstellung
– Produktionslinien
– Rohstoffbereitstellung

- Zwischenprodukte (Teilfertigungen)
- Fertigungsanweisungen

CAM:
Computer Aided Manufacturing (rechnergestützte Produktion)
- Fertigung
- Verpackung
- Lagerung

CAQ:
Computer Aided Quality Assurance (rechnergestützte Prüfung)
- Prüfmerkmale
- Prüfpläne
- Monitoring von Qualitätsmerkmalen

PPS:
Production Planning and Scheduling (Produktionsplanung/-steuerung)
- Jahres-, Monats-, Wochen-, Tagesplanung
- Bedarfsauflösung über Rezeptur, Verluste
- Zeit- und Kapazitätsplanung für Wiederbeschaffung
- Rückmeldung von Produktionsaufträgen
- Ausbeuterechnung
- Chargenrückverfolgung

7.1.2
Qualitätsprüfung und Chargenrückverfolgung

Die Qualitätsprüfung von Lebensmittel sowie die Chargenrückverfolgung eines Fertigproduktes bis zum eingesetzten Rohstoff gehören mit zu den wichtigsten Merkmalen in der lebensmittelherstellenden Industrie. Gerade in diesen Bereichen fällt eine Flut von Daten an, die kaum auf manuellem Wege bewältigt werden können.

7.1.2.1
Prüfplanerstellung, Prüfauftragserstellung und Qualitätsdatenerfassung

Die Qualitätsprüfung läßt sich in vier Arbeitschritte unterteilen: *Prüfplanungerstellung, Prüf-(Analysen)auftragserstellung, Qualitätsdatenauswertung und Dokumentation.*
    Im Rahmen der *Prüfplanungerstellung* sind folgende Entscheidungen zu fällen:

- *Prüfnotwendigkeit*
  eines Rohstoffes, Packmittels, Zwischen- bzw. Fertigproduktes
- *Prüfmerkmale*
  mit welchen Prüfmerkmalen kann die Qualitätskonformität festgestellt werden

- *Prüfmethoden*
  welche Methoden sind repräsentaiv, um die Prüfmerkmale ausreichend zu charakterisieren
- *Prüfmittel*
  Welche Prüfmittel sind erforderlich, um die ausgewählten Methoden durchführen zu können
- *Prüfdatenauswertung*
  Vergleich der Spezifikationswerte unter Berücksichtigung der jeweilig zulässigen Toleranzen mit den analytisch ermittelten Werten

Die Prüfplanbeschreibung ist in aller Regel produktbezogen jedoch auftragsneutral. Abb. 90 zeigt die Bearbeitung einer Prüfplanbeschreibung; Abb. 91 ist die dazugehörige Prüf-(Analysen-)auftragserstellung.

7.2
Computergestützte Chargenrückverfolgung

Die lückenlose rückwärtige Verfolgung einer Fertigproduktcharge (Losgröße) bis hin zu den eingesetzen Rohstoffen und Packmitteln kann u.U. zu erheblichen Schwierigkeiten führen.

In den seltensten Fällen führen die beschafften und eingangsgeprüften Rohstoffmengen inklusive einer ununterbrochenen Prozeßführung zu einem chargenbezogenen Fertigprodukt. In diesen selten Fällen allerdings ist die Erstellung einer Dokumentation für eine eventuell erforderliche Rückverfolgbarkeit relativ problemlos.

```
Datum: 08.08.94        PRÜFPLANBESCHREIBUNG       Zeit: 08:40:41

Prüfartcode:WEP  Material-Nr.:104004  Version:5  Erfasser:Müller

Prüfart        : Wareneingangsprüfung
Materialname   : Erbsenpulver, grün
Gebindeanzahl  : 16
Auftraggeber   : Mat.-Wirtschaft
Formular       : QKZERT   Auftrag drucken: J verantw.Labor: Q1
Kostenstelle   : 50106
Kommentar      : MHD 12     Enterokokken kein Grenzwert
Verteiler      :
Anzahl Methoden: 12 mit 13 Parametern


      *Code      Methoden-Name                            Labor

      H2O_MS     Wasserbestimm. mit Metallschiffchen      CHEM
      ASCHE      Glührückstandbestimmung (Muffelofen)     CHEM
      FETT_WS    Fettbestimmung Weibull-Stoldt            CHEM
      EIW        Protein (F = 6,25)                       CHEM
      X1KBE      Gesamtkoloniezahl 30°C                   BIOL
      X2SCHIP    Schimmelpilze                            BIOL
      X3HEFEN    Hefen                                    BIOL

 F1: Hilfe  Nächster Satz: <PgDn>  F2: Report  F10: Prüfp. kopieren
```

Abb. 90. Rechnergestützte Prüfplanbeschreibung

ANALYSENAUFTRAG
=========================

Prüfart: WEP   Materialnummer: 104004   Liefereingang: 08.08.94

```
Prüfart      : Wareneingangsprüfung
Materialname : Erbsenpulver, grün
Gebindeanzahl: 16
Gebindegröße : 25 kg
Lieferant    : Fa. Frucht & Gemüse GmbH
Auftraggeber : Mat.-Wirtschaft
Eing.-Datum  : 08.08.94
Kostenstelle : 50106
Kommentar    : MHD 12 Monate        Spezifikation vom 14.01.91
               Mikrobiologische Gefährdungsklasse I
               Sterile Musternahme    Bemusterung  4 Gebinde
```

PARAMETER	MINIMUM - MAXIMUM	DIMENSION	ERGEBNIS
*********	*****************	*********	********
Aussehen/Farbe Methode:	grünes Pulver		....
Geruch Methode:	nach Gemüse		....
Textur Methode:	fein, ballig		....
Asche 600°C Methode: § 35 LMBG	2,8 - 3,5	pro 100 g	....
Wasser Methode: § 35 LMBG	6,0 - 8,0	pro 100 g	....
Protein (F = 6,25) Methode: QW	22,0 - 28,0	pro 100 g	....
Fett Methode: QW	1,4 - 1,8	pro 100 g	....
Gesamtkoloniezahl 30°C Methode: QW	- 50000	pro g	....
Schimmelpilze Methode: QW	- 100	pro g	....
Hefen Methode: QW	- 100	pro g	....
Enterokokken Methode: QW		pro g	....
Anreich. Enterob. Methode: QW	- 100	pro g	....
Anreich. E. coli Methode: QW	- 1	pro g	....

Bemerkung:

Abb. 91. Beispiel einer rechnergestützten Prüf-(Analysen)auftragserstellung

Meist aber werden aus diversen Basisrohstoffen und spezifischen Varianten-
rohstoffen - oftmals aus nicht zusammenhängenden Lieferpartien - unterschied-
lichste Fertigprodukte mit differenten Technologien, Gewichtsanteilen und Losgrößen gefertigt. Eine manuell geführte und auf Rückverfolgbarkeit hin schlüssige

Dokumentation stößt hier auf die Grenzen des Möglichen. In diesen Fällen bietet nur eine Datenverarbeitung zur Produktionsplanung und -steuerung (PPS-System) die erforderliche Unterstützung (Abb. 92).

7.2.1
Voraussetzungen zur datenmäßigen Chargenrückverfolgung

Voraussetzung für die Installation eines CA-unterstützenden Chargenrückverfolgungssystems ist zunächst die rechnergerechte Vergabe von Materialnummernblöcke. Anhand des nachstehenden Beispiels soll eine Vorgehensweise bei Rohstoffen demonstriert werden.

Der Materialnummernblock besteht hier aus einer 6-stelligen Ziffernfolge, die für alle Rohstoffe mit der zwei-stelligen Ziffer *10* beginnt. Die nächsten beiden Ziffern charakterisieren die Rohstoffgruppe (z.B. *Gruppe 00:* Kohlehydrate; *Gruppe 10:* Fette und Öle; *Gruppe 20:* Milchprodukte; *Gruppe 30:* Mehle, Stärken, Verdickungsmittel; *Gruppe 40:* Frucht- und Gemüsebestandteile; *Gruppe 50:* Aromen; *Gruppe 60:* Stabilisatoren; *Gruppe 70:* Mineralstoffe/Spurenelemente; *Gruppe 80:* Vitamine; *Gruppe 90:* Sonstiges (z.B. Hilfsstoffe wie Antioxidatien, Emulgatoren, Farbstoffe etc.).

Innerhalb der genannten Gruppen sind nunmehr mit der verbleibenden zwei-stelligen Ziffernfolge Untergruppen zu bilden; z.B. innerhalb der *Gruppe 40:* Frucht- und Gemüsebestandteile die *Untergruppe 01:* Bohnenpulver, vorgekocht; *Untergruppe 02:* Karottenwürfel, gefriergetrocknet; *Untergruppe 03:* Zwiebelringe; *Untergruppe 04:* Erbsenpulver, grün; usw.

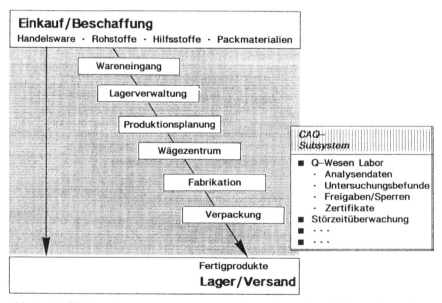

Abb. 92. Produktionsplanung und -steuerung vom Einkauf der Rohstoffe bis zum Versand von Fertigprodukten

Die Materialnummernblöcke inkl. Kontrollnummern etc. werden mittels Datenverarbeitung in Strichcodes transformiert und somit für Scanner lesbar gemacht (Abb. 93).

7.2.1.1
Integration vom Rohstoffeingang über die Produktion bis zur Distribution

Nach Eingang der Rohstoffe erhält jedes Gebinde (Karton, Sack, Faß etc.) ein Barcode-Etikett. Der Ausdruck der Etiketten erfolgt „on-line" und sollte dem Tätigkeitsbereich der Warenannahme zugeordnet werden, da hier auch i.a.R. die Wareneingangsprüfung I. angesiedelt ist. Dadurch wird der Wareneingang optisch und CA-mäßig erfaßt.

Nach den für den Rohstoff vorgegebenen Eingangsprüfungen erfolgt die Freigabe für die Produktion über ein PPS-System – bis zu diesem Zeitpunkt ist die Ware automatisch gesperrt, da der Sicherheitscode ein Scannen (Erkennen des Rohstoffes und die benötigte Menge gemäß Produktionsauftrag) an den Verwiegestationen nicht zuläßt.

Bei allen Rohstoffen für eine Produktionscharge wird gleichermaßen verfahren. Dadurch ist die Dokumentation gewährleistet. Anbruchgebinde können nun zwischengelagert oder aber bei anderen Produktvarianten eingesetzt werden – wieder unter der zwingenden Systemvoraussetzung des Scannens gemäß den Vorgaben der Produktionsaufträge.

Da jeder Wiegevorgang inkl. der verwogenen Menge für ein Produktionslos EDV-mäßig registriert wird, kann auf Verlangen eine *Chargengeschichte* ausgedruckt werden, die die lückenlose Rückverfolgbarkeit bis zu den eingesetzten Rohstoffen gestattet.

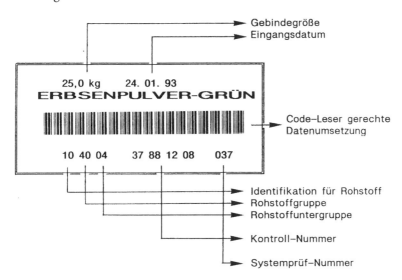

Abb. 93. Beispiel eines Barcode-Etikettes

Kapitel 8

Schulung und Fortbildung

8.1
Ziele der Aus- und Weiterbildung

Es ist schwer vorstellbar, daß sich ohne bedarfsgerechte und stetige Schulungs- und Weiterbildungsmaßnahmen auf allen Ebenen eines Unternehmens, die Qualitätsbewegung zum dauerhaft funktionierenden Qualitätsmanagementsystem gestalten und erhalten läßt.

Jeder im Unternehmen - das schließt selbstverständlich die Unternehmensleitung sowie die administrativen Führungskräfte ein - muß eine adäquate Aus- und Fortbildung erfahren, die mit den jeweiligen funktionalen Abteilungs- und Bereichszielen in Einklang steht (Abb. 94).

Die effiziente Reihenfolge zum „Qualitätsmanagement als strategischer Erfolgsfaktor" kann daher nur lauten:

– Schulung der obersten Firmenleitung,
– Schulung des oberen und mittleren Management,
– Schulung der Mitarbeiter und Mitarbeiterinnen am Arbeitsplatz,

Abb. 94. Die Ausbildungspyramide

wobei die Thesen der Qualitätsbewegung *Was? Wie?* und *Warum?* anhand von Methoden, Techniken und Hilfsmittel überzeugend darzustellen sind. Nur wenn die Kenntnisse und Fähigkeiten aller Mitarbeiter mit den Anforderungen an ihre Tätigkeiten übereinstimmen, ist ein deutlich fehlerreduziertes Arbeiten möglich.

Der Bedeutung von Schulung trägt die Norm 9001 mit dem Element 18 Rechnung; es wird gefordert, daß Verfahrensanweisungen zur Ermittlung des Schulungsbedarfs erstellt und aufrechterhalten werden. Die Norm 9004 empfiehlt: „Eine Schulung sollte vermittelt werden, die der obersten Leitung Verständnis für das QM-System vermittelt, zusammen mit den Werkzeugen und Techniken, wie sie für die volle Beteiligung der obersten Leitung am Betreiben des Systems notwendig sind." Oftmals wäre es wünschenswert, wenn diese Empfehlung zu einer Normforderung erhoben würde.

8.1.1
Schulungsschwerpunkte

Eine branchenneutrale und eine branchenspezifische Schulung muß unterschiedliche Schwerpunkte setzen.

Branchenneutrale Schwerpunkte

- Verstehen und Einhalten von Normen und Vorschriften
- Normen als Hilfestellung erkennen und umsetzen
- Qualitätstechniken und -methoden
- Erhaltung bzw. Steigerung der Produktivität durch qualitätsbezogene Prozesse
- Sicherung der in- und externen Kunden- und Lieferantennähe
- Qualitätszirkel
- Produkthaftpflicht

Branchenspezifische Schwerpunkte

- nationale bzw. EU-weite lebensmittelrechtliche Vorschriften (z.B. Hygienevorschriften für die Herstellung und Vermarktung von Rohmilch, wärmebehandelter Milch und Erzeugnissen auf Milchbasis vom 16. Juni 1992; Richtlinie über Lebensmittelhygiene vom 14. Juni 1993)
- Wechselbeziehungen der Rohstoffe untereinander
- Technologische Prozeßführungen und -beherrschung
- Spezielle Schutzeigenschaften von Packmitteln

Seit geraumer Zeit stehen insbesondere für Hygienemaßnahmen am Arbeitsplatz kommerziell erhältliche audiovisuelle Schulungsprogramme zur Verfügung, die eine gute und leichtverständliche Unterstützung zu diesem komplexen Fachthema bieten.

„Besondere Aufmerksamkeit sollte den Qualifikationen, der Auswahl und der Schulung von neu eingestelltem Personal und von Personal geschenkt werden, das mit neuen Aufgaben betreut wurde" (DIN EN ISO 9004).

Gerade eine gewissenhafte Einführung neuer Mitarbeiterinnen und Mitarbeiter fördert die Aufmerksamkeit für qualitätsbezogene Abläufe. Das gilt für Personal in der Fabrikation und der Administration gleichermaßen. Die Abb. 95 zeigt ein Schema zur Einführung neuen Personals.

8.1.1.1
Fortbildung

Man muß sich bewußt machen, daß mit einmaligen Schulungsinhalten kein dauerhafter Erfolg verbucht werden kann. Daher sind wiederholte Fort- und Weiterbildungsmaßnahmen erforderlich, um Lerntiefen zu erreichen, die ein Beherrschen der Qualität gewährleisten.

Aus der Pädagogik sind drei Lerntiefen bekannt:

- Das Erlernte abrufbar speichern, um es unter Anleitung ausführen zu können
- Erlerntes in Zusammenhängen erfassen können, um es selbständig anzuwenden
- Erworbenes Wissen in neuen Situationen umsetzen, um Handlungsabläufe zu beherrschen

Aus- und Weiterbildungen basieren auch auf drei Stufen, nämlich auf Planung, Realisierung und Erfolgskontrolle (Abb. 96).

- **Planung:** Bedürfnisanalysen, Zielsetzungen, Festlegung von Maßnahmen; ergeben sich aus Mitarbeitergesprächen, Projektarbeiten etc.
- **Realisierung:** Gesamtunternehmerische bereichs- und abteilungsspezifische Projekte; direktes Lernen am Objekt bzw. am Arbeitsplatz
- **Erfolgskontrollen:** Lerntransfer, Kursbeurteilung; ergeben sich aus Überprüfungen und Beobachtung, ob das Erlernte angewendet wird.

Das Ziel jeder Schulung muß sein, das Gelernte sofort in den täglichen Arbeitsprozeß umzusetzen. Lerninhalte sind periodisch nachzuprüfen - sei es durch Erfolgsanalysen oder Einzelinterviews am Arbeitsplatz.

Die *Planung* von Ausbildungsmaßnahmen setzt das Erkennen von Schwachstellen voraus. Die Schwachstellenanalyse einer Anlage/Anlagengruppe könnte mit Hilfe eines Fließschemas verdeutlicht werden. Mit Hilfe eines Fließschemas *ihrer* Anlage sollten die Mitarbeiter - unter der Moderation des Vorarbeiters - die ihres Erachtens problematischen Stellen im Produktfluß einzeichnen. Ohne Zweifel sind es die aufmerksamen Mitarbeiterinnen und Mitarbeiter an den Anlagen direkt, die die Schwachstellen kennen und nicht die mehr oder weniger weit von der Anlage entfernte Vorgesetzten. In aller Regel wird aber die gesammelte Erfahrung nicht hinterfragt. Gibt man allerdings der Mitarbeitergruppe die Gelegenheit, ihre gefundenen Schwachstellen zu präsentieren, fördert man zudem noch die Persönlichkeitsentwicklung, ein Punkt, der nicht hoch genug eingeschätzt werden kann (Röthlisberger 1985).

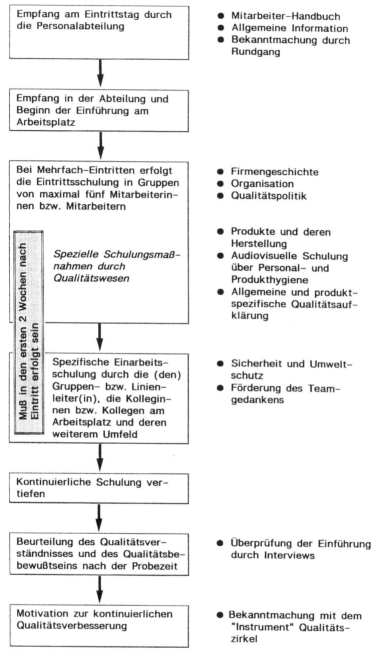

Abb. 95. Einführung von neuem Personal

Die zuständigen Expertengruppen müssen die erarbeiteten Schwachstellen ernst nehmen, einer gründlichen Analyse unterziehen, den entsprechenden Entscheid treffen und bekanntgeben.

Neben den Schulungsmaßnahmen, die reine fachliche Kenntnisse und Fertigkeiten vermitteln und direkt an den Arbeitsplätzen Wirkung auf die Qualitätbeeinflussung zeigen, sind in besonderem Maße mittel- und langfristige Fortbildungen zu planen. Hierzu gehören insbesonders:

- Kommunikations- und Teamverhalten (s. 1.1.3)
- Methoden des Quality-Engineering (s. 1.4)
- Computergestützte Qualitätssicherung (s. 7.1)
- Leistungsbereitschaft zur kontinuierlichen Qualitätssteigerung

Voraussetzung ist allerdings, daß die Unternehmensleitung und jeder einzelne Mitarbeiter Schulungsmaßnahmen als eine verpflichtende Notwendigkeit erkennt und anerkennt.

8.1.2
Verantwortung und Organisation

Für die Qualität und den Stand der Ausbildung sind alle am Ausbildungsprozeß Beteiligten mit unterschiedlicher Intensität mitverantwortlich:

- das Management
- die Vorgesetzten
- die Mitarbeiter
- die Personalabteilung

Die *Hauptverantwortung* für die Mitarbeiterförderung sollte in jedem Fall bei den direkten Vorgesetzten liegen, sie entscheiden über die systematisch erfaßten *Bedürfnisse*, über die *Lernziele* und über die durchzuführenden *Ausbildungsmaßnahmen*. Zusätzlich unterstützen sie den konsequenten *Praxistransfer*.

Der Plan mit den Ausbildungswünschen, Terminen und Kosten ist von der Geschäftsleitung zu genehmigen. Dadurch wird der Plan anerkannt und kann umgesetzt werden. Die Kosten für Ausbildungsprogramme gehören der Kategorie Fehlerverhütungskosten zugeordnet (s. 1.2.1).

Schulungsmaßnahmen sind in geeigneter Weise zu dokumentieren. Es ist zweckmäßig, die Dokumentationsverpflichtung dem Bereich Personalwesen zuzuordnen. Zur Dokumentation gehören Thema, Zeitpunkt und Dauer der Veranstaltung, gegengezeichnete Teilnehmerliste, Beurteilungen der Vorträge bzw. der Lehrgänge.

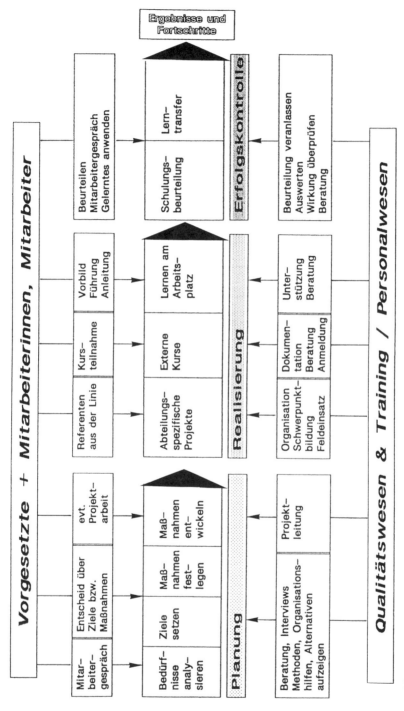

Abb. 96. Konzept der betrieblichen Aus- und Weiterbildung

Kapitel 9

Krisenmanagement – Produktrückruf- und Warnrufkonzept

9.1
Grundlagen

Jegliches Tun beinhaltet und schafft Risiken. So kann auch das Herstellen und Vertreiben von Nahrungs- und Genußmitteln Risiken auslösen – echte und vermeintliche.

Um Gefahren von dem Konsumenten rechtzeitig abwenden zu können, ist im Ernstfall schnelles Handeln gefordert (Abb. 97). Es müssen diverse Stelllen gewarnt oder je nach Ergebnis erster Überprüfungen beruhigt werden, dann wird gehandelt oder richtiggestellt. Je nach Ausmaß der Gefährdung bzw. der Zuordnung einer Gefahr in eine Gefahrenklasse muß die Ware gar aus einem vielkanaligen Distributionsweg zurückgerufen werden.

Alle Partner des Lebensmittelherstellers sind gefordert: es muß über die Betriebsgrenzen hinweg informiert, koordiniert und kooperiert werden. Um sich von einer Krise nicht überraschen zu lassen, die sich schnell zur Existenzfrage für das einzelne Unternehmen entwickeln könnte, sind Präventivmaßnahmen zu erarbeiten.

Krisensituationen, deren Ursprung im eigenen Unternehmen liegt, begegnet man nach wie vor durch ein funktionierendes Qualitätsmanagementsystem, keinesfalls aber mit ausschließlicher Qualitätskontrolle der Endprodukte. Je qualifizierter die Kenntnisse über die zu verarbeitenden Rohstoffe, Hilfsstoffe, Packmaterialien, Herstellungstechnologien, Behandlungsverfahren und Lagerbedingun-

*Krisenmanagement beginnt nicht erst
mit dem Ausbruch einer Krise –
Krisenmanagement bedeutet viel mehr,
Risiken bereits im Vorfeld zu begegnen!*

D E N N :

*Präventivmaßnahmen minimieren
Krisensituationen
oder lassen solche erst gar nicht
auftreten.*

Abb. 97. Stets auf eine Krise vorbereitet sein

gen sowie die Zubereitung zum Konsum und die Konsumentengruppe sind, desto sicherer ist man vor unliebsamen Überraschungen im eigenen Bereich.

Keine Krisensituation wird wie die andere ablaufen, daher wird man sie ohne Improvisation und Flexibilität auch nicht bewältigen können. Entscheidend aber ist, daß man nicht völlig unvorbereitet überrascht wird, sondern über einen dokumentierten und auf seine Effizienz und Schlüssigkeit jederzeit überprüfbaren Aktionsplan für einen Produktrückruf verfügt (Abb. 98).

Neben der „inhouse"-Krise muß ein Unternehmen aber auch gegen Sabotageanschläge von außen gewappnet sein; in diesem Fall wird ein fehlerfreies Produkt durch externe Machenschaften - meist mit dem Ziel der Erpressung - gesundheitsgefährdend manipuliert.

9.1.1
Rechtliche Aspekte zum Warenrückruf

Der Warenrückruf ist in einem Vorschlag für eine (EWG) Verordnung vorgesehen; dieser legt allgemeine Gesundheitsvorschriften für die Herstellung und Vermarktung von Erzeugnissen tierischen Ursprungs sowie spezifischer Gesundheitsvorschriften für bestimmte Erzeugnisse tierischen Ursprungs fest (Abl.Nr.C 237 vom 30.12.1989; Abl.Nr.C 193 vom 31.07.1989).

Die Aufstellung eines Alarmplans, der die Zuständigkeiten des Warnsystems beinhaltet, sollte daher integraler Bestandteil des vom Lebensmittelhersteller einzurichtenden Qualitätsmanagementsystems sein. Allerdings ist auch der Handel gefordert, seinerseits entsprechend zu reagieren.

9.1.2
Zielsetzungen des Warenrückrufs

Das Ziel eines Produktrückrufes ist:

- *Rasche Information* aller Instanzen, die den Schutz der Verbraucher gewährleisten können.
- *Rasche und vollständige Entfernung* eines Produktes aus dem Handel und den Verteilungs- und Verbraucherkanälen.
- *Zweifelsfrei, zuordnungsfähige Codierung (Identifikationshilfen)* für einen lük-

1. Mögliche Ansatzpunkte/Auslöser von Krisen?
2. WER ist im Krisenfall WOFÜR zuständig?
3. Mit welchen Mitteln wird informiert?
4. Sind alle Verantwortlichen jederzeit erreichbar?
5. Sind alle Namen, Adressen, Rufnummern vorhanden?
6. Sind Grundsatzinfos/Sprachregelungen festgelegt?
7. Ist ein Krisenstab vorsorglich nominiert?
8. Mögliche Abwendung von Krisen?

Abb. 98. Checks für einen Krisenplan

kenlosen Produktrückruf (vergl. EWG-Richtlinie Loskennzeichnung 89/396, EWG vom 14. Juni 1989 sowie deren Umsetzung in nationales Recht LoskennzeichnungsVO vom 23. Juni 1993).

9.1.3
Lokalisierung von Gefahrenpotentialen

Podukte bergen mehr oder weniger Gefahrenpotentiale. Entscheidende Kriterien zur Beurteilung einer möglichen Qualitätsbeeinträchtigung von Nahrungsmitteln nach verschiedenen Gesichtspunkten wurden in vorherigen Kapiteln ausführlich behandelt.

Aus den verschiedenen Risikoarten resultiert der individuelle Grad einer Gefährdung jeden Produktes und daraus letztendlich der interne Entscheid für die Klassierung in eine Gefahrengruppe.

9.1.3.1
Die Einteilung von Fehlern in Gefahrengruppen

Produktfehler - also Fehler, die über eine tolerierbare Normabweichung hinausgehen - lassen sich in wenigstens drei Gefahrengruppen unterteilen, wobei nicht die durchschnittlich, sondern stets die größtmögliche Gefahr für eine Gruppierung entscheidend ist.

- **Totaler Fehler I:** Lebensgefahr für den Konsumenten bzw. dauernde Gesundheitsschäden. *Beispiel:* Botulismus, Salmonellen insbesondere bei Säuglings- und Seniorenkost, Überdosierung von Vitaminen und Spurenelementen, Kontaminationen mit Detergentien und Reinigungsmitteln. *Risiken:* Fabrikationsverbot bis Fabrikschließung. *Aktivitäten:* Einschalten von Massenmedien und amtlichen Kontrollorganen.
- **Totaler Fehler II:** Erkrankungsgefahr beim Konsumenten bzw. vorübergehende Gesundheitsschäden. *Beispiel:* Pathogene Keime in Lebensmitteln für Gesunde, körperlich stabile Erwachsene, Metallionen etc. *Risiken:* Beschlagnahmung, Negativpublikation. *Aktivitäten:* Verkaufsverbot aussprechen. Rücknahme und Austausch aus Verkaufsstellen und Lagern durch Außendienst, Rundschreiben (Fax, Telex).
- **Gradueller Fehler:** Keine Gesundheits-, aber massive Beanstandungsgefahr durch Konsumenten und Behörden. *Beispiel:* Falsche Kennzeichnung, Fehler, die zum Verderben des Füllgutes führen können. *Risiken:* Amtliche Banstandungen und gehäufte Kundenreklamationen, Imageeinbuße. *Aktivitäten:* Sperren von Waren, Auslieferungsverbot.

Während bei graduellen Fehlern die Auslösung von Aktivitäten durch die Bereiche Qualitätswesen, Marketing oder Produktion vollzogen werden kann, sollten diese Aktivitäten bei totalen Fehlern stets der obersten Firmenleitung bzw. einem eigens durch diese autorisierten Krisenkoordinator vorbehalten bleiben.

9.2
Das Krisenmanagement

Das Krisenmanagement dient der Prävention, um für den Ernstfall gerüstet zu sein, d.h. ein greifender und geübter Aktionsplan muß bereitliegen.

Im wesentlichen geht es um nachfolgende Aktivitäten:

- Mitglieder eines zu bildenden Kristenstabes
- Stets aktueller Adressenpool (Krisendateien)
- Ansprechpartner
- Erprobte Verfahrensregeln

9.2.1
Der Krisenstab als Gremium

Der Krisenstab hat sich als möglichst kleines aber entscheidungskräftiges Gremium zu konstituieren; hier müssen Personen vertreten sein, die Qualifikationen zur Bewältigung einer Krise besitzen. Die Verteilung der Kompetenzen muß exakt definiert sein. Dem Kristenstab sollten nachstehende Mitglieder (Abb. 99) angehören.

Da u.U. Entscheidungen von äußerster Tragweite zu treffen sind, hat die Oberste Leitung (Geschäftsleitung, Prokuristen etc.) dem Gremium anzugehören. In größeren Unternehmen mit eigener Rechtsabteilung gehört zum Gremium selbstverständlich der entsprechende Jurist; in kleineren Unternehmen sollte auf das Hinzuziehen eines juristischen Beraters nicht verzichtet werden.

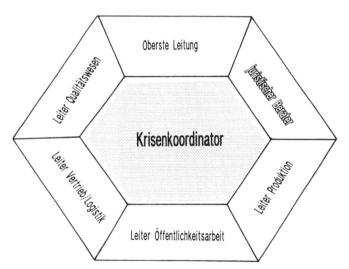

Abb. 99. Kleiner Krisenstab – Schnelles Reaktionsvermögen

Aus dem oben genannten Kreis ist ein Krisenkoordinator zu benennen, bei dem alle Fäden zusammenlaufen. Der Krisenkoordinator sollte frei von Recherchentätigkeiten sein, d.h. operationell tätige Bereichsleiter sind in der Regel mit einer solchen Koordination überfordert.

Die Mitglieder eines Krisenstabes müssen jederzeit zu erreichen sein, d.h. die Privatadressen (Telefonnummern) sind zu hinterlegen. Bei betrieblicher Abwesenheit muß ebenfalls ein Erreichen möglich sein (z.B. Urlaubsadresse).

9.2.1.1
Krisendateien – Adressenpool und namentliche Ansprechpartner

Ist eine Krise eingetreten, muß innerhalb kürzester Zeit kommuniziert werden können. So soll das Handbuch Krisenmanagement eine auf dem aktuellsten Stand gehalten Liste aller wichtigen Kontaktadressen beinhalten. Diese Liste soll Telefon-, Fax-, Telexnummern und Adressen aller wesentlichen Stellen, mit dem ein Unternehmen zusammenarbeitet, enthalten und ebenso Stellen, die helfen können, drohende Schäden abzuwenden, so z.B.:

- Handelspartner Fertigprodukte
  (Groß- und Einzelhandel, Zentral- und Zwischenlager)
- Rohstofflieferanten
- Externe Berater
  - Laboratorien (Mikrobiologie/Chemie)
  - Forschungsanstalten
  - juristischer Beistand
- Zuständige Behörden
  - Lebensmittelüberwachung der Stadt, des Kreises, des Landes
  - Chemisches Untersuchungsamt
  - Vet.-med. Untersuchungsamt
  - Zentralen für pathogene Mikroorganismen
- Regionale und überregionale Presse
- Direktionen von Hörfunk und Fernsehen (öffentl. rechtliche und private Anstalten)
- Entsprechende Industrieverbände

Wenn immer möglich - das betrifft insbesondere Handelspartner wie Großhandel, Einkaufszentralen etc. - sollte der Ansprechpartner namentlich bekannt sein. Im günstigsten Fall verfügt das zu informierende Unternehmen ebenfalls über einen Krisenkoordinator.

Das produzierende Unternehmen sollte seine Handelspartner über das von ihm installierte Krisenprogramm unterrichten!

9.2.2
Identifikation eines Artikels

Das Erkennen eines als schadhaft gemeldeten Artikels kann mittels mehrerer Identifikationshilfen bzw. -merkmale erfolgen, etwa durch die Loskennzeichnung und das Mindesthaltbarkeitsdatum (MHD). Darüber hinaus gilt als weiteres Identifikationsmerkmal der EAN-CODE. Mit diesem Strichcode ist im Normalfall die Marke, Aufmachung und die unterschiedlichen Gebindegrößen, z.B. 1 kg, 6er Pack, 3 x 1/4 kg identifizierbar.

Der Hersteller muß weiterhin in der Lage sein, eine Rückverfolgung bis zu den eingesetzten Rohstoffen durchführen zu können; nur so kann sichergestellt werden, ob ein produktionslosüberschreitender Rohstoff andere Chargen oder andere mit gleichem fehlerhaften Rohstoff gefertigte Produkte ebenfalls gefährdet (Abb. 100).

9.2.3
Risikoanalyse – der Krisenstab probt die Praxis

Ein installiertes Aktionsprogramm für einen Warnruf oder Produktrückzug ist mindestens einmal jährlich auf seine Effizienz zu überprüfen. Dabei geht es nicht nur um den Krisenstab und Adressenpool, sondern auch um folgende Daten:

- Welches Produkt ist betroffen?
  - Adressen aller Abnehmer gegliedert nach:
  Handelsgruppen
  Vertriebslinien
  Geographisches Räumen
  - Adressen der logistischen Zwischenstationen:
  Lagerhalter
  Transportführer
  Spediteur
  - Liste der persönlichen Ansprechpartner bei belieferten Firmen:
  Geschäftsleitung
  Einkaufsleitung
  Krisenkoordinator – (falls vorhanden)
- Warendurchgriff: Die Aufforderung an den Handel, bestimmte Artikel aus dem Sortiment zu nehmen und diese vor jedem Zugriff sicher zwischenzulagern
- Informationsfluß „nach unten“; Feststellung des Schadensverursachers:
  - Rohstoff
  Lieferant ermitteln
  Rückstellmuster rearchivieren
  eigene Produktionslinie

- Informationsfluß „nach oben"; Warninformation hinsichtlich:
  - Gefahrenursache
  - Gefahrenquelle
  - Gefahrenbeschreibung
  - Notwendige Sofortmaßnahmen
  - Identifikationshilfen
  - Gefahrengrad

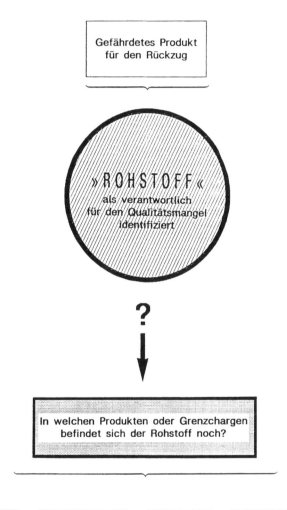

Abb. 100. Produktionslosüberschreitenden Rohstoffeinsatz beachten

- „Stiller" oder „Offener" Rückzug
(Draus folgt, ob die Öffentlichkeit zu informieren ist, d.h. Warnung vor dem Verzehr, Aufruf zur Aussonderung, Weitergabe der Warninformationen)
  - Erfahrungsgemäßer Abverkauf einer Ware
- Öffentlichkeitsarbeit
  - Rückruftexte, Rückruf-/Warnrufinserate
  - Mindestinhalte für die Presse
- Rückversand
  - Ab Sammelstelle Handel

Das nachstehende Schema (Abb. 101) gibt ein Aktionsplan-Beispiel für den Rückzug eines Produktes vom Markt.

9.2.3.1
Der Umgang mit der Presse

Der Umgang mit Vertretern der Presse will gekonnt sein. Vorschnelle Erklärungen und Stellungnahmen können, auch wenn sie gut gemeint sind, mißverstanden werden. Aus diesem Grund ist das *Üben von Pressekonferenzen* ein fester Bestandteil des Krisenmanagements. Auch hier gilt es, mögliche Erklärungen vorzubereiten und juristisch wie fachlich abzusichern.

Informieren Sie fair und besonnen – dann werden Sie in der Regel auch von der Presse fair behandelt. Gewinnen Sie die Presse als Partner.

Folgende Grundregeln sollten beachtet werden:

- Mitarbeiter, die von Medien angesprochen werden, sollen bei Fragen auf den Leiter *Öffentlichkeitsarbeit* hinweisen. Alle Informationen dürfen in einer Krisensituation nur von der dafür zuständigen Stelle im Betrieb kommen.
- Journalisten sind darüber zu unterrichten, daß sie nur dann eine vollständige Auskunft über alle Fakten erwarten dürfen, wenn sie sich an den Leiter Öffentlichkeitsarbeit wenden.
- In der ersten Phase der Krisensituation ist es akzeptabel, den Medien zu antworten: „Wir wissen derzeit nichts, aber wir kommen darauf zurück, sobald wir mehr Informationen haben".
- Wirklich auf die Medien zurückkommen – nie antworten: „Kein Kommentar".
- Den Treffpunkt für Medienkontakte veröffentlichen.
- Pressekonferenzen einberufen, bei der schriftliche Äußerungen verlesen werden. Informationen geben: *„Wer – Was – Wo – Wann – Warum und Wie"*
- Wahrheitsgemäß berichten – Verweisen Sie nur bei übergreifenden Krisen und Katastrophen auf Verbände. Wer sollte eine interne Krise besser einschätzen können als das betroffene Unternehmen?
- Einzelinterviews vermeiden, keine Informationen „nur unter uns" geben, da es derartige Informationen nicht gibt.
- Den Journalisten vor Beginn der Pressekonferenz eine Zeitbegrenzung angeben.
- Möglichst eine Bandaufnahme der Pressekonferenz machen.

9.2.3.2
Drohung – Sabotage

Bei telefonisch eingehenden Drohungen kann ein Merkblatt (s. nachstehendes Beispiel) für weitere Ermittlungen sehr hilfreich sein.

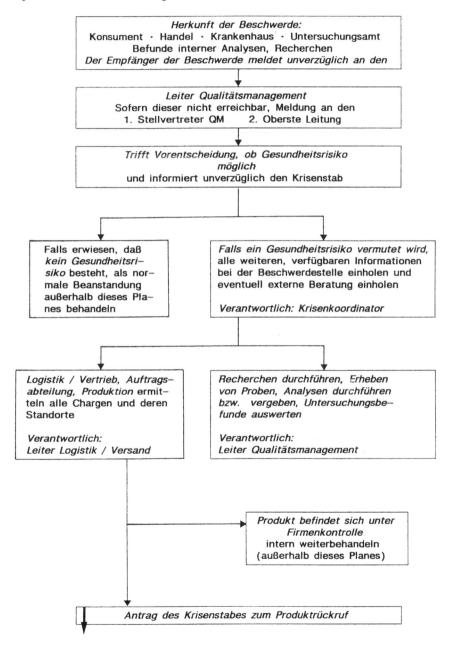

Abb. 101. (Fortsetzung Seite 242)

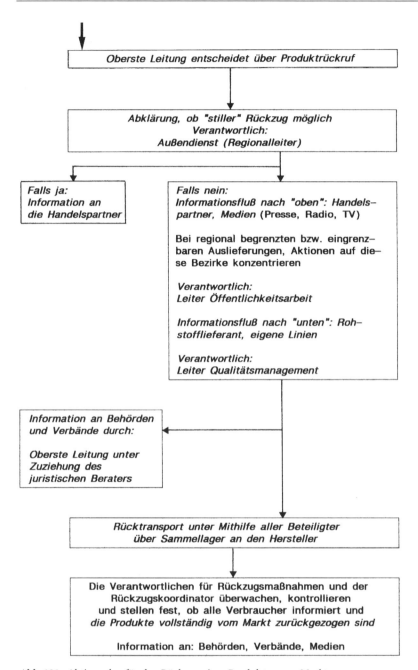

Abb. 101. Aktionsplan für den Rückzug eines Produktes vom Markt

D R O H U N G

```
Eingang:        Datum _____  Zeit _____  Tel.App._____
bei:            Name  _____  Vorname _____     Tel._____
Informant:      Name  _____  Vorname  _____

Information:
Was?            [ ] Bombe      [ ] Brand      [ ] Explosion
                [ ] Gift       [ ] Mord       [ ] Entführung

                Sonstiges:_____
Wann?           Tag _____     Uhrzeit _____
Wo?             Ort _____     Gebäude _____

                Besondere Ortsbezeichnung  _____
Warum?          _____
```
- -

Ihr Verhalten   → Sie notieren genauen Text
→ Vereinbartes Signal für Bomben-
  drohung geben
→ Zuhören   _____
→ Nicht unterbrechen
→ Sofort Notizen machen   _____
→ Gespräch verlängern durch
  wiederholen lassen   _____
→ **Mehr Informationen durch**
  Rückfragen
  Wo befindet sich die Bombe, das Gift?
  Was sind die Forderungen?   _____

Angaben zum
Anrufer/Anruf: [ ]Mann   [ ]Frau   [ ]Jugendlicher   [ ] Jugendliche

Stimmlage: [ ]hoch   [ ]mittel [ ]tief   *Alter* _____

Sprechweise: [ ]normal [ ]schnell [ ]stockend

Sprache: [ ]hochdeutsch   [ ]Dialekt (welcher?) _____

                 [ ]fremdsprachiger Akzent (welcher?) _____

Hintergrund-
geräusche: [ ]keine   [ ]Musik (Art)
                 [ ]Stimmen   [ ]Verkehrslärm (Art)
                 [ ]Maschinengeräusch [ ]sonstiges

Sonstige
Bemerkung: z.B. Stimme verstellt, vom Tonband gesprochen, Alkoholeinwir-
                 kung, Sprachfehler, Fachausdrücke, Stimme bekannt, Redensart

                 [ ] siehe Rückseite
                          Unterschrift _____

- -
Sofortmeldung
der Drohung an:

          Name _____ *Vorname* _____ *Datum/Uhrzeit* ____/____

Kapitel 10

Qualitätsmanagement Hersteller/Handel (Importeur)

10.1
Qualitätssicherung – Produktreporting

Der Handel als Mittler zwischen Hersteller (Importeur) und Endverbraucher benötigt ausreichende Produktinformationen um kundengerechte Beratungen durchführen, aber auch um die Sicherheit der vertriebenen Produkte bewerten zu können. Gerade in jüngster Zeit sind auch die Handelshäuser über das bisherige Engagement hinaus bestrebt, ihre Qualitätssicherungsstrategien den neuen Gegebenheit – d.h. globalen Konzepten – anzupassen.

Voraussetzung für die Verwirklichung greifender Qualitätssicherungsmaßnahmen des Handels ist die Forderung nach „Produktsteckbriefen" vom Hersteller. Naturgemäß stellt dies eine Konfliktsituation dar, da die Hersteller im allgemeinen fürchten, ihre Rezepturen oder ihr Know-how offenlegen zu müssen.

Nun sind allerdings für die Darlegung von Qualitätssicherungsmaßnahmen solche Betriebsinternas weder zu fordern noch offenzulegen – vielmehr ist ein funktionierendes Qualitätsmanagemtsystem nachzuweisen, das dem Handel die nötige Sorgfaltspflicht des Herstellers dokumentiert.

Das Reporting über ein installiertes Qualitätsmanagementsystem und dessen Aktivitäten muß für den Handel eindeutig nachvollziehbar sein; der Inhalt ist zwischen Hersteller und Handel zu definieren und Schnittstellen sind zu fixieren.

Es versteht sich, daß bei Änderungen am Produkt oder innerhalb des Herstellungsprozesses dem Handel gegenüber eine Informationsverpflichtung besteht.

Die Offenlegung der jeweils eigenen QM-Systeme, die in der Regel auch gegenseitige Zutrittsberechtigung relevanter Bereiche (Fabrikationsräume/Distributionsläger) mit einbezieht, ist zentrale Voraussetzung für den Aufbau und Bestand einer zuverlässigen Hersteller-/Handelbeziehung.

Der Aufbau einer solchen Beziehung dauert in der Regel einige Jahre. Gegenseitige Toleranz und Vertrauen müssen – zumindest in der Anfangsphase – hoch sein. Das Auftreten eines ersten und vielleicht einmaligen Qualitätsmangels bei einer Lieferung sollte keinesfalls dazu führen, den Lieferanten (Importeur) sofort zu wechseln. Ein solches Vorgehen könnte sogar der schlechteste Weg sein, um langfristig beständige Qualitäten aufzubauen und widerspricht sogar den Grundsätzen einer Qualitätssicherung.

Das nachstehende Reportingssystem, das die allgemeine Produktspezifikation ergänzt, gibt detaillierte Auskunft über die Qualitätssicherungsaktivitäten.

10.1.1
Reporting – Management der Produktequalität

```
                    MANAGEMENT DER PRODUKTEQUALITÄT
                       -  QUALITÄTSMANAGEMENT  -


    HERSTELLER                           :

    ☆  Adresse
        - Straße                         :
        - Postfach                       :
        - PLZ Ort                        :
        - Land                           :

    ☆  Kommunikation
          (allgemein)
        - Telefon-Nr.                    :
        - Telefax-Nr.                    :
        - Telex                          :
          (speziell)
        - Krisenkoordinator              :
        - Qualitätssicherung             :
        - Marketing/Verkauf              :


    PRODUKTNAME                          :

        - Herstelleridentifikation       :
        - Handelsübliche Identifikation  :
        - EAN Code                       :
        - Produktions-Nr.                :
        - Nettogewicht                   :


    INHALTSVERZEICHNIS                   :        Seite

        1. Produktinformation                   II  -  IV
        2. Herstellungsverlauf                         V
        3. Beschreibung der Verpackung                VI
        4. Art der Prüfungen                         VII
        5. Gewährleistungen                         VIII
           Visa / Änderungen                         IX
```

```
**  Qualitätsmanagement  **
```

1. **PRODUKTINFORMATION**   Seite Ⅱ von Ⅸ

1.1 IDENTIFIKATION

     Artikel-Nr.   :
     Produktname   :
     EAN-Code   :
     Nettogewicht   : .... g .... ml

1.2 **DARSTELLUNG**
     Verpackung   : ....
     (versch. Formen)   :

     ☆ Verkaufseinheit   : Nettogewicht   : .... g
                            Bruttogewicht, ca.: .... g

     ☆ Display   : .... Einheiten
                            Nettogewicht   : .... g
                            Bruttogewicht, ca.: .... g

     ☆ Karton   : .... Einheiten
                            Nettogewicht   : .... g
                            Bruttogewicht, ca.: .... g

     ☆ EURO-Paletten   : ...... Kartons (Displays) per Lage
                            ...... Lagen per Palette
                            Palettenhöhe   : .... cm
                            Bruttogewicht, ca.: .... kg

1.3 **CODIERUNG** (wie/wo) : Mindesthaltbarkeit: ....
                            Lot-(Chargen-)Bz. : ....

1.4 **LAGER-/TRANSPORT-**
     BEDINGUNGEN   : Temperatur   : .... °C
                            rel. Luftfeuchte : .... %

1.5 **MINDESTHALTBARKEIT** : ....Tage/Monate nach Herstellung

1.6 **QUALITÄTSASPEKTE**

✱ Qualitätsmanagement ✱

PRODUKTINFORMATION   Seite Ⅲ von Ⅸ

1.7 **PRODUKTDARSTELLUNG**

    ☆ Farbe / Aspekt   :
    ☆ Geruch   :
    ☆ Konsistenz   :
    ☆ Geschmack
    ☆ . . . .   :

    ☆ Abmessungen (L×B×H): . . . . . . mm × . . . . . . mm × . . . . . . mm

    ☆ Sonstiges   :

1.8 **ZUTATENLISTE**   : (in absteigender Reihenfolge)

    ☆

1.9 **ANALYSEN***

    a.) *Chemie* (durchschnittlicher Gehalt)

        Protein   g/100 g: (N × . . . .)
        Fett   g/100 g:
        Asche   g/100 g:
        Wassergehalt   g/100 g:
        Kohlenhydrate   g/100 g:
        −   :
        −   :
        pH-Wert   :
        . . . .   :
        . . . .   :
        Energie   kJ (kcal)/100 g:

        sonstige:

---

* Methoden nach § 35 LMBG (Hrg. Bundesinstitut für gesundheitlichen Verbrau-
schutz und Veterinärmedizin) Beuth Verlag, andere offizielle Methoden oder
validierte "Hausmethoden"

```
┌─────────────────────────────────────────────────────────────────────┐
│           * Qualitätsmanagement *                                     │
├─────────────────────────────────────────────────────────────────────┤
│ PRODUKTINFORMATION                              Seite IV von IX       │
└─────────────────────────────────────────────────────────────────────┘
```

b.) Mikrobiologie (Maximalwerte)

Gesamtkoloniezahl	: <	per g	
Hefen	: <	per g	
Schimmelpilze	: <	per g	
Total Enterobakt.	: <	per g	(über Anreicherung)
Total Enterobakt.	: <	per g	(Direktplatte)
E. coli	: <	per g	(MPN-Technik)
Salmonellen	:	in 25 g nicht nachweisbar	

*gemäß Stichprobenplan FDA Kat. I-III
(1995),nach Foster (1971) resp.
ICMSF (1974)

S. aureus	: <	per g
B. cereus	: <	per g
Enterokokken	: <	per g
....	: <	per g

Kommerzielle Steri-
lität nachgewiesen
durch   :

c.) Andere Kontaminanten (falls relevant)

Radioaktivität	:	bq/kg
Aflatoxine	:	ppt
Pestizide	:	ppm
Schwermetalle	:	ppm

* FDA (Food and Drug Administration)(1995) Bacteriological Analytical Manual,
    8. Edition, Published by AOAC, Washington
  ICMSF (Int. Commission on Microbiolocial Specification for Foods of the
    International Association of Microbiological Societies)(1985) Microorga-
    nisms in Foods 2; Sampling for microbiological analysis: Principles and
    specific applications, 2. Edition, University of Toronto Press
  FOSTER EM (1971) The Control of Salmonellae in Processed Foods: A Classi-
    fication System and Sampling Plan. Journal of the AOAC 54:259-266

✱ Qualitätsmanagement ✱

| 2. *HERSTELLUNGSVERLAUF* | Seite V von IX |

2.1   HERSTELLUNGSVERFAHREN
(Kurzbeschreibung)

☆

2.2   FLUSSDIAGRAMM

| *Schema* | *Abschnitte* | *Kritische Kontrollpunkte* |
| ✱✱✱✱✱✱ | ✱✱✱✱✱✱✱✱✱✱ | ✱✱✱✱✱✱✱✱✱✱✱✱✱✱✱✱✱✱✱✱✱✱✱✱✱ |

☆

```
┌─────────────────────────────────────────────────────────────────────┐
│            *  Qualitätsmanagement  *                                  │
├─────────────────────────────────────────────────────────────────────┤
│                                                                       │
│  3.    BESCHREIBUNG DER VERPACKUNG              Seite VI von IX        │
│                                                                       │
│                                                                       │
│  3.1   FOLIE - KARTON - PAPIER - SONSTIGES                            │
│                                                                       │
│        Material(ien):..............  Weite/Breite: .............      │
│                      .................  .....................         │
│                      .................  .....................         │
│                      .................  .....................         │
│                      .................  .....................         │
│                                                                       │
│                                                                       │
│  3.2   DISPLAY                                                        │
│                                                                       │
│        Material(ien): .........................................       │
│                       .........................................       │
│                       .........................................       │
│                       .........................................       │
│                                                                       │
│        Abmessungen  : ........ mm × ........ mm × ........ mm          │
│        Abmessungen  : ........ mm × ........ mm × ........ mm          │
│                                                                       │
│                                                                       │
│  3.3   UMKARTON                                                       │
│                                                                       │
│        Material(ien): .........................................       │
│                       .........................................       │
│                       .........................................       │
│                                                                       │
│        Abmessungen  : ........ mm × ........ mm × ........ mm          │
│                                                                       │
│                                                                       │
│  3.4   ÖKOLOGIE                                                       │
│        (Bemerkungen/Empfehlungen)                                     │
│                                                                       │
│        ☆                                                              │
│                                                                       │
│                                                                       │
│                                                                       │
│                                                                       │
│                                                                       │
│                                                                       │
└─────────────────────────────────────────────────────────────────────┘
```

✱ Qualitätsmanagement ✱

4.   ART DER PRÜFUNGEN   Seite Ⅶ von Ⅸ

4.1   LABOR VORHANDEN   : [ ] ja   [ ] nein →siehe 4.6

4.2   EINGANGSPRÜFUNG   : [ ] ja   [ ] nein

4.3   PACKMITTELPRÜFUNG
☆ Prüfung bei jeder
   Lieferung   : [ ] ja   [ ] nein

☆ sonstige Frequenz   : ....

4.4   FÜLLMENGENKONTROLLE
☆ Wird wie oft aus-
   geführt?   : ....

4.5   PRÜFUNG DES ENDPRODUKTES
☆ Sensorik   : ....

☆ Chem. Analytik   : Gemäß Prüfvorschrift ..pro Jahr

☆ Haltbarkeitstests   : "Follow up" .... pro Jahr

☆ Mikrobiologie   : Frequenz ....

                       Stichprobenplan ....

**4.6   WERDEN EXTERNE LABOR-
DIENSTLEISTUNGEN IN
ANSPRUCH GENOMMEN?**   : [ ] ja   [ ] nein

**4.7   MED. UNTERSUCHUNG DER
MITARBEITER**
☆ durchgeführt   : [ ] ja   [ ] nein

☆ wie oft   : .... pro Jahr

                       nur zur Einstellung [ ]

**4.8   HYGIENEKONTROLLEN
PRODUKTION**
☆ werden durchgeführt   : [ ] ja   [ ] nein

☆ wie oft   : ...... × pro Woche/pro Monat

* Qualitätsmanagement *

5. GEWÄHRLEISTUNGEN	Seite Ⅶ von Ⅸ

5.1 LAGER UND HALTBARKEITSBEDINGUNGEN
☆

5.2 NETTOGEWICHT / " e " -ZEICHEN

Der Hersteller bestätigt, daß er bzgl. der Füllmenge (Gewicht/Volumen) den EG-Richtlinien entsprechend handelt.

[ ] ja   [ ] nein

5.3 QUALITÄTSGEWÄHRLEISTUNG

Dank praktizierter GHP (GMP), kombiniert mit ständigen Qualitätsprüfungen inkl. HACCP, kann bestätigt werden, daß jede Produktionscharge, die das Unternehmen verläßt, unter optimalen Bedingungen hergestellt wurde.

[ ] ja   [ ] nein

5.4 GESETZGEBUNGSSTANDARDS

Das Produkt ist konform mit den Bestimmungen der EG bzw. der Bundesrepublik Deutschland.

[ ] ja   [ ] nein

5.5 KRISENPROGRAMM - PRODUKTRÜCKRUFSYSTEM

Unser umfassendes Qualitätssicherungsprogramm beinhaltet ein Krisenkonzept, welches den lückenlosen Produktrückruf vom Markt bzw. aus den Verbraucherkanälen erlaubt.

[ ] ja   [ ] nein

✻ Qualitätsmanagement ✻

Seite Ⅸ von Ⅸ

Das genannte und beschriebene Produkt wird konform der Pro-
duktbeschreibung hergestellt und ausgeliefert.

Hiermit erklären wir, daß Zahlen, Daten und Angaben in diesem Dokument korrekt sind und verpflichten uns, ein neues
Dokument zu senden:

☆ bei wichtigen Modifikationen,
☆ sonst alle 18 Monate

Ort   Datum

Visum Geschäftsleistung   Visum Qualitätswesen

Firmenstempel

Kapitel 11

Qualitätsaudits

11.1
Audit – Überprüfung von Qualitätsmanagementsystemen

Wie zu Beginn des Buches (s. Abschn. 1.1.1) erwähnt, gehört es zum Verantwortungsbereich der Unternehmensleitung, sich ständig einen Überblick von der Wirksamkeit der Qualitätsmanagement- und Qualitätssicherungsverfahren im Gesamtunternehmen zu verschaffen, um auch – falls nötig – lenkend in die Abläufe eingreifen zu können.

Die formelle Bewertung, ob das Qualitätsmanagementsystem einen angemessenen Standard besitzt, und die Zielsetzung der obersten Unternehmensleitung wird durch interne Audits ermittelt. Das *Interne Audit* ist nicht nur ein Element, um der Forderung zur Normenreihe DIN EN ISO 9000ff nachzukommen, es ist wesentlich mehr – nämlich ein wichtiger Teil des Managementwerkzeuges. Im Element 14 der Norm DIN EN ISO 9001 wird explizit auf die QM-Bewertung durch die oberste Leitung (Element 1, Absatz 4.1.3) hingewiesen.

Mit Hilfe interner Qualitätsaudits – Unternehmer auditiert sein eigenes QM-System anhand eines Regelwerkes – sind insbesondere System- und Verfahrensfehler bereits im frühen Vorfeld aufspürbar; dadurch wird eine rechtzeitige Gegensteuerung möglich.

Neben der formellen Bewertung durch Audits geben z.B. auch Reklamationsstatistiken und die Fehlerkostenanalyse innerhalb der Qualitätskostenrechnung (s. Abschn. 1.2.1) über die Wirksamkeit bzw. Effizienz des eingerichteten Qualitätsmanagementsystems Auskunft.

Der Begriff „Audit" leitet sich aus einer lateinischen Aufforderung ab: *audiatur et altera, pars – auch der andere Teil möge gehört werden.* Die DIN EN ISO Norm 8402 mit den Begriffen zum Qualitätsmanagement definiert ein Qualitätsaudit als: „Systematische und unabhängige Untersuchung, um festzustellen, ob die *qualitäts*bezogenen Tätigkeiten und damit zusammenhängende Ergebnisse der geplanten Anordnungen tatsächlich verwirklicht wurden und geeignet sind, die Ziele zu erreichen." Vereinfacht könnte man auch sagen, daß ein einmal installiertes Qualitätsmanagementsystem sowohl auf seine Wirksamkeit und Aufrechterhaltung überprüft wird, als auch Verbesserungen und die Anpassungen des QM-Systems an neue interne und externe Gegebenheiten und Forderungen sichergestellt werden.

11.1.1
Ziele von Audits

Audits dienen üblicherweise einem oder mehreren der folgenden Ziele mit dem Zweck einer evt. Verbesserung (Abb.102):

- Ermittlung, ob die Elemente des Qualitätsmanagementsystems die festgelegten Forderungen der Unternehmensleitung erfüllen oder nicht (Managementreview)
- Ermittlung der Wirksamkeit des verwirklichten QM-Systems in bezug auf die Erfüllung der festgelegten Qualitätsziele
- dem auditierten Bereich Gelegenheit zur Verbesserung des QM-Systems zu bieten
- Erfüllung von Forderungen aus Vorschriften (intern oder extern)
- Zertifizierung des QM-Systems eines Unternehmens durch eine akkreditierte Organisation und damit verbundener Eintrag in ein Register.

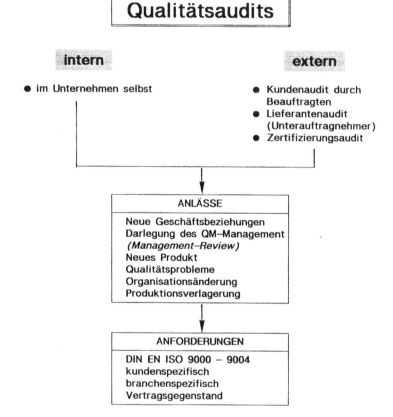

Abb. 102. Qualitätsaudits – Anlässe und Anforderungen

Audits werden im allgemeinen aus einem oder mehreren der folgenden Gründe eingeleitet:

– zum Zwecke einer ersten Bewertung eines Lieferanten, wenn der Wunsch besteht, ein Vertragsverhältnis einzugehen oder aber im Rahmen eines Vertragsverhältnisses, um zu verifizieren, daß das QM-System des Lieferanten die festgelegten Forderungen laufend erfüllt und somit verwirklicht ist (externes Audit)
– um zu verifizieren, daß das QM-System der eigenen Organisation die vorgegebenen Forderungen laufend erfüllt und somit verwirklicht ist bzw. anhand einer QM-System-Norm bewertet werden kann (internes Audit).

Audits gehören zu den Fehlerverhütungsmaßnahmen, haben also einen präventiven Charakter. Das Element 17 der Normen DIN EN ISO 9001-9003 verlangt Verfahrensanweisungen für die Planung und Verwirklichung von Qualitätsaudits zu erstellen, um die qualitätsbezogenen Tätigkeiten und zugehörigen Ergebnisse zu prüfen. Es soll festgestellt werden, ob die Festlegungen in den anweisenden und protokollierenden Dokumentationen (s. Abschn. 1.3.2) erfüllt sind und somit die Wirksamkeit des Qualitätsmanagementsystems gegeben ist. Die Abb. 103 zeigt den Verfahrensablauf eines internen Audits.

Zertifizierte Unternehmen werden i.d.R. jährlich durch ein Überwachungsaudit überprüft; alle 3 Jahre steht ein Wiederholungsaudit zur Verlängerung des Zertifikates an. Auch die internen Audits sind in einem Jahresturnus zu planen, durchzuführen und zu bewerten. Es können aber durchaus Anlässe bestehen, außerplanmäßige oder zusätzliche Audits (sog. Spontanaudits, Problemaudits) durchzuführen, wenn wesentliche Änderungen in der Aufbau- und Ablauforganisation erfolgten, oder wenn Produkte und/oder Verfahren Gefahr laufen, Qualitätsanforderungen nicht mehr zu erfüllen, d.h. wenn vorhergesehene Einbrüche bei der Produktequalität auftreten (Gaster 1987).

Qualitätsaudits dürfen nicht dazu führen, daß die Verantwortung die Erzielung der Qualitätsforderungen vom Betriebspersonal auf die Auditoren übertragen wird. Ebenfalls dürfen sie nicht dazu führen, daß Umfang der QM-Funktionen über das zur Erfüllung der Qualitätsziele forderliche Maß hinaus ausgedehnt wird.

11.1.1.1
Auditarten

Qualitätsaudits basieren auf drei Auditarten, dem System-, Verfahrens- und Produktaudit (Abb. 104). Grundlage, sowohl für interne Audits als auch für externe (Auditierung von Lieferanten oder Unterauftragnehmer bzw. Auditierung des Unternehmens durch Kunden, sog. „Second-Party-Audits", ist die Norm DIN ISO 10011-Juni 1992 „Leitfaden für das Audit von Qualitätssicherungssystemen" – Teil 1: „Auditdurchführung", Teil 2: „Qualitätskriterien für Qualitätsauditoren", Teil 3: „Management von Auditprogrammen".

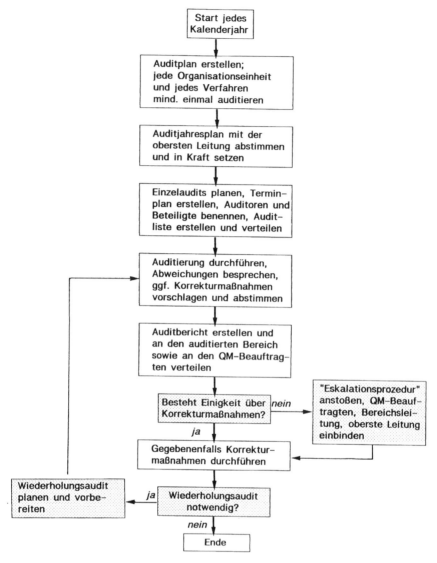

Abb. 103. Ablauf eines internen Audits

Innerhalb der Ablauforganisation (s. Abschn. 1.3.1.1) unterscheiden wir zwischen *phasenbezogenen* und *phasenübergreifenden Elementen*. Phasenbezogene Elemente sind einer Abteilung direkt zuzuordnen (z. B. Element 1 der Geschäftsleitung; Element 4 der Forschung und Entwicklung), die phasenübergreifenden Elemente (z.B. Element 5, 14, 18) treffen praktisch überall zu. Bei der Planung der Audits ist dieses zu berücksichtigen.

Qualitäts-auditarten	Zweck	Grundlagen	Was wird beurteilt
System-audit	Dient der Beurteilung der Zweckmäßigkeit, Wirksamkeit und Wirtschaftlichkeit des QM-Systems; es gibt der Geschäftsführung Auskunft inwieweit die Qualitätspolitk und die damit verbundenen Qualitätsziele realisiert wurden und zeigt den Kenntnisstand der Mitarbeiter zum QM-System	· QM–Handbuch · Qualitätspolitik · Verfahrens-, Arbeits- und Prüfanweisungen · Qualitätsanalysen und Berichte · Kundeninformationen	Alle Elemente des QM–Systems sowie alle Bereiche des Unternehmens
Verfahrens-audit	Beurteilung der Wirksamkeit der vom Verfahren betroffenen QM-Elemente, Überprüfung der festgelegten Verfahren auf Zweckmäßigkeit, Wirtschaftlichkeit und Sicherheit; Aufzeigen von Verbesserungspotential	· Verfahrens-, Arbeits- und Prüfanweisungen · Anforderung an die Personalqualifikation	Verfahren und Prozesse
Produkt-audit	Beurteilung der Produktqualität sowie die Wirksamkeit der betroffenen QM-Elemente durch die Überprüfung einer bestimmten Anzahl von Ausfallmustern. Bestätigung der Qualitätsfähigkeit anhand der Produktqualität, Ermittlung von Verbesserungsmaßnahmen	· Auftragsunterlagen · Arbeits- und Prüfanweisungen · Prüf- und Fertigungsmittel, die für die Herstellung vorgegeben waren	Halbfabrikate und Endprodukte

Abb. 104. Auditarten, deren Zweck und Grundlage (n. Heger 1996)

Am Beispiel der Einkaufsabteilung wird verdeutlicht (Abb. 105), daß das Element 6 (Beschaffung) dieser Abteilung phasenbezogen zugeordnet ist und somit einen Schwerpunkt des Audits darstellt. Die phasenübergreifenden Elemente betreffen ebenfalls die Abteilung: so können statische Methoden für eine Lieferantenbewertung, die Lenkung von Fehllieferungen, selbstverständlich Korrekturmaßnahmen im Beschaffungsverlauf, die Lenkung von Qualitätsaufzeichnungen (z.B. Rohstoffspezifikationen an den Hersteller), Ermittlung und Umsetzung von spezifischem Schulungsbedarf etc. von Belang sein.

Die Abb. 106 gibt eine Hilfestellung, welche Elemente beim Systemaudit auf die einzelnen Fachbereiche zutreffen können (waagerechte Ebene). Mit der Senkrechten lassen sich die Elemente zu einem Verfahrensaudit, bezogen auf die Bereiche, zuordnen.

Eine unternehmensspezifische Darstellung dient der Auditprogrammgestaltung sowie beim Abfassen des Auditplans.

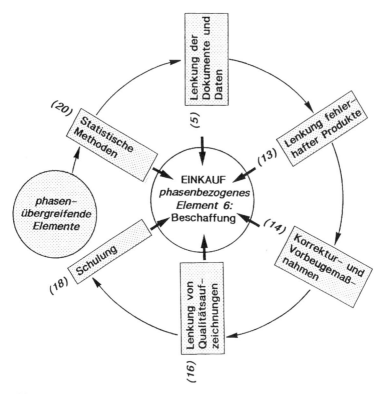

Abb. 105. Einkauf – phasenbezogenes Element und phasenübergreifende Elemente

11.2
Planung und Vorbereitung von Audits

Das Auditprogramm wird von den Auditoren, die vor Ort die Auditierung durchführen, mit den zuständigen Stellen der zu auditierenden Abteilung erstellt. Die Zusammenarbeit fördert das gegenseitige Verständnis und hilft im Vorfeld, mögliche Spannungen während des Audits zu reduzieren, ja zu vermeiden. Im Auditprogramm werden aufgeführt:

- Basisunterlagen
- zu verwendende Checklisten
- Auditoren, Auditleiter
- zu auditierender Unternehmensbereich
- zuständige Organisationseinheit, Ansprechpartner für die betreffenden QM-Elemente
- Audittermin

Wenn erforderlich, ist ein Vorgespräch mit dem Auditleiter, dem QM-Beauftragten der Unternehmensleitung und dem/den Ansprechpartner, des auditierten Unternehmensbereichs zu führen.

Verfahrensaudit ⟶

FACHBEREICHE	1	2	3	4	5	6	7	8	9	10	11	12	13	14	15	16	17	18	19	20
Unternehmensleitung	x	x		x	x									x			x	x		
Marketing/Vertrieb		x	x	x	x									x		x			x	
Einkauf					x	x				x			x	x						
Entwicklung			x	x	x	x	x	x	x	x	x	x	x		x		x		x	
Produktion					x	x	x	x	x	x	x	x	x	x	x	x	x	x		x
Qualitätswesen	x	x	x		x	x			x	x	x	x	x	x	x	x	x	x		x
Lager/Versand	x	x	x		x		x	x					x	x	x	x			x	
Datenverarbeitung	x	x	x										x					x		
Betriebswirtschaft	x		x											x						x
Personalwesen	x	x														x		x		

Systemaudit ↑

entsprechende 20 Elemente der Norm DIN EN ISO 9001, Kapitel 4

Abb. 106. Die den Unternehmensbereichen zugeordneten phasenbezogenen und phasenübergreifenden Elemente

11.2.1
Anforderung und Qualifikation von Auditpersonal

Die Qualifikationsanforderungen von Auditpersonal werden im Teil 2 der bereits erwähnten Norm DIN ISO 10011 dargelegt. Grundsätzlich ist die Unabhängigkeit des Auditpersonal zu fordern, d.h. konkret, daß Prüfungen des Qualitätsmanagementsystems nur von Personen durchzuführen sind, die für die zu prüfenden Bereiche/Funktionen keine direkte Verantwortung haben. Diese Forderung ist bei externen Audits (z.b. Lieferantenaudits) im Gegensatz zu internen relativ leicht zu erfüllen. Ergänzend hierzu fordern einige Regelwerke einen Nachweis der Qualifikation des Auditpersonals sowie eine Zertifizierung dieser Qualifikation.

Die Qualifikationsanforderungen sowie die Erfassung und Bestätigung der Qualifikation von Auditpersonal sollten in der Verfahrensanweisung *Interne Audits* geregelt sein. Bei den Anforderungen ist deutlich zwischen *Auditor* und *Auditleiter* zu unterscheiden.

– *Auditleiter* müssen Berufserfahrung vorweisen; von besonderer Bedeutung ist das Kommunikationsvermögen, welches in Auditseminaren gelehrt und geprüft wird.
– *Auditoren* müssen Kenntnisse der Regelwerke besitzen und ebenfalls durch Lehrgänge oder durch Auditteilnahmen geschult werden.

Die Aufzeichnungen zur Auditorenqualifikation sowie eine Liste aller Auditoren und Auditleiter ist vom Qualitätsmanagementbeauftragten zu verwalten.

11.2.1.1
Kommunikationsvermögen des Auditpersonals

Auditteams sollen bei einem internen oder externen Audit folgende Aufgaben bewältigen:

– Objektive Nachweisführung durch Antworten zu gestellten Fragen und
– Überprüfung von praktizierten Abwicklungsverfahren zu QM-Anforderungen.

Der Erfolg eines Audits ist zum großen Teil vom Kommunikationsverhalten der Fragenden und Befragten abhängig. Dieses wiederum kann von den Auditoren je nach deren psychologischer Begabung mehr oder weniger beeinflußt werden. Insbesondere ist die Auditleitung gefordert, deren Aufgabe es ist, bei dem zu beurteilenden internen Bereich oder der Auditierung der Firma eines Lieferanten (extern)

– das Einführungsgespräch zu leiten,
– die Durchführung der Beurteilung zu koordinieren und
– das Abschlußgespräch mit Ergebnisbeurteilung vorzutragen.

Es ist nötig, die Gesprächsführung auf Mitarbeiter der verschiedenen Funktionsebenen eines Unternehmens abstimmen zu können; z.B. die Einführungs- und Schlußgespräche mit der Unternehmensleitung und die Auditdurchführung mit Abteilungsleitern, Meistern, Facharbeitern.

Alle Fragen bei der Durchführung zur Beurteilung sowie die Aussagen zu getroffenen Feststellungen sind deshalb sachlich und bestimmt, aber immer im Sinne einer positiven Zusammenarbeit zu stellen. Es muß unmißverständlich klar sein, daß es nicht um Personen, sondern um die Sache geht. Defensives Verhalten oder das Zeigen von Desinteresse am aktiven Mitarbeiten beim Audit, das Zeitgewinnen durch langatmige Erklärungen, das Ausweichen bei Fragen führen zu Schwierigkeiten. Der Auditleiter muß ausgleichend eingreifen und eine Atmosphäre des gegenseitigen Vertrauens schaffen. Folgende Verhaltensregeln sollte er sich zu eigen machen:

- aufmerksam zuhören, aber ausschweifende Erklärungen höflich unterbinden können
- auch in extremen Situationen ruhig und sachlich bleiben, sich nicht provozieren lassen und bei beginnenden emotional geführten Auseinandersetzungen angemessen reagieren
- aufrichtige, aber diplomatische Verhaltensweise
  - keine Fangfragen stellen
  - höflich und zuvorkommend sein, aber keine Anbiederung
  - Schwächen des Gesprächspartners nicht ausnutzen
- keine Diskussionen während des Audit, sondern diese erst im Schlußgespräch führen
- keine voreiligen Schlüsse ziehen, sondern lediglich den Ist-Zustand feststellen
- Kritik soll konstruktiv motivierend, aber nicht verletzend sein.

Ein weiterer entscheidender Gesichtspunkt für den Erfolg eines Audits ist die Fragetechnik.

11.2.2
Fragetechnik und Gesprächsführung

Der Erfolg eines Audits ist deutlich von der Gesprächsführung und Fragetechnik der Auditoren abhängig. Durch die Art der Fragestellung können die Gedanken der Gesprächspartner gezielt beeinflußt werden und mit richtig formulierten Fragen lassen sich Gespräche inhaltlich und formal in die gewünschte Richtung steuern.

Jede Frage läßt sich unter zwei Gesichtspunkten formulieren; das entspricht zwei Grundformen.

Offenheit: Durch die Formulierung der Frage ist der Beantwortungsspielraum bestimmbar. *Offene Fragen* lassen dem Befragten einen großen, nur durch den Frageinhalt abgegrenzten Spielraum für seine Antwort. Das Kennzeichen für offene Fragen ist das einleitende Fragewort wie, wo, was warum. Offene Fragen fördern viel Informationen zutage, der Befragte fühlt sich nicht eingeengt. Mit *geschlossenen Fragen* lassen sich Gespräche gut steuern. Da sie praktisch nur die Antwort „ja" oder „nein" zulassen, fühlt sich der Kommunikationspartner allerdings eingeengt und liefert daher auch nur sehr begrenzte Informationen.

Beispiel für offene Fragen:
- Wie sichern Sie den Prozeß ab?
- Was ist der Grund dieser Arbeitsanweisung?
- Warum ist der Ablauf so festgelegt?

Beispiel für geschlossene Fragen:
- Ist die Arbeitsanwieisung für jeden zugänglich?
- Überprüfen Sie die erstellten Verfahrensanweisungen?

Persönlichkeit: *Wissensfragen* und *Meinungsfragen* beziehen sich unmittelbar auf die befragte Person. Wissensfragen beziehen sich auf Gegenstände oder Sachverhalte, die der Befragte kennen kann. Die Antworten sind sofort in richtig oder falsch überprüfbar. Meinungsfragen dringen in tiefere Schichten der Persönlichkeit ein, zielen somit auf Einstellung und Ansichten des Befragten und mobilisieren daher eher Gefühle als Wissensfragen.

Beispiel für Wissensfragen:
- Ist dieses Gerät ein Prüfmittel oder ein Werkzeug?
- Gibt es für diese Anlage einen Wartungsvertrag?

Beispiel für Meinungsfragen:
- Halten Sie die Verfahrenanweisung für ausreichend?
- Welche Schulungsmaßnahmen vermissen Sie?

Keinesfalls sollten Suggestivfragen – Fragen, die dem Gesprächspartner die Antworten einflößen – gestellt werden; z.B.: Haben Sie nicht gesagt, daß das Gerät der Prüfmittelüberwachung unterliegt? Auch auf Alternativfragen – Haben Sie das gesagt oder nicht? – sollte verzichtet werden.

Fragefehler durch den Auditor müssen eingestanden und nicht mit Antworten – Aber Sie haben doch gesagt ...! – fortgeschoben werden.

11.2.3
Auditplanung

Die Planung umfaßt die Festlegung des Zeitpunktes zur Durchführung interner Qualitätsaudits, die Dokumentation der Termine sowie der betroffenen Bereiche oder Tätigkeiten, die Ermittlung der phasenbezogenen und phasenübergreifenden Elemente der zu auditierenden Bereiche, die Nennung der Auditoren.

Der Auditplan wird i.d.R. vom Qualitätsmanagementbeauftragten der Unternehmensleitung erstellt. Dieser Plan ist von der Geschäftsführung per Visum zu genehmigen. In größeren Unternehmen ist es sinnvoll, auch sog. Geschäftsbereichsleiter in das Genehmigungsverfahren einzubeziehen (s. nachstehendes Beispiel eines Auditplans).

Dieser Auditplan sollte rechtzeitig an die zu auditierenden Bereiche verteilt werden, damit diese Gelegenheit haben, sich ausreichend auf die Termine und die Themen vorzubereiten.

Q–Food GmbH
DIN EN ISO 9001 – Interne Audits *(Element 17)*   AUDITPLAN 1996

AUDITPLAN 1996		
erstellt: **Datum:**	*QM–Beauftragter*	**Verteiler:** *wie in diesem* *Auditplan markiert*
Genehmigung Visum/Datum	...................................../................................ **Geschäftsbereichsleiter**	
Visum/Datum	...................................../................................ **Geschäftsführer der Q–Food GmbH**	

Organisationseinheit	Name	QM–Element/Vorgang	Termin	Auditoren
Werksleitung		4.1 Managementaufgaben 4.5 Lenkung der Doku– mente und Daten 4.14 Korrekturmaß– nahmen 4.16 Qualitätsaufzeich– nungen		
Lager/Versand		4.15 Handhabung, La– gerung, Verpackung, Versand 4.10 Prüfungen 4.13 Lenkung fehlerhafter Produkte 4.8 Kennzeichnung		
Disposition/Pro– duktionsplanung		4.5 Lenkung der Doku– mente und Daten 4.9 Prozeßlenkung 4.16 Qualitätsaufzeich– nungen		

11.2.3.1
Audit-Fragenkatalog

Der Fragenkatalog sollte von den Auditoren, unter Moderation des QM-Beauftragten erstellt werden. Da sich ein internes Audit sowohl auf das QM-System als auch auf die angewandten Verfahren stützt, basieren die Interview-Fragen auf der gewählten Darlegung (s. Abschn. 1.3.1), welche im QM-Handbuch des Unternehmens dokumentiert ist, einschließlich der Verfahrens- und Arbeitsanweisungen. Weitere Grundlagen für Auditfragen ergeben sich auf jeden Fall aus Ergebnissen vorangegangener Audits. Das Layout eines Auditfragenkataloges ist im Anschluß des Jahresauditplans dargestellt.

Der Katalog ist so aufgebaut, daß im Kopfbereich die allgemeinen Daten und auf der linken Seite die phasenbezogenen und phasenübergreifenden Fragen dokumentiert werden. Auf der rechten Seite sind die Antworten und Bemerkungen einzutragen.

11.3
Durchführung und Auswertung von Audits

Der eigentlichen vor Ort-Prüfung durch Interviews geht eine formelle Prüfung der Qualitätsmanagement- und Qualitätssicherungsunterlagen voraus. Ein QM-System ist nur dann nachweisbar, wenn es schriftlich fixiert und von der Leitung genehmigt vorliegt. Mißverständnisse werden durch schriftliche Regelungen vermieden. Mündliche Anweisungen sind nicht nachprüfbar und stehen somit in keinem Vergleich.

Bei der Überprüfung ist zwischen der Systemdokumentation und produktspezifischen Dokumentation zu unterscheiden.

Systemdokumentation: QM-Handbuch, QM-Verfahrensanweisungen, Arbeitsanweisungen, Review Berichte, Querverweise auf mitgeltende Unterlagen

Prüfungen: Sind die im Regelwerk geforderten QM-Maßnahmen ausreichend beschrieben, enthalten die Elementkapitel Querverweise auf Verfahrensanweisungen, sind phasenübergreifende Elemente plausibel dargestellt.

Produktspezifische Dokumentation: Spezifikationen, Stichprobenpläne, Prüfanweisungen, Prüfnachweise

Prüfungen: Das Vorhandensein, Konzept der Unterlagen (eine bis ins Detail gehende Prüfung ist nicht erforderlich).

Man muß sich darüber im klaren sein, daß bei lückenhaften oder gar unvollständigen Dokumentationen eine erfolgreiche Auditierung bereits in Frage zu stellen ist.

Q-Food GmbH
DIN EN ISO 9001 - Interne Audits *(Element 17)*

AUDIT-FRAGENKATALOG FÜR INTERNE AUDITS	1996

AUDITIERTER BEREICH: .... FRAU/HERR: ....

AUDIT-LEITER(IN): .... AUDITOR(IN): ....

AUDITTERMIN: ....1996 AUDTIDAUER: ....

....
  Audit-Leiter(in)   Auditor(in)

Verteiler: Audit-Leiter(in), auditierter Bereich, QM-Beauftragter

AUDIT-FRAGEN			ANTWORTEN/BEMERKUNGEN[1]
Nr.	B[2]	D[3]	

[1] Beschreibung der Abweichung bzw. noch notwendige Maßnahmen
[2] B = Bewertung: 0 = nein 1 = teilweise 2 = ja
[3] D = Dokumentation: x = Unterlagen besorgen/vorlegen

Fortsetzung der Auditfragen
DIN EN ISO 9001 - Interne Audits *(Element 17)*   AUDITPLAN 1996

| AUDITIERTER BEREICH: .... FRAU/HERR: .... |
| AUDIT–LEITER(IN): .... AUDITTERMIN: .... |

AUDIT–FRAGEN			ANTWORTEN/BEMERKUNGEN[1]
Nr.		B[2]	D[3]	

[1] Beschreibung der Abweichung bzw. noch notwendige Maßnahmen
[2] B = Bewertung: 0 = nein   1 = teilweise   2 = ja
[3] D = Dokumentation: x = Unterlagen besorgen/vorlegen

11.3.1
Auditgespräch – Prüfung vor Ort

Es gehört nicht nur zur Höflichkeit, daß das interne Audit mindestens 14 Tage vor seinem Stattfinden schriftlich angemeldet wird (s. nachstehendes Beispiel). Dem gewünschten Ansprechpartner des zu auditierenden Bereichs wird damit Gelegenheit gegeben, die Unterlagen zu ordnen, bei seiner Verhinderung aus wichtigem Anlaß einen Stellvertreter zu benennen und seinen Tätigkeitsplan so zu gestalten, daß das Audit nicht gestört wird.

Bei einem externen Audit (Lieferantenaudit) ist ein Einführungsgespräch vorzusehen. An diesem Gespräch sollten alle leitenden Funktionsträger der zu prüfenden Bereiche zugegen sein. Darüber hinaus sollte ein Mitglied der Geschäftsführung anwesend sein, um die Gesprächsführung der zu auditierenden Seite zu übernehmen. Neben einleitenden Worten ist dann nochmals auf die Auditziele und auf die Wünsche der eigenen Unternehmensleitung hinzuweisen.

11.3.1.1
Befragung

Während die Systemunterlagen zum Qualitätsmanagement soweit wie möglich *vollständig überprüft* werden, hat die Prüfung vor Ort immer nur einen *stichprobenartigen* Charakter. Die Tiefe und der Umfang der Befragung muß der Auditleiter oder Auditor fallweise so bestimmen, daß der Nachweis für die Einhaltung des Soll-Zustandes erbracht wird oder, falls Abweichungen festgestellt werden, deren Bedeutung und Umfang erkennbar sind.

Allgemeinverständliche Formulierungen, Erläuterungen und Zwischenfragen helfen, Unsicherheiten der Befragten oder Verständnisschwierigkeiten auszuräumen oder gar zu vermeiden. So ist es mitunter sehr hilfreich, die Antwort des Befragten mit eigenen Worten zu wiederholen; das gilt insbesondere dann, wenn aus der Antwort eine Abweichung vom Soll-Zustand hervorgeht.

Konfrontationen erschweren den Ablauf des Auditgesprächs und können durchaus den Erfolg beeinträchtigen. Unter allen Umständen ist eine aggressive Fragestellung, Vorwürfe bei Abweichungen, Diskussionen über Zweckmäßigkeiten von Anweisungen oder Maßnahmen etc. zu vermeiden.

11.3.1.2
Abweichungen

Anhand des Elementes 6 (Beschaffung) werden Abweichungen beispielhaft genannt:

Qualiätsmanagementunterlagen

- Es fehlt eine Anweisung zur Einleitung von Korrekturmaßnahmen bei gehäuft vorkommenden fehler- bzw. mangelhaften Rohstoff-(Packmittel-)lieferungen

Q–Food GmbH   **AUDITPLAN 1996**
DIN EN ISO 9001 – Interne Audits *(Element 17)*

Anmeldung zum internen Audit
1996

Am ....1996 in der Zeit von ....bis .... Uhr findet im Bereich

....

ein internes Audit statt.

Gewünschte(r) Ansprechpartner(in) ....

Bitte stehen Sie in der oben genannten Zeit ausschließlich für das Audit zur Verfügung.

Die zu auditierenden Elemente entnehmen Sie bitte dem Ihnen bereits zuge-
sandten Auditplan 1996.

Mit freundlichen Grüßen

Auditleiter(in)   ....

Auditor(in)   ....

Datum   ....
                                                                          QM–Beauftragte(r)

Verteiler   Geschäftsführer der Q–Food GmbH
               Geschäftsbereichsleiter

- Es ist nicht festgelegt, welche Unterlagen der Lieferant erhält, um Forderungen des Auftraggebers zu erfüllen
- Lieferanten werden nicht nach Qualifizierungsgesichtspunkten ausgewählt
- Die Bezugnahme auf die technische und kaufmännische Beschaffung ist nicht geregelt

Auditgespräch

- In Bestellungen sind keine oder ungenügende Qualitätsanforderungen genannt
- Die Liste zur Lieferantenbeurteilung wird nicht auf dem laufenden gehalten
- Es werden Einkäufe bei nicht gelisteten Lieferanten festgestellt
- Aufzeichnungen über die Eignung von Lieferanten und über die Qualität der einzelnen Lieferungen werden nicht systematisch verwertet
- Die Prüfung bzw. Überwachung von Beschaffungsanforderungen ist nicht nachvollziehbar

11.3.1.3
Bewertung von Abweichungen

Nicht jede Abweichung hat die gleiche Bedeutung. Daraus folgt, daß Abweichungen hinsichtlich ihrer Bedeutsamkeit zu wichten sind. Folgende Kategorien sind gebräuchlich:

1. erfüllt bzw. angemessen/zufriedenstellend
2. teilweise erfüllt, aber noch akzeptabel bzw. verbesserungsbedürftig
3. nicht akzeptabel bzw. unzureichend
4. nicht vorhanden

Fragen oder Feststellungen, die mit nicht akzeptabel bzw. mit nicht vorhanden bewertet werden, sind im Auditabweichungsbericht und im Auditbericht zu dokumentieren.

Beispiele für Abweichungen der Kategorie 1:

- Für einige Lieferanten gibt es keine Bewertung der Lieferqualität
- Bei einzelnen Prüfmitteln war der Justierzeitraum geringfügig überschritten
- Im Organigramm stehen nur Abteilungen, keine Namen

Beispiele für Abweichungen der Kategorie 2:

- Korrekturmaßnahme wird mit Nacharbeit mißverstanden
- Prüfmittel werden nur zum Teil kalibriert

Beispiele für Abweichungen der Kategorie 3 resp. 4:

- Es gibt keine Verfahrensanweisung für Korrekturmaßnahmen
- Es liegt keine Managementbewertung der obersten Leitung vor

Zufällige Abweichungen oder auch sogenannte „einzelne Ausreißer" wie etwa
ein nicht eingetragener Prüfwert, das Übersehen einer Zeichnung etc. werden
ebenfalls dokumentiert, führen aber zu keinem Nachaudit.

11.3.2
Auditabweichungsbericht und Auditbericht

Nach Beendigung eines Audits ist ein Abschlußgespräch zu führen, in dem die Ergebnisse des Audit durch das Auditteam dargelegt werden. Weitere Inhalte des Ge-
sprächs sind:

- Feststellung und Bewertung der Abweichungen durch den Auditleiter
- Kenntnisnahme/Akzeptanz der festgestellten Abweichungen durch den Betrof-
  fenen
- Aufnahme der vorgeschlagenen Korrektur- bzw. Abhilfemaßnahmen in den
  Abweichungsbericht resp. Auditbericht
- Festlegung eines Zeitplans zur Durchführung der Korrekturmaßnahmen

Pro festgestellter Abweichung ist ein Bericht zu erstellen. Er enthält die festgestellte
Abweichung und mit wem diese Abweichung besprochen wurde. Bei einer gravierenden Abweichung ist ein Nachaudit vorzusehen; sind Lücken in der Dokumentation erkannt worden, genügt es i.d.R., wenn dem Auditleiter die neu erstellten
oder modifizierten Unterlagen nach einer angemessenen Bearbeitungsfrist präsentiert werden.

Abweichungen bedürfen einer Korrekturmaßnahme. Die Korrekturmaßnahme und der *realistische* Erledigungstermin werden von der auditierten Stelle vorgeschlagen und mittels Datum und Visum bestätigt. Nach Durchführung der Korrekturmaßnahme ist diese ebenfalls zu bestätigen, in dem eine Kopie des Abwei-
chungsberichtes dem Auditleiter zugesandt wird.

Neben Abweichungsberichten ist ein Auditbericht zu verfassen. Dieser Bericht
gliedert sich in:

- Grundlagen und Durchführung der Beurteilung
- Feststellungen bzgl.
  - QM-Dokumentation
  - Personalqualifikation
  - Einhaltung und Wirksamkeit der Qualitätsmangement- und -sicherungs-
    maßnahmen

Festgestellte Abweichungen sind korrekt zu formulieren und zu wichten, etwa,
ob Korrekturmaßnahmen erforderlich sind und somit auferlegt werden oder Abhilfemaßnahmen als Empfehlung ausgesprochen wurden. Als Anlage sind dem
Auditbericht die Teilnehmerliste und die Abweichungsberichte beizufügen.

Die nachstehenden Beispiele zeigen einen Auditbericht und einen Auditabweichungsbericht.

Neben der Verfahrensanweisung *Interne Audits* sollten Arbeitsanweisungen
mit detaillierten Angaben zur Erstellung von Auditberichten und zur Erstellung
von Auditabweichungssberichten vorliegen.

Q–FOOD GMBH
Geschäftsbereich Qualitätswesen

AUDITBERICHT Nr.	1996

AUDITIERTER BEREICH: .... FRAU/HERR: ....

ABTEILUNG: .... DATUM: ....

EINFÜHRUNGSGESPRÄCH: ....

SCHLUSSGESPRÄCH: ....

SACHGEBIET: ....

PRÜFBASIS: ....

ZUSAMMENFASSUNG DES AUDITERGEBNISSES:

BEMERKUNGEN:

AUDIT–LEITER:

....

NAME	DATUM	VISUM

VERTEILER:

Q–Food GmbH
DIN EN ISO 9001 – Interne Audits *(Element 17)*   **AUDITPLAN 1996**

ABWEICHUNGSBERICHT ZUM INTERNEN AUDIT 1996	Bericht–Nr:

AUDITIERTER BEREICH: ....

AUDIT–LEITER(IN): .... AUDITOR(IN): ....

QM–ELEMENT: ....

GRUNDLAGE: [ ] QM–Verfahrensanweisung [ ] QM–Arbeitsanweisung [ ] QM–Handbuch

  [ ] sonstige Q–Aufzeichnungen → ....

FESTGESTELLTE ABWEICHUNG   *Mit wem besprochen?* ....

Datum: 1996

....
   Audit–Leiter(in)   Auditor(in)   Für den auditierten Bereich

NACHAUDIT ERFORDERLICH?   [ ] ja   [ ] nein
ERSTELLEN NEUER UNTERLAGEN?   [ ] ja   [ ] nein

........................1996   ....
   Datum   Audit–Leiter(in)   Auditor(in)

VON DER ABTEILUNG VORGESEHENE KORREKTURMASSNAHME:

ERLEDIGUNGSTERMIN: ....

..................................1996   ....
   Datum   Für den auditierten Bereich

KORREKTURMASSNAME IST DURCHGEFÜHRT

..................................1996   ....
   Datum   Für den auditierten Bereich

Verteiler: Audit–Leiter(In)
       auditierter Bereich
       QM–Beauftragter

Kapitel 12

Einführung in das Umweltmanagement

12.1
Management zum betrieblichen Umweltschutz

Der Rat der Europäischen Gemeinschaft hat am 29. Juni 1993 die Verordnung Nr. 1836/93 über die freiwillige Beteiligung gewerblicher Unternehmen an einem Gemeinschaftssystem für das Umweltmanagement und die Umweltbetriebsprüfung verabschiedet. Am 10. Juli 1993 wurde sie im Amtsblatt der EG[1] (ABl. Nr. L 186) veröffentlicht und trat gemäß Artikel 21 der Verordung drei Tage später in Kraft. Die EU-Mitgliedsstaaten waren gemäß Artikel 18 aufgefordert, binnen 12 Monaten nach Inkrafttreten der EG-UmwAuditVO 1836/93 innerstaatliche Stellen zu bestimmen, die für die Registrierung von validierten Betriebsstandorten zuständig sind. Darüberhinaus forderte Artikel 6 der Verordnung, daß innerhalb von 21 Monaten nach Inkrafttreten Stellen zu benennen, die für die Zulassung von Umweltgutachtern zuständig sind.

Am 17.12.1995 beschloß der Bundestag mit Zustimmung des Bundesrates das Gesetz zur Ausführung der Verordnung (EWG) Nr.1836/93 des Rates vom 29. Juni 1993 über die freiwillige Beteiligung gewerblicher Unternehmen an einem Gemeinschaftssystem für das Umweltmanagement und die Umweltbetriebsprüfung (Umweltauditgesetz – UAG, BGBl., S.1591). Die Verordnung über das Verfahren zur Zulassung von Umweltgutachtern und Umweltgutachterorganisationen sowie Erteilung von Fachkenntnisbescheinigungen nach dem Umweltauditgesetz (UAG-Zulassungsverfahrensordnung – UAGZVV), Verordnung über die Beleihung der Zulassungsstelle nach dem Umweltauditgesetz (UAGBeleihungsverordnung – UAGBV) und Verordnung über Gebühren und Auslagen für die Amtshandlungen der Zulassungsstelle und des Widerspruchsausschusses bei der Durchführung des Umweltauditgesetztes (UAG-Gebührenverordnung – UAGGebV) wurden am 18.12.1995 verkündet und traten einen Tag nach ihrer Verkündigung in Kraft.

---

[1] Anmerkung: Nach einer Empfehlung des Bundesministeriums der Justiz von Ende 1994 ist „Europäische Gemeinschaft" bzw. „EG" weiterhin die korrekte Bezeichnung, soweit es um Rechtsmaterien auf der Basis des EG-Vertrages, wie beispielsweise das Umweltrecht, geht. Demgegenüber ist die Bezeichnung „Europäische Union" bzw. „EU" unter anderem dann zu verwenden, wenn es um die gemeinsame Außen- und Sicherheitspolitik und die Zusammenarbeit in den Bereichen Justiz und Inneres geht.

Während die EG-UmwAuditVO 1836/93, oft auch als EG-Öko Audit VO bezeichnet, nur von Unternehmen genutzt werden kann, die ihren Standort in einem
der EU-Länder innehaben, entstand derzeit auf internationaler Ebene die Normenreihe DIN ISO 14000ff. Zu dieser Normenfamilie zählen:

– **DIN EN ISO 14001**
  Umweltmanagement-Systeme – Spezifikationen und Leitlinien zur Anwen-
  dung
– **DIN EN ISO 14010**
  Allgemeine Grundsätze für die Durchführung von Umweltaudits
– **DIN EN ISO 14011-1**
  Leitfäden für Umweltaudits – Auditverfahren, Teil 1: Audit von Umweltmana-
  gementsystemen
– **DIN EN ISO 14012**
  Leitfäden für Umweltaudits – Qualitätskritierien für Umweltauditoren

Solange die Normen noch als Entwürfe vorlagen, war die Bezeichnung DIS für
Draft International Standard hinzuzufügen (z.B. ISO/DIS 14001). Weitere Nor-
mungsvorhaben, die sich mit Grundsätzen, Aufbau und Verfahren, der Bewertung
von Umweltleistungen, den produktbezogenen Ökobilanzen und deren Methodik
sowie mit Begriffbestimmungen zum Umweltmanagementsystem befassen, sind
in der Planung.

12.1.1
EG-UmwAuditVO 1836/93 versus DIN EN ISO 14001

Die Zielsetzung der EG-UmwAuditVO und der DIN EN ISO 14001 gilt dem aktiven
Umweltschutz von Unternehmen. Während die EG-Verordnung auf dem sekundären Gemeinschaftsrecht beruht, basieren ISO-Normen – so auch die 14000-Reihe
– auf einer weltweiten Vereinigung von nationalen Normungsinstituten. Die DIN
EN ISO 14001 ist allerdings nicht mit dem Ziel erarbeitet worden, die EG-UmwAuditVO umzusetzen, sondern Umweltmanagementsysteme weltweit einzuführen.
Die EG-Verordung und die DIN EN ISO 14001 stehen in Europa in Konkurrenz.
Unternehmen, die vor der Frage stehen, auf welcher Grundlage ihr Managementsystem aufgebaut werden soll, müssen sich mit den Gemeinsamkeiten und Unterschieden vertraut machen (Tab. 15 und Abb. 107).

Bei oberflächlicher Betrachtungsweise erscheinen die EG-UmwAuditVO und
DIN EN ISO 14001 als gleichwertige Alternativen. Der Schein trügt allerdings. Die
EG-Verordnung fordert die Unternehmer stärker zum Bekenntnis vor der Öffentlichkeit über die kontinuierliche Verbesserung ihrer standortbezogenen Umwelt-
schutzaktivitäten als die ISO-Norm (Abb. 108).

Die UmwAuditVO wird zudem vom Bundesumweltministerium überwacht.
Nach Vogel (1995) läßt man von dort keinen Zweifel aufkommen, daß die eigen-
verantwortliche und freiwillige Durchführung der EG-ÖkoAudits durchaus einen
gesetzlichen Zwang nach sich ziehen kann, wenn die jetzt gewählte Form nicht zum
erwarteten Erfolg führt.

Tabelle 15. Grundsätzliche Unterschiede zwischen EG-UmwAuditVO und ISO/DIS 14001 (DIN EN ISO 14001)

Merkmale	EG-UmwAuditVO	DIN ISO 14001
Grundlage	Europäisches Recht, sekundäres Gemeinschaftsrecht	Internationale Organistion für Standardisierung
Geltungsbereich	europaweit	weltweit
Systembezug	standortbezogen	keine Beschränkung
Einhaltung der Umweltvorschriften	Überprüfung verlangt die Umweltbetriebsprüfung	Einhaltung gefordert, die Überprüfung ist nicht gefordert
Umwelterklärung	gefordert	nicht gefordert
Veröffentlichung	Umweltpolitik und Umwelterklärung	nur Umweltpolitik
Systembestätigung	Validierung durch zugelassene Umweltgutachter	freigestellt bzw. durch Umweltauditoren akkreditierter Organisationen
Leistungskriterien	beste verfügbare Technik, stetige Verbesserung der Umweltleistung	Vermeidung von Umweltbelastungen, Aufrechterhaltung und Verbesserung des Umwelt-Systems
Erteilungen	vertrauenwürdiges EG-Logo und Standortregistrierung bei IHK's bzw. HWK's	Zertifikat mit Registriernummer

Von einer minderen Wertigkeit einer Zertifizierung nach der ISO-Norm auszugehen, wäre allerdings nicht angemessen. Auch die Norm verlangt klare Formulierungen bzgl. Einführung und Aufrechterhaltung eines Umweltmanagementsystems sowie die kontinuierliche Verbesserung – der Dialog mit der Öffentlichkeit ist allerdings nicht gefordert, hier liegen die Stärken und Schwächen beider Ansätze. Auch gibt die reine Systemprüfung gemäß ISO-Norm keine Auskunft darüber, ob das Unternehmen am Standort sämtliche einschlägigen Umweltvorschriften einhält. Bei einem unvollständigen „Compliance" kann das Unternehmen vielleicht gerade noch am Zertifizierungsprozeß, sicherlich aber nicht am „Umweltaudit" nach der Verordnung (EWG) Nr. 1836/93 (freiwillig) teilnehmen (Dilly 1996).

Außereuropäische Unternehmen sind gut beraten, die Systematik der ISO-Norm mit den Anforderungen der EG-Verordnung zu berücksichtigen.

12.1.2
Verhältnis von Qualitäts- zu Umweltmanagement

Geht man nicht allzu sehr in die Tiefe, dann lassen sich zwischen beiden Systemen durchaus Analogien und Synergien erkennen (Abb. 109). Der verständliche Wunsch, ein Umweltmanagementsystem in ein bestehendes Qualitätsmanagementsystem nach DIN EN ISO 9000ff. zu integrieren, stößt wegen der unterschied-

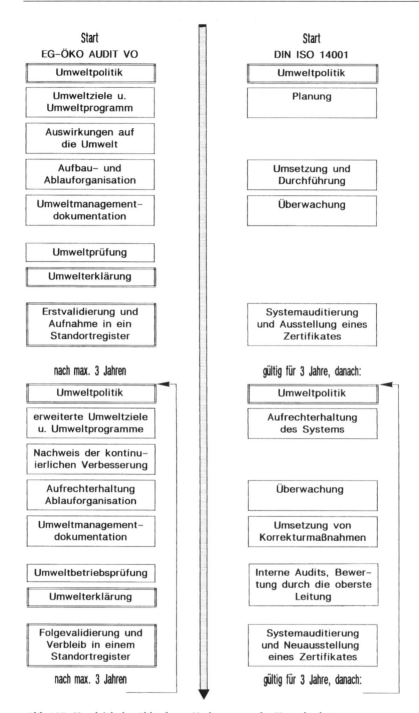

Abb. 107. Vergleich der Abläufe zur Verbesserung des Umweltschutzes

Abb. 108. EG-UmwAuditVO – Wiederkehrende Veröffentlichung der Umweltaktivitäten zu der stetig geleisteten Verbesserung

– **Die Zielrichtung des Qualitätsmanagements** ist im wesentlichen als *vertrags-/produktbezogenes System* ausgerichtet, d.h. die Forderung von Kunden an Produkte und Dienstleistungen; auch unternehmensinterne Vorgaben werden beschrieben und dargelegt. Das Ziel ist die Sicherstellung eines qualitätsfähigen Gesamtprozesses.

– **Die Zielrichtung des Umweltmanagements** orientiert sich an den Forderungen der Gesellschaft einschließlich der gesetzlichen und technischen Vorschriften für einen definierten Produktionsstandort und ist somit ein *öffentlichkeits-/betriebsbezogenes System.*

Besondere Zielsetzungen:

– Ein Kernpunkt der EG-UmwAuditVO ist die Forderung der kontinuierlichen Reduktion von Umweltbelastungen am Standort eines Betriebes
– Einhaltung der gesetzlichen Anforderungen
– Regelmäßige Informationen der Öffentlichkeit anhand einer Umwelterklärung

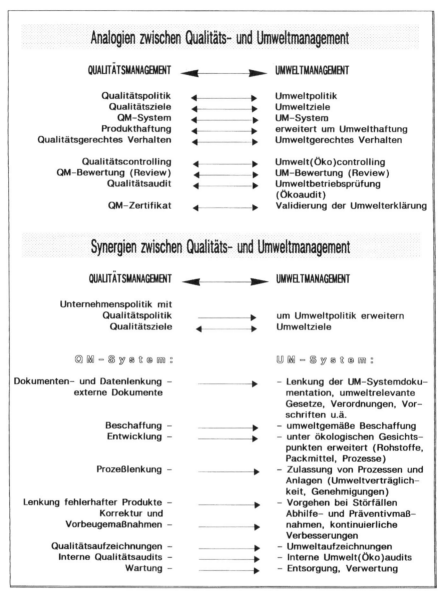

Abb. 109. Analogien und Synergien zwischen dem Qualitäts- und Umweltmanagementsystem (n. Stark 1994)

Sehr stark qualitätsmanagementorientierte Kreise, sei es die internen Qualitätsmanagementbeauftragten oder auch Berater bzw. Beratungsorganisationen nei-
gen dazu, allzu große Synergieeffekte im gemeinsamen Aufbau der Systeme zu sehen. Eine kritische Hinterfragung solcher Konzepte ist äußerst wichtig.

Ein installiertes Qualitätsmanagementsystem kann allerdings den Aufbau eines
Umweltmanagementsystems erleichtern. Die Vorgehensweise in einem solchen
Betrieb ist geläufig, die Mitarbeiter sind mit der Systematik vertraut; das „Layout"
der Dokumentationen stößt nicht auf Unverständnis, Vorgehensweisen in den
Umsetzungsphasen bieten damit eine Orientierungshilfe für den Umweltmanage-
mentbereich.

Auch können einzelne Verfahren, die im Rahmen des Qualitätsmanagement erarbeitet werden, um Umweltaspekte erweitert werden. Typisch wäre der Ermitt-
lungsbedarf von Schulungen (Element 18 der DIN EN ISO 9001) oder die Erweiterung der Regeln um den Aspekt Umwelt bei der Beschaffung; darüberhinaus
könnten evtl. auch Prüfanweisungen bzw. -verfahren (z.B. pH-Wert-Messung von
Wässern etc.) übernommen werden.

Synergien hängen allerdings auch von der Unternehmensgröße und von der
hergestellten Produktvielfalt ab. Das Aufspüren von Synergieeffekten ist zeit- und
personalintensiv und an hohe Qualifikationen der Mitarbeiter gebunden.

12.2
Standortbezogener Umweltschutz nach der EG Umwelt-Auditverordnung

Mit dem Gemeinschaftssystem für das Umweltmanagement und die Umweltbetriebsprüfung – kurz EG-UmwAudit oder auch EG-Öko Audit genannt – wird ein
neues Kapitel des eigenverantwortlichen Umweltschutzes aufgeschlagen. Betriebe, die eine Umweltprüfung durchführen, ein Umweltprogramm erstellen, ein
Umweltmanagementsystem einrichten, eine Umwelterklärung verfassen und veröffentlichen und diese von einem zugelassenen Gutachter für gültig erklären lassen (Validierung), können das EG-Umwelt-Logo in ihrem Briefkopf führen und
damit öffentlich zeigen, daß sie standortbezogen umweltbewußt wirtschaften. Das
Zeigen des Logos auf Produkten bzw. das Bewerben der Produkte in Verbindung
mit dem EG-Emblem ist dagegen nicht gestattet.

Gemäß Artikel 3 der EG-UmwAuditVO 1836/93 können sich alle Unternehmen
beteiligen, die an einem oder an mehreren Standorten innerhalb der Europäischen
Union eine *gewerbliche* Tätigkeit ausüben. In § 3(1) des nationalen Umweltaudit-
gesetzes wird die Bundesregierung ermächtigt, *nichtgewerbliche* Bereiche durch
Rechtsverordnung nach Anhörung des Umweltgutachterausschusses und mit Zustimmung des Bundesrates in den Anwendungsbereich des Gemeinschaftssystems
für das Umweltmanagement und die Umweltbetriebsprüfung einzubeziehen.
Hierzu gehören insbesondere Unternehmen des Handels.

Umweltmanagement und umweltorientierte Unternehmensführung sind mehr
als nur Schlagworte in der Umweltdiskussion; doch welchen Nutzen zieht ein Unternehmen, wenn es sich *freiwillig* am Gemeinschaftssystem beteiligt? Unbestreit-

bar steigt das Image beim Kunden und damit verbunden die sekundären Verbesserung der Wettbewerbsfähigkeit. Diese „optische" Wettbewerbsfähigkeit ist allerdings dann aufgezehrt, wenn die Mitbewerber gleichgezogen haben. Die primäre und damit langfristige Wettbewerbsfähigkeit wird sich durch die Erschließungen von Kostenpotentialen bemerkbar machen, d.h. durch sparsamen Energie- und Ressourceneinsatz. Auf Deregulierungen des Gesetzgebers, den Schutz von Versicherungsgebern in bezug auf Umwelt- und Produkthaftung soll hier nicht näher eingegangen werden.

Umweltmanagement umfaßt die Planung, Steuerung, Überwachung und Verbesserung aller Maßnahmen des betrieblichen, standortbezogenen Umweltschutzes sowie eine umweltbezogene Betriebs- und Mitarbeiterführung. Umweltmanagement ist somit ein integraler Bestandteil des „Total Quality Management" (s.a. Abb. 2).

Der Ablauf der EG-Verordnung 1836/93 unterteilt sich im wesentlichen in die folgenden fünf Schritte:

- Umweltpolitik und Zielsetzungen
- Umweltprogramm
- Umweltmanagementsystem
- Umweltprüfung als Eingangssituation
  (Umweltbetriebsprüfung als Folgesituation)
- Umwelterklärung

Die Abb. 110 zeigt den schematischen Ablauf, der nachstehende tabellarische Ablauf die Akteure sowie Aktivitäten. Die Ziffern im Ablauf sind der Abb. 110 zugeordnet.

12.2.1
Umweltrecht

Anders als beim Qualitätsmanagement ist das Einführen eines Umweltmanagementsystems ohne Beachtung und Einhaltung der Umweltgesetzgebung nicht denkbar. Das Umweltrecht bezieht sich mit einer Vielzahl von Gesetzen, Verordnungen, Satzungen und Regelungen auf die *Umweltmedien, Wasser, Boden* und *Luft* und beinhaltet meistens Ge- und Verbote sowie Auflagen zum Umweltschutz.

12.2.1.1
Hierarchie von Rechtsvorschriften

Die Gesetze werden durch vorgeschriebene Gesetzgebungsverfahren von der EG, dem Bundesparlament oder den Parlementen der Bundesländer erlassen. Dabei gilt:

- EG-Recht bricht Bundesrecht
- Bundesrecht bricht Landesrecht

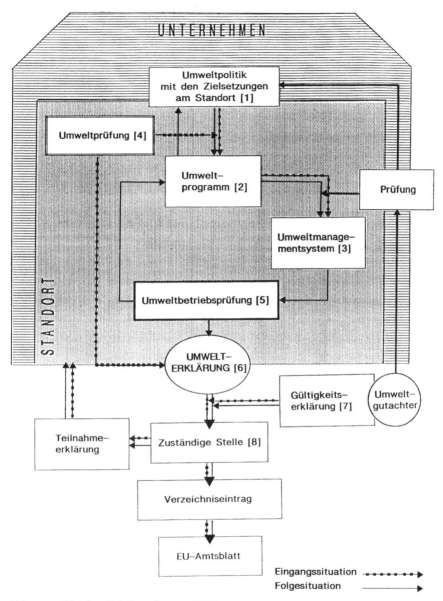

Abb. 110. Ablauf zur EG-Verordnung 1836/93

EG-Verordnungen bedürfen keiner Umsetzung in nationales Recht, da sie unmittelbar in jedem Mitgliedsstaat gelten (z.B. EGUmwAuditVO 1836/93).

EG-Richtlinien (z.B. Richtlinie 93/43/EWG des Rates vom 14. Juni 1993 über Lebensmittelhygiene) gelten grundsätzlich nicht unmittelbar, sondern bedürfen zu ihrer Rechtswirksamkeit einer Umsetzung in das nationale Recht der jeweiligen

Aktivitäten	Akteure
[1] Festschreibung der **Umweltpolitik** in der Unternehmens-politik. Entschluß zur Teilnahme am Ökoaudit. Bekannt-gabe mit welchen Umweltprogrammen die gesteckten standortbezogenen **Umweltziele** erreicht werden sollen. → *EG-UmwAuditVO, Art. 2 und Anhang I*	Geschäftsführung
[2] Erstellung und Fortschreibung des standortbezogenen **Umweltprogramms** mit der Festlegung a) der Verantwortungen für die Erreichung der Ziele in jedem Aufgabenbereich und auf jeder Ebene des Unternehmens, b) der Mittel, mit denen die Ziele erreicht werden sollen. → *EG-UmwAuditVO, Art. 2 und Anhang I*	Geschäftsführung und interner Umweltbeauftragter

[3] Das **Umweltmanagementsystem** ist so auszustatten, an-zuwenden und aufrechtzuerhalten, daß folgende Anfor-derungen gewährleistet sind:
- Umweltpolitik, -ziele, -programme
- Organisation und Personal
  - Verantwortung und Befugnisse
  - Kommunikation und Ausbildung
- Auswirkung auf die Umwelt
  - Bewertung, Registrierung
  - Rechts- und Verwaltungsvorschriften
- Aufbau- und Ablaufkontrolle
  - Korrekturmaßnahmen
- Dokumentationen
- Umweltbetriebsprüfungen
→ *EG-UmwAuditVO, Artikel 2 und Anhang I*
	Geschäftsführung

[4] Die **Umweltprüfung** ist eine erste umfassende Untersu-chung hinsichtlich umweltbezogener Fragestellungen wie
a) Betrieb   - Anlagen
              - Abfall zur Verwertung bzw.Beseitigung
               → *KrW-/AbfG, AbfBestV, RestBestV, VerpackV*
              - Wasser/Abwasser
               → *WHG*
              - Emissionen
               → *BImschG, BImschV*
              - Energien
              - Risiken
b) Produkte - Rohstoffeinsatz
              - Betriebs- und Hilfsstoffe
               → *ChemG, GefStoffV*
c) Organisation und Personal
              - Umweltrisiken
               - Kommunikation
               - Ausbildung
→ *EG-UmwAuditVO, Artikel 2*
	interner Umweltbeauftragter und/oder externe Umwelt-auditoren (Umweltbetriebsprüfer)

Mitgliedsstaaten. Nach der Rechtssprechung des europäischen Gerichtshofes können Richtlinien jedoch unmittelbar anwendbar sein, ohne daß es einer Umset-zung durch den nationalen Gesetzgebers bedarf, wenn die Richtlinie hinreichend präzise Regelungen zugunsten dritter trifft und eine Frist zur Umsetzung abge-laufen ist.

Fortsetzung

Aktivitäten	Akteure
[5] Die **Umweltbetriebsprüfung** ist <u>das</u> Managementinstrument betreffend a) die Frage, ob die standortbezogenen Umweltaktivitäten mit dem Umweltprogramm in Einklang stehen und effektiv durchgeführt werden, b) der Beurteilung der Wirksamkeit des Umweltmanagementsystems bzgl. der Umsetzung der festgeschriebenen Umweltpolitik des Unternehmens. → *EG-UmwAuditVO, Artikel 1, 2, 4 und Anhang I, II*	in- oder externe Umweltauditoren (Umweltbetriebsprüfer)
[6] Die **Umwelterklärung** ist in knapper und verständlicher Form für die Öffentlichkeit niederzuschreiben und umfaßt insbesondere a) Beschreibung der Tätigkeiten des Unternehmens am betreffenden Standort; b) eine Beurteilung aller wichtigen Umweltfragen im Zusammenhang mit den betreffenden Tätigkeiten; c) Zusammenfassung der Zahlenangaben über Schadstoffimmissionen, Abfallaufkommen, Rohstoff-, Energie- und Wasserverbrauch und ggf. über Lärm und andere bedeutsame umweltrelevante Aspekte; d) sonstige Faktoren, die den betrieblichen Umweltschutz betreffen; e) eine Darstellung der Umweltpolitik, des Umweltprogramms und des Umweltmanagementsystems des Unternehmens für den betreffenden Standort; f) den Termin für die Vorlage der nächsten Umwelterklärung; g) den Namen des zugelassenen Gutachters. In Folgeerklärungen wird auf bedeutsame Veränderungen hingewiesen, die sich seit der vorangegangenen Erklärung ergeben haben. → *EG-UmwAuditVO, Artikel 5*	Geschäftsführung
[7] **Gültigkeitserklärung (Validierung)** bzgl. der Konformität zur Umweltpolitk, zum Umweltprogramm, Umweltmanagementsystem, zu dem Umweltprüfungs- oder Umweltbetriebsprüfungsverfahren und der EG-UmwAuditVO → *EG-UmwAuditVO, Artikel 4, 7*	zugelassener Umweltgutachter
[8] **Teilnahmeerklärung/Registierung/EU–Amtsblatt/ standortbezogenes offizielles EG–Umweltmanagementlabel** → *EG-UmwAuditVO, Artikel 8, 9, 10* → *EG-UmwAuditVO, Anhang IV*	IHK's/HWK's als zuständige Stellen

Verordnungen (z.b. BImSchVO's zum BImSchG, IndirekteinleitVO der Länder zu den Landeswassergesetze) können erlassen werden, wenn eine Ermächtigung dazu im Gesetz (Bundesgesetz resp. Landesgesetz) festgeschrieben ist. Sie werden daher in zeitlicher Verschiebung zu dem Gesetz erstellt. Sie können mit geringerem bürokratischem Aufwand abgeändert werden als Gesetze selbst und erhalten daher meist Detailregelungen, die von Zeit zu Zeit auf den neuesten Stand gebracht werden müssen.

Verwaltungsvorschriften enthalten ebenfalls Detailvorschriften und dienen den Behörden als Hilfe bei der Anwendung von Gesetzen. Sie haben somit für den Außenstehenden indirkete Bedeutung (z.b. Technische Anleitung (TA) Luft, TA Lärm, TA Abfall).

Satzungen werden im Rahmen von Bundes- und Landesgesetzen von den Kommunalparlamenten erlassen und sind nur für das Gebiet der jeweiligen Kommune gültig (z.B. Abfallsatzungen, Abwassersatzungen).

Die Abb. 111 zeigt die Rangordnung der Rechtsnormen mit ausgewählten Beispielen.

Technische Regeln, Richtlinien, Normen sind als Empfehlungen zu verstehen, d.h. sie haben selbst keinen Rechtscharakter. Allerdings wird in einigen Rechtsgebieten auf sie verwiesen (z.b. wird in der TA Luft auf VDI-Richtlinien, in der EG-Richtlinie 93/43/EWG über Lebensmittelhygiene auf die DIN EN ISO-Norm 9000ff., im Anhang II der EG-UmwAuditVO 1836/93 auf die ISO-Norm 10011, 1990, Teil 1 verwiesen).

12.2.1.2
Rechtsgebiete zum Schutz der Umwelt

Zu dem Kerngebiet des *Umweltverwaltungsrechts* gehören das Gewässerschutz-, Bodenschutz-, Immissionsschutz- und Chemikalienrecht sowie das Naturschutzrecht. Auch zählt das Atom- und Strahlenschutzrecht dazu, welches allerdings für Lebensmittelproduzenten keinerlei Bedeutung hat.

Zu den weiteren Rechtsgebieten mit Bezug zum Umweltschutz zählen insbesondere das Raumordnungs-, Bauplanungs-, Verkehrswege- und Flurbereinigungsrecht, das Gentechnik-, Bundesseuchen- und Lebensmittelrecht.

Das *Umweltprivatrecht* regelt die konkreten Beziehungen zwischen einzelnen Personen oder Unternehmen im Hinblick auf ihr umweltrelevantes Verhalten – das Umweltstrafrecht umfaßt die im Strafgesetzbuch zusammengefaßten Strafvorschriften zum Schutz der Umwelt (Abb. 112).

Abfallvermeidung: Nach den bestehenden gesetzlichen Grundlagen dürfen Abfälle nur so gelagert oder abgelagert werden, daß zum einen die Verunreinigung des Grundwassers und zum anderen die Kontamination des Bodens nicht zu befürchten ist. Das Kreislaufwirtschafts- und Abfallgesetz (Krw/AbfG) vom 27. September 1994, welches bestimmungsgemäß zwei Jahre nach seiner Verkündung in Kraft trat und damit das bisherige Abfallgesetz (AbfG) ersetzt, fordert im Grundsatz das *Vermeiden* von Abfällen. Vor der *Beseitigung* steht das Gebot der *Verwertung* (Abb. 113).

Rangordnung	Ausführungen und Beispiele
Europäisches Recht Sekundäres Gemeinschafts- recht	EU-Verordnungen "Öko-Audit-Verordnung" (EWG) Nr. 1836/93
Grundgesetz Bundesverfassungsgericht (Nationales Recht)	Hoheitsrechtliche Aufgaben
Bundes- und Landesgesetze (Rahmengesetze)	Abfallgesetz (AbfG), Wasser- haushaltsgesetz (WHG) Bun- des-Immissionsschutzgesetz (BImschG)
Rechtsverordnungen	Abwasserherkunftsverordnung, BImschVerordungen
Verwaltungsvorschriften	Technische Anleitungen (TA) Luft, Abfall
Gemeindesatzungen Verwaltungsakte	Genehmigungen, Erlaubnisse

Abb. 111. Hierar- chie der Rechtsnor- men und ausge- wählte Beispiele

Luftreinhaltung: Zu den wichtigsten Grundlagen des Lebens zählt – neben reinem Wasser – saubere, schadstofffreie Luft. Unter schädlichen Umwelteinwirkungen sind aber nicht nur gasförmige Luftverunreinigungen zu verstehen, sondern auch Gerüche, Stäube, Geräusche (Lärm), Erschütterungen, Abwärme, Strahlen und ähnliches.

Gewässerschutz: Nach § 1a Wasserhaushaltsgesetz (WHG) sind Gewässer als Be- standteil des Naturhaushaltes so zu bewirtschaften, daß sie dem Wohl der Allge- meinheit und im Einklang damit auch dem Nutzen einzelner dienen und daß jede vermeidbare Beeinträchtigung unterbleibt. Die Benutzung von Gewässern bedarf (fast immer) der behördlichen Erlaubnis oder Bewilligung (§§ 2, 3 WHG). Unter Benutzung ist insbesondere zu verstehen:

- Entnehmen und Ableiten von Wasser aus oberirdischen Gewässern und aus dem Grundwasser
- Einleiten und Einbringen von Stoffen in oberirdische Gewässer und in das Grundwasser

Als wassergefährdende Stoffe im Sinne des § 19g bis 19l gelten feste, flüssige und gasförmige Stoffe, die die physikalische, chemische oder biologische Beschaffen- heit des Wasser nachteilig verändern können. Die Einstufung wassergefährdender Stoffe erfolgt nach ihrer Gefährlichkeit in *Wassergefährdungsklassen (WGK)*, da- bei bedeutet:

WGK 0: im allgemeinen nicht wassergefährdend
WGK 1: schwach wassergefährdend bzw. biologisch gut abbaubar
WGK 2: wassergefährdend bzw. biologisch abbaubar
WGK 3: stark wassergefährdend bzw. schlecht oder gar nicht abbaubar

Lebensmittel gelten nicht als wassergefährdende Stoffe.

GRUNDGESETZ

UMWELTRECHT

UMWELTVERWALTUNGSRECHT

GESETZ ÜBER DIE UMWELTVERTRÄGLICHEITSPRÜFUNG (UVPG) – UMWELTINFORMATIONSGESETZ (UIG)

ABFALLRECHT	LUFTREINHALTUNGSRECHT	GEWÄSSERSCHUTZRECHT
→ Kreislaufwirtschafts- und Abfallgesetz (KrW/AbfG) *(vormals Abfallgesetz)*	→ Bundesimmissonsschutzgesetz zum Schutz vor schädlichen Umwelteinwirkungen durch Luftverunreinigungen, Erschütterungen, Geräusche u.a.m. (BImSchG)	→ Wasserhaushaltsgesetz (WHG)
→ Abfallverbringungsgesetz (AbfverbrG)		→ Abwasserherkunftsverordnung (AbwHerkV)
→ Altöl-Verordnung (AltÖlV)		→ Rahmen-Verwaltungsvorschrift über Mindestanforderungen an das Einleiten von Abwasser nach § 7 WHG
→ Verpackungsverordnung (VerpackV)	→ Verwaltungsvorschrift zum BImSchG Techn. Anleitung zur Reinhaltung der Luft (TA Luft)	
→ Techn. Anleitung Abfall (TA Abfall)		
→ Abfall und Reststoffüberwachungsverordnung (AbfRestÜberwV)		→ Verwaltungsvorschrift über die Bestimmung wassergefährdender Stoffe
→ Abfallbestimmungs-Verordnung (AbfBestV)	→ Verwaltungsvorschrift über genehmigungsbedürftige Anlagen nach § 16 der Gewerbeordnung (GewO), techn. Anleitung zum Schutz vor Lärm (TA Lärm)	→ Wasch- und Reinigungsmittelgesetz (WRMG)
→ Reststoffbestimmungs-Verordnung (RestBestV)		→ Tensidverordnung (TensV)
→ Techn. Anleitung zur Verwertung, Behandlung und sonst. Entsorgung von Siedlungsabfällen (TA Siedlungsabfall)	→ Durchführungsverordnungen (BImSchVOs)	→ Phosphathöchstmengenverordnung (PHöchstMengV)

CHEMIKALIENRECHT

→ Chemikaliengesetz (ChemG)
→ Gefahrstoffverordnung (GefahrstoffV)
→ Technische Regeln für Gefahrstoffe (TRGS)

UMWELTPRIVATRECHT

→ Schadensersatz n. § 823 Bürgerliches Gesetzbuch (BGB)
→ Nachbarrechtlicher Ausgleichsanspruch n. § 906 BGB
→ Beseitigungs- und Unterlassungsanspruch n. § 1004 BGB
→ Haftung n. § 14 BImSchG
→ Wasserrechtliche Haftung n. § 22 WHG
→ Haftung bei Transport gefährl. Stoffe
→ Umwelthaftungsgesetz (UmweltHG)
→ Produkthaftungsgesetz (ProdHG)

UMWELTSTRAFRECHT

→ §§ 324–330 Strafgesetzbuch (StGB) Gewässer- und Bodenverunreinigungen, Luftverunreinigung und Lärm, unerlaubte Abfallbeseitigung, unerlaubtes Betreiben von Anlagen, Gefährdung schutzbedürftiger Gebiete, Umweltgefährdung

Abb. 112. Auszug Umweltrecht – ohne Landesgesetze und -verordnungen, Gemeindesatzungen, Verwaltungsakte

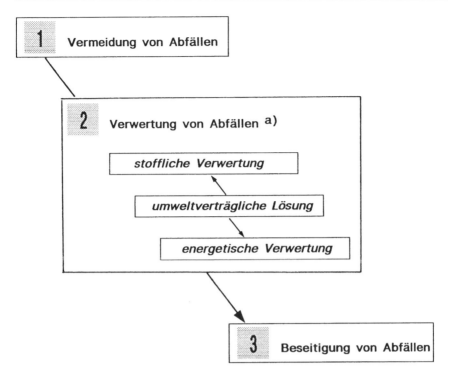

a) **Ausnahme § 5 (5) KrW/AbfG:** Der grundsätzliche Vorrang der Verwertung vor der Beseitigung der Abfälle entfällt, wenn die Beseitigung die umweltverträglichere Lösung darstellt. Für die Prüfung der umweltverträglichen Entsorgungsart werden vier besonders wichtige Kriterien vorgegeben:

■ die zu erwartenden Emissionen,
■ das Ziel der Schonung der natürlichen Ressourcen,
■ die einzusetzende oder zu gewinnende Energie
und
■ die Anreicherung von Schadstoffen in Erzeugnissen, Abfällen zur Verwertung oder daraus gewonnenen Erzeugnissen.

Abb. 113. Grundsatz des Kreislaufwirtschafts- und Abfallgesetzes (n. Birn 1996)

Chemikalien und Gefahrstoffe: Die Schutzziele – Arbeitsschutz, Umweltschutz, Verbraucherschutz – sind als Grundsatz im Chemikaliengesetz (ChemG) resp. in der Gefahrstoffverordnung verankert.

In den Chemielabors, in den mikrobiologischen Labors, aber auch bei der Herstellung spezieller Ernährungsformen (bilanzierte Diäten) kommt es zu Handhabungen mit gefährlichen Stoffen. Es gehört zur Pflicht des Arbeitgebers (Unternehmers), die o.g. Schutzziele zu gewährleisten.

| Werksbereich: | Chemisches Labor | **BETRIEBSANWEISUNG** | Nr.: | 015 |
| Arbeitsbereich: | HPLC | **GEMÄSS § 20 GefahrstoffV** | Datum: | 24.01.96 |

GEFAHRSTOFFBEZEICHNUNG / TÄTIGKEIT

Acetonitril für die Chromatographie
Chemische Charakterisierung CH_3CN

Form: flüssig
Farbe farblos
Geruch: etherähnlich

GEFAHREN FÜR MENSCH UND UMWELT

Giftig / Toxic / Toxique   Leichtentzündlich / Highly flammable / Facilement inflammable

Verschlucken führt zu Übelkeit und Erbrechen.
Bei Resorption großer Mengen kann es zur Atemnot und innerer Erstickung kommen.

Trinkwassergefährdung bereits bei Auslaufen geringer Mengen in den Untergrund. Wassergefährdungsklasse (WGK) 2

SCHUTZMASSNAHMEN UND VERHALTENSREGELN

Dicht verschlossen, an kühlem, gut belüftetem Ort aufbewahren. Von Zündquellen fernhalten. Nicht mit leichtentzündlichen Feststoffen zusammen lagern.

     Atemschutz: ja   Augenschutz: ja
     Handschutz: ja   Andere: ———

Vorbeugender Hautschutz erforderlich. Nach Arbeitsende Hände und Gesicht abwaschen. Beschmutze Kleider sofort wechseln.

VERHALTEN IM GEFAHRENFALLE

Bei Brand: Brennbare Flüssigkeit; Dämpfe schwerer als Luft, sie bilden mit Luft explosionsfähige Gemische
Löschmittel: Wassersprühstrahl, CO_2, Schaum, Trockenlöschmittel
Verschütten: Mit flüssigkeitsbindendem Material aufnehmen und der Entsorgung zuführen

ERSTE HILFE

Augenkontakt: Unter fließendem Wasser bei gut geöffnetem Lidspalt mehrere Minuten ausspülen
Hautkontakt: Betroffene Haut mit Wasser gut abspülen
Einatmen/   Frischluft, ggf. Atemspende
Verschlucken: sofort Kochsalzlösung (1 Eßlöffel pro Glas) trinken und wieder erbrechen. Arzt zuziehen (Magenspülung)

NOTRUF: 01020304   Code Acetonitril

SACHGERECHTE ENTSORGUNG

Nur über die Entsorgungsfachkraft
Tel.: 0908-123

erstellt: ....   geprüft und freigegeben: ....
     Visum   *Datum*   *Visum*   *Datum*

Der fünfte Abschnitt der GefstoffV regelt „Allgemeine Umgangsvorschriften für Gefahrstoffe". Gegenüber ist eine Betriebsanweisung gemäß § 20 GefstoffV dargestellt.

Die umweltpolitischen Ziele sollen auf der Grundlage von *zwei Prinzipien* verwirklicht werden:

- nach dem *Vorsorgeprinzip* werden Umweltbelastungen durch den Einsatz präventiver Maßnahmen möglichst an ihrem Ursprung am Entstehen gehindert – „weg von der end-of-pipe Lösung"
- das *Verursacherprinzip* will demjenigen die Kosten zur Beseitung oder zum Ausgleich von Umweltbelastungen zurechnen, der sie verursacht – „Wer verschmutz, der zahlt" oder „Vermeiden wird belohnt"

Erst eine rechtliche Verankerung ermöglicht es, die umweltpolitischen Ziele und Grundsätze und die zu ihrer Verwirklichung erforderlichen Maßnahmen verbindlich festzulegen und Zielkonflikte verbindlich zu lösen.

Das Umweltrecht ist in erster Linie Verwaltungsrecht. Das Umweltprivat- und das Umweltstrafrecht sowie Ordnungswidrigkeitenparagraphen spielen beim Schutz der Umwelt eher eine flankierende Rolle der mittelbaren Verhaltenslenkung (Abb. 114).

1980 erfolgte die Übernahme der wesentlichen Strafbestimmungen aus den einzelnen Umweltgesetzen in das Strafgesetzbuch (StGB). Mit dem 1994 novellierten eigenen Abschnitt „Straftaten gegen die Umwelt" wird deutlich, daß Umweltschutzdelikte keine Kavaliersdelikte sind.

Umweltprivatrecht (Zivilrecht)	Ordnungsrecht	Strafrecht
Schadensausgleich zwischen natürlichen (Bürgern) und juristischen Personen (Unternehmen)	Bußgeld bei Verletzung des Ordnungsrechts	Geld-/Freiheitsstrafe bei Straftaten
	STAAT (BEHÖRDE) ↓	STAAT (GERICHTE) ↓
PERSON ←→ PERSON	PERSON	PERSON
Umwelthaftungsgesetz § 1 UmweltHG Wasserhaushaltsgesetz § 22 WHG Bürgerliches Gesetzbuch § 823 BGB	Umweltordnungswidrig-keitenrecht – Aufsichts-pflichtverletzung § 130 OWiG § 62 BImSchG § 41 WHG § 61 KrW/AbfG	Strafgesetzbuch Gewässerverunreinigung § 324 StGB Bodenverunreinigung § 324a StGB Luftverunreinigung § 325 StGB Abfallbeseitigung

Abb. 114. Flankierendes Rechtssystem zum Umweltschutz

12.2.2
Projektmanagement zum standortbezogenen Umweltschutz

Der Entschluß einer Unternehmensführung, sich freiwillig am Gemeinschaftssystem für das Umweltmanagement und die Umweltbetriebsprüfung zu beteiligen,
erfordert eine sorgfältige Projektierung des Vorhabens. Kleinere und mittlere Unternehmen (KMU) werden ohne Hilfe von außen wohl kaum in der Lage sein, ein
solches Vorhaben umzusetzen, ohne auf die Hilfe eines externen Umweltbetriebs-
prüfers zurückgreifen zu müssen. Es gibt im EG-Recht keine allgemein anerkannte
Begriffsbestimmung für kleine und mittlere Unternehmen. Legt man einen
Schwellenwert von 500 Beschäftigten zugrunde, so sind heute laut EG-Kommission, Dokument SEK (92) 351 endg. vom 29. 04. 1992, S. 19, über 99 % der 13 Mio.
Unternehmen in der Gemeinschaft KMU´s (Waskow 1994).

Für die Vergabe von *Fördermitteln* in den Einzelstaaten ist von der Europäischen Kommission erstmals der Begriff „kleine und mittlere Unternehmen" wie
folgt definiert worden (IKH Rheinhessen 1996): Unternehmen mit weniger als 10
Mitarbeitern sind Kleinstbetriebe. Als „klein" gelten Unternehmen, die unter 50
Personen beschäftigen und einen Umsatz von höchstens sieben Mio. ECU (ca. 13
Mio. DM) und ein Bilanzvolumen von unter fünf Mio. ECU (ca. 9,5 Mio. DM) aufweisen. Ein mittleres Unternehmen beschäftigt über 50, aber weniger als 250 Arbeitnehmer, setzt maximal 40 Mio. ECU um (ca. 75 Mio. DM) und hat eine Jahres-
bilanz von höchstens 27 Mio. ECU (rund 51 Mio. DM).

Die Abb. 115 zeigt eine mögliche Art der konzeptionellen Vorgehensweise zum
Projekt „betrieblicher Umweltschutz".

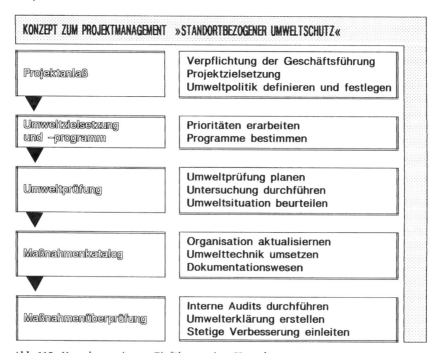

Abb. 115. Vorgehensweise zur Einführung eines Umweltmanagementsystems

Die gewissenhafte Umweltprüfung – nicht zu verwechseln mit der Umwelt*betriebs*prüfung, welche als Managementinstrument alle drei Jahre als ein Teil zur Folgevalidierung durchzuführen ist, (vergl. Artikel 2 der EG-UmwAuditVO, 1836/ 93) gilt als Informationsgrundlage für die Geschäftsführung; nur auf dieser Basis kann sie Entscheidungen fällen und entsprechende Prioritäten setzen.

Die Haupteinflußfaktoren auf die Umwelt an einem Standort eines Unternehmens sind der Abb. 116 zu entnehmen.

Einer der Schwerpunkte der Umweltprüfung ist die Erfassung der umweltrelevanten Stoff- und Energieströme. Dabei geht es neben den gesetzlichen Vorgaben um Maßnahmen, die zusätzlich negativ umweltbeeinflussende und zugleich kostensparende Parameter beinhalten, wie bspw.:

– Auswahl und Verringerung von Energieträgern
– Auswahl, Umgang von Rohstoffen und deren Lieferanten
– Umgang und Einsparung von Wasser
– Abfallvermeidung, -verwertung und -beseitigung
– Lärmkontrolle und -verringerung
– Produktionsverfahren
– Produktentwicklung (Design, Packstoffe und deren mengenmäßiger Einsatz und Entsorgung durch den Kunden (Handel) bzw. Konsumenten
– Betrieblicher Umweltschutz bei Unterauftragnehmern (Rohstoff- und Packmittellieferanten, Speditionswesen)
– Präventive Maßnahmen zur Vermeidung umweltschädigender Unfälle
– Operative und präventive Maßnahmen zum Schutze der Mitarbeiter vor gesundheitsgefährdenen Umwelteinflüssen

Abb. 116. Haupteinflußfaktoren eines Unternehmens auf die Umwelt

Die beispielhaften Checklisten (Abb. 117) helfen zur Erstellung einer spezifischen Unternehmensanalyse bzgl. des standortbezogenen Umweltschutzes.

Einstiegs-Checkliste

- Branche, Branchenentwicklung, Beschaffungs- und Absatzmärkte
- Produktprogramm des Betriebes am Standort
- Umweltschutz-sensible Erfahrungen des Betriebes
- Umweltschutz-bezogene Betriebsziele, Öffentlichkeitsarbeit
- Organigramm
- Kommunikation, Informationssysteme
- Haushaltsplan, Planung im Bereich betrieblicher Umweltschutz
- Steuerung, Führung, Controlling
- Betriebliche Qualifizierungsmaßnahmen im Umweltschutz

Erhebung des umwelttechnischen Ist-Zustandes

- Immissionsschutz
- Gewässerschutz
- Abfallentsorgung inkl. betrieblicher Stoffkreisläufe und Verpackung
- Transport- und Produktionsvorgänge
- Lagerung, Kennzeichnung und Umgang mit Gefahrstoffen
- Lärmschutz

Soll/Ist-Abgleich

gesetzliche Werte nach:	Werte des Betriebes:	geplante Maßnahmen:
· BImSchG und nachgeschaltete BImSchVerordnungen		
· TA Luft		
· TA Lärm		
· WHG und nachgeschaltete Verordnungen		
· Abwasserabgabengesetz und nachgeschaltete Verordnungen		
· AbfG und nachgeschaltete Verordnungen		
· TA Siedlungsabfall		
· Altölverordnung		
· ChemG und nachgeschaltete Verordnungen		
· TR Gefahrstoffe		
· GefahrstoffV		
· UmweltHG		

Abb. 117. Beispielhafte Checklisten zur Umweltprüfung

12.2.2.1
Stoffströme – Input/Output-Analysen

Im Hinblick auf die Umweltprüfung erhalten neben den administrativen Aktivitäten (Planungen, Zielsetzungen, Politik, Dokumentationen etc.), die operativen Tätigkeiten mit ihren standortspezifischen Besonderheiten der Stoffströme eine besondere Aufmerksamkeit.

Mit der Input/Output-Analyse wird der Weg des betrieblichen Inputs (Eingang von Materialien, Rohstoffe, Packmittel, Verbrauchsstoffen, Energien) und Outputs (Abgänge von Produkten, Abfällen, Energien, Emissionen) nach Stoff und Energieströmen getrennt untersucht (Abb. 118). Der Schwerpunkt ist dabei die Erfassung der umweltrelevanten Stoff- und Energieströme.

Die Analyse wird in allen Unternehmensbereichen durchgeführt. Sie schließt neben den Produktionsbereichen auch den Verwaltungsbereich ein. Bezüglich der Produktionsbereiche wird unterschieden in (s.a. Abb. 119):

– Betriebsbilanz; sie gibt Auskunft über den Input *aller* Stoff-, Energie*mengen* (kg, kWh, m³) und Anlagenzugänge, den Output wie Fertigprodukte, Anlagenabgänge, einschließlich der Material- und Energieverluste inkl. umwelteinwirkender Einflüsse wie Abluft, Abwärme, Abfälle, Abwässer, Emissionen.

– Produktionsbilanz; hier werden die *Verfahrensabläufe* der einzelnen Produktionsstufen, einschließlich des Lagerwesens, auf die Umwelteinwirkungen (Abfall, Abluft, Abwasser, Lärm, Abwärme etc.) analysiert.

– Produktbilanz; sie beinhaltet sowohl Fertigungsvorstufen der Zulieferer als auch „Produktionsnachstufen", sei es der weiterverarbeitende Abnehmer als auch der abnehmende Kunde.

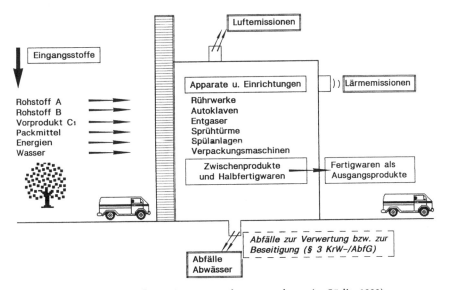

Abb. 118. Stoff- und Energieflüsse eines Unternehmensstandortes (n. Görlitz 1993)

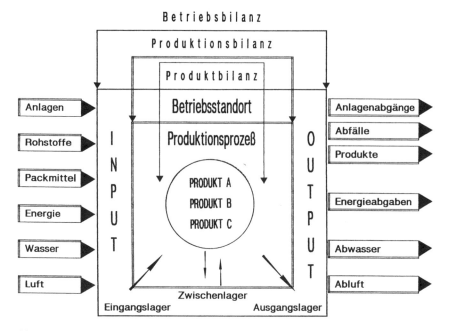

Abb. 119. Bilanzarten (n. Kammerer u. Wagner 1996)

Alle umweltrelevanten Einflüsse, die den drei genannten Bilanzen nicht zuge-ordnet werden können (z.B. Liegenschaften), sind der **Standortbilanz** zuzuord-nen.

Anhand der Abb. 120 – sie zeigt Parameter detaillierter Inputs, Bestände am Standort, sowie Outputs – können standortbezogene Ökobilanzen erstellt werden.

12.2.2.2
ABC/XYZ-Analysen

Die ABC-Analyse hilft bereits in der Einstiegsphase bei der Ermittlung von Schwer-punktproblemen am gesamten Standort. Nach einer erfolgten Input-Analyse kön-nen mit ihr Schwachstellen von Umwelteinwirkungen aufgedeckt und dargestellt werden – der Handlungsbedarf wird sichtbar.

Der Schwerpunkt einer Einstiegs-Analyse könnte eine Prioritätenermittlung sein:

A: besonders dringlicher Handlungsbedarf
B: mittelfristiger Handlungsbedarf
C: unbedenklich, kein Handlungsbedarf

Die ABC-Analyse wird durch die XYZ-Analyse ergänzt. Mit ihr werden Men-geneffekte (Betriebsbilanz) oder die Dauer (Produktionsbilanz) der möglichen Umwelteinflüsse der ABC-Analyse zugeordnet, z.B.:

INPUT		BESTÄNDE		OUTPUT	
1	Materialien/Stoffe	3.	Grundstück	6.	Waren/Güter
1.1	Rohstoffe	3.1	Boden	6.1	Gefertigte Produkte
1.2	Halbfertigware u.	3.1.1	Versiegelt	6.2	Handelswaren
	Handelsware	3.1.2	Nicht versiegelt	6.3	Werbematerialien
1.3	Packmaterialien	3.2	Bauten		
1.3.1	Packhilfsstoffe	3.3	Anlagen/Mobilar		
1.4	Hilfsstoffe	3.3.1	Produktion	7.	Abfälle
1.5	Betriebsstoffe	3.3.2	Labor	7.1	Zur Verwertung
1.6	Büromaterialien	3.3.2	Bürogeräte	7.2	Zur Beseitigung
1.7	Werkzeuge	3.3.3	EDV	7.3	Gewerblicher
1.8	Posteingang	3.3.4	Sonstiges		Hausmüll
	(Papier/Folie/etc.)	3.4	Fahrzeuge	7.4	Überwachungsbe-
		3.4.1	PKW		dürftiger Abfall
2.	Energie/Umweltgüter	3.4.2	LKW		
2.1	Energieträger	3.4.3	Betriebsinterne	8.	Emissionen
2.1.1	Elektrizität		Fahrzeuge	8.1	In die Luft
2.1.2	Brenn-/Heizstoffe			8.2	In das Abwasser
2.1.3	Treibstoffe	4.	Arbeitskräfte	8.3	In den Boden
2.1.4	Umweltwärme			8.4	Lärm
2.2	Wasser	5.	Lagerbestände	8.5	Abwärme
2.2.1	Frischwasser				
2.2.2	Brauchwasser			9	Arbeitsplatzbe-
2.3	Luft				lastungen
				9.1	Chemische Stoffe
				9.1.1	Dämpfe
				9.1.2	Stäube
				9.1.3	Ätzende Stoffe
				9.1.4	Giftige Stoffe
				9.2	Physikalische
					Einwirkungen
				9.2.1	Lärm
				9.2.2	Abwärme
				9.2.3	Erschütterungen

Abb. 120. Parameter zur Erstellung einer standortbezogenen Ökobilanz (n. Bieri u. Keller 1996)

X: hoher Mengeneinsatz resp. dauerhafte Umwelteinwirkung

Y: mittlerer Mengeneinsatz resp. zeutweilige Umwelteinwirkung

Z: geringer Mengeneinsatz resp. keine Umwelteinwirkung

Die Abb. 121 zeigt Bewertungskriterien (n. Bundesumweltministerium/Umweltbundesamt, 1995) einer ABC-Analyse.

Der nachfolgende Vorschlag (Bundesumweltministerium/Umweltbundesamt 1995) für ein Bewertungskonzept erlaubt, Bewertungskriterien, Zielsetzungen, Grundlagen, Informationsquellen und Vorgaben für eine ABC-Analyse zu beschreiben.

Kriterium 1: Umweltrechtliche/-politische Anforderung

– Grundlage: nationales und EG-Umweltrecht mit den Informationsquellen der einschlägigen Gesetzgebung, technischen Anweisungen, EG-Sicherheitsdatenblätter etc.

	Bewertungskriterien	A	B	C	InfoDefizit
1	Umweltrechtliche/-politische Anforderungen				
2	Gesellschaftliche Akzeptanz				
3	Gefährdungs-/Störfallpotential				
3.1	Luftbelastung				
3.2	Wasserbelastung				
3.3	Bodenbelastung				
3.4	Toxizität				
4	Internalisierte Umweltkosten				
5	Negative externe Effekte – Umweltwirkungen auf vor- und nachgelagerte Stufen				
5.1	Rohstoffproduktion				
5.2	Vorproduktion				
5.3	Entsorgung beim Verbraucher				
6	Erschöpfung nichtregenerativer/regenerativer Ressourcen				

Abb. 121. Kriterien einer ABC-Analyse

– Zielsetzung: Einhaltung bestehender Umweltgesetze und vorbeugende Abwehr staatlichen Handlungszwangs

A: Umweltgesetze werden mißachtet bzw. nicht eingehalten (z.B. Grenzwertüberschreitungen, Lagerungsvorschriften, Nichtanmeldung genehmigungsbedürftiger Anlagen, Einsatz verbotener Stoffe oder deren vorschriftswidrige Verwendung)

B: Betroffenheit durch voraussehbare Verschärfung von Umweltgesetzen (Grenzwerte, Anwendungsverbote, Ankündigungen von gegenüber nationalem Recht schärferen EG- bzw. internationalen Umweltnormen)

C: Stoffe, Anlagen, Maschinen werden vorschriftsmäßig eingesetzt bzw. betrieben; derzeit keine Umweltgesetze bzw. Verschärfungen zu erwarten

Kriterium 2: Gesellschaftliche Akzeptanz

– Grundlage: Anforderung sensibler Konsumenten, Kunden etc. Kritik, die sich auf Produkte und sonstige Aktivitäten des Unternehmens richtet und die über die vom Gesetzgeber geregelten Sachverhalte hinausgehen; als Informationsquellen dienen Kundengespräche, Betriebsführungen, kritische Medien
– Zielsetzung: Früherkennung für umweltpolitische Handlungsdefizite, produktbezogene Marktrisiken, Entschärfung ökologischer Konflikte

A: Produkt, Stoff oder Verfahren steht unter dauerhafter Kritik durch ökologische Anspruchsgruppen der Gesellschaft (Umsätze, Erfolgspotentiale, Image des Unternehmens werden beeinträchtigt)

B: Ökologische Anspruchsgruppen (national bzw. international) warnen vor Verharmlosung und fordern schärfere Bestimmungen. Beeinträchtigung des Umsatzes, des Images oder der Erfolgspotentiale sind zu erwarten. Akzeptanzprobleme kündigen sich an.

C: Keine (nennenswerte) öffentliche Kritik bekannt

Kriterium 3: Gefährdung-/Störfallpotential

- Grundlage: Einstufung des ökologischen Risikopotentials von Stoffen und Verfahren; als Infomationsquellen dienen EG-Datensicherheitsblätter, einschlägige Gesetze (KrW/AbfG, BImSchG, WHG, ChemG), Verordnungen (BImSchV, GefStoffV) etc.
- Zielsetzung: Vermeidung von Risikopotentialen, Reduzierung internalisierter Umweltkosten, Verhinderung von Imageeinbußen und Wettbewerbseinbußen

A: Hohes ökologisches Gefährdungspotential; hohe Störfallgefahr bzw. gravierende negative ökologische Folgen eines Störfalls; hohes Luft- bzw. Abwasservolumen; sehr giftige, giftige, mindergiftige Stoffe (Symbole der GefstoffV: E = explosionsgefährdend, F+ =hochentzündlich, T+ = sehr giftig, T = giftig, K = krebserzeugend, fruchtschädigend, erbgutverändernd, C = ätzend, überwachungsbedürftige Abfälle, wassergefährdende Stoffe WGK 3 oder 2)
B: Mittleres ökologisches Risikopotential; mittlere Störfallgefahr bzw. mittleres im Störfall zu erwartendes ökologisches Problem; gesundheitsschädigend; mittleres Luft- bzw. Abwasservolumen; leichtentzündliche, brandfördernde Stoffe (Symbole der GefstoffV: O = brandfördernd, Xi = reizend, F = leicht entzündlich, wassergefährdende Stoffe WGK 1)
C: Keine/kaum ökologische Gefährdungspotentiale oder Störfallgefahren

Kriterium 4: Internalisierte Umweltkosten

- Grundlage: Ermittlung (freiwillig oder gesetzlich) internalisierter Umweltkosten (Vermeidens-, Schadens-, Beseitigungs-, Ausweich-, Reduzierungskosten), die sich auf Produkte, Stoffe, Verfahren, Anlagen, beziehen und sich auf Informationsquellen wie das funktionsorientierte Rechnungswesen, Meßergebnisse oder Maschinendaten stützt
- Zielsetzung: Anzeigen direkter Beziehungen zwischen ökonomischen und ökologischen Zielen

A: Umweltkosten/bewertete Produktivitätsverluste hoch
B: Umweltkosten/bewertete Produktivitätsverluste mittel
C: Umweltkosten/bewertete Produktivitätsverluste gering bzw. nicht vorhanden

Kriterium 5: Negative externe Effekte – Umweltwirkung auf vor- und nachgelagerten Stufen

- Grundlage: Untersuchung der Umweltwirkung bei der Rohstoffgewinnung, Packmittelherstellung, Anlieferungstransporte bis hin zur Auslieferung, Trans-

port, Handel, Konsum, Nachkonsumphase (Packmittelentsorgung; gestützt auf Informationsquellen wie EG-Sicherheitsdatenblätter, Lieferanten- und Herstelleranfragen, Konsumentenverhalten
- Zielsetzung: Umwelteinwirkungen auf Vor- und Nachstufen der eigenen Produktion erkennen und vermeiden, Früherkennung externer Kosten, die zu Beschaffungs- und Marktrisiken sowie zu internen Kosten führen können

A: Werkstoff, Produkt, Verfahren mit hohen Umweltbelastungen auf vor- und nachgelagerten Stufen

B: Werkstoff, Produkt, Verfahren mit mittleren Umweltbelastungen auf vor- und nachgelagerten Stufen

C: Werkstoff, Produkt, Verfahren mit geringen Umweltbelastungen auf vor- und nachgelagerten Stufen

Kriterium 6: Erschöpfung nichtregenerativer/regenerativer Ressourcen

- Grundlagen: Voraussichtliche Reichweite nichtnachwachsender Rohstoffreserven, Übernutzung pflanzlicher Rohstoffe, intensive Landwirtschaft, Massentierhaltung; als Informationsquelle dienen Publikationen und sonstige Informationen
- Zielsetzung: Absicherung von Versorgungsengpässen, Vermeidung öffentlicher Kritik (Imageverlust), Stärkung einer Kreislaufwirtschaft, sparsamer Umgang mit Materie und Energie

A: Gefahr der kurzfristigen Erschöpfung, Übernutzung, Ausbeutung potentiell nachwachsender Rohstoffe und vom Aussterben bedrohter Tier- und Pflanzenarten; Mißachtung des Prinzips der Nachhaltigkeit

B: Rohstoffe sind mittelfristig erschöpft, nicht artgerechte Tierhaltung, Monokulturen, industrielle Agrochemie, Beeinträchtigung gefährdeter Tier- und Pflanzenarten

C: Rohstoffe langfristig verfügbar bzw. Einsatz von Sekundärrohstoffen

Die Bewertung der Analyse erfolgt mit einem Raster und hilft somit Problembezug und Handlungsbedarf zu wichten.

ABC/XYZ-Analysen beziehen sich insbesondere auf die:

- Rückstandwirtschaft
- Energiewirtschaft
- Wasser-/Abwasserwirtschaft
- Emissionen

Das erste Bewertungsraster würde sich auf einen einzelnen Stoff beziehen; siehe Tabelle 16, sie zeigt eine ABC/XYZ-Analyse eines Reinigungsmittels. Die Kriterien basieren auf den zuvor genannten.

Die sich anschließende Tabelle 17.1 zeigt das Bewertungsraster einer ABC/XYZ-Analyse für die Rückstandswirtschaft; Tabelle 17.2 ein Analysebeispiel diverser Abfallarten.

Tabelle 16. ABC/XYZ-Analyse eines Reinigungsmittels

NATRONBLEICHLAUGE

ABC/XYZ-Analyse

Artikel-Nummer .... Identifikations-Nr.: ....
Einkaufsmenge ....
Geschäftsjahr ....

ABC-Klassifizierung	A	B	C
ABC 1 Umweltrechtliche/-politische Anforderungen Begründung: GefStoffV → Belüfungseinrichtung WHG → Chlorgas		Ⓑ	
ABC 2 Gesellschaftliche Akzeptanz Begründung: Chlorreiniger	Ⓐ		
ABC 3 Gefährdungs-/Störfallpotenital Begründung: C ätzend WGK 2 MAK 1,5 mg/m³	Ⓐ		
ABC 4 Internalisierte Umweltkosten Begründung: keine			Ⓒ
ABC 5 Externe Effekte: Vor- u. Nachstufen Begründung: hoher Energieeinsatz, Salzfracht, spaltendes Produkt (→ mögliche CKW-Bildung) → Gewässerbelastung	Ⓐ		
ABC 6 Erschöpfung (nicht)regenerativer Ressourcen Begründung: –			Ⓒ
ABC-Klassifizierung	Ⓔ	⓵	⓶
XYZ-Klassifizierung		Ⓩ	
Verbrauchsmenge			

Tabelle 17.1. Bewertungsraster einer ABC/XYZ-Analyse für die Rückstandswirtschaft

Bewertungsraster ABC/XYZ-Analyse Rückstandswirtschaft			
Entsorgungs-problematik	Vermeidungs-/ Verwertungs-möglichkeit	Einhaltung umwelt-rechtlicher Vorgaben	spezifische Kosten
A besonders über-wachungsbe-dürftiger Abfall	keine Vermei-dung/Verwer-tung	werden nicht oder nicht alle eingehalten	hohe spezifische Kosten
B sonstige Rückstände	teilweise Ver-meidung/ teil-weise Verwer-tung	werden einge-halten, jedoch Verschärfung wird erwartet	niedrige bis mittelere spezi-fische Kosten
C nicht relevant, da Vermeidung oder Verwertung	vollständige Vermeidung bzw. Verwertung	werden einge-halten, keine Verschärfung zu erwarten	Erlöse
X große Rück-standsmengen	hohes Einspar-volumen	viele Rechts-vorschriften beachten	immer mit Kosten verbun-den
Y mittlere Rück-standsmengen	mittlere Einspar-möglichkeiten	einige Rechts-vorschriften beachten	zum Teil mit Kosten verbun-den
Z niedrige Rück-standmengen	kaum Einspar-rungsmöglich-keiten	kaum Rechts-vorschriften relevant	Kosten können vernachlässigt werden

12.2.3
Dokumentation, Organisation und funktionale Schnittstellen des betrieblichen Umweltschutzes

Die Dokumentation eines Umweltmanagementsystems kann prinzipiell analog zu einem Qualitätsmangementsystem gestaltet werden – nämlich in eine *anweisende* und eine *protokollierende* Dokumentation (s. Abb. 25). Während ein Qualitätsma-nagementhandbuch im Regelwerk der DIN EN ISO 9000ff. explizit gefordert wird, fordert weder die DIS/ISO 14001 noch die EG-UmwAuditVO ein solches Hand-buch zur Darlegung des Umweltmanagementsystems. Wenn auch kleine Betriebe eventuell auf eine solche – doch mit recht hohem Aufwand verbundene – Hand-buchdokumentation verzichten können, ist dies für Unternehmen ab mittlerer Größe mit etwa 50 Mitarbeiten aufwärts wohl kaum noch möglich.

Tabelle 17.2. Analysebeispiel diverser Abfallarten

ABC/XYZ-Analyse Rückstandswirtschaft								
Kriterien								
Rück-stände	Entsorgungs-problematik		Vermeidungs/Verwertungs-möglichkeit		Einhaltung umwelt-rechtlicher Vorgaben		spezifische Kosten	
	ABC	XYZ	ABC	XYZ	ABC	XYZ	ABC	XYZ
Säcke aus Kraftpapier ohne Einlage	C	Y	C	Z	C	Y	C	Z
Kunststoff-folien (PE)	B	X	B	Z	C	Y	B	Y
Transport-kartonagen	C	Y	C	Z	C	Y	C	Z
hausmüllähn-liche Gewerbe-abfälle	C	Z	A	Y	A	Y	B	X
nicht nachar-beitungsfähige Fehlprodukte								
Retouren aus Reklamationen								
Abfälle des mi-krobiologischen Labors								
Abfälle des che-mischen Labors								
Lösungsmittel des HPLC-Labors								
abgelaufene Rückstellmuster Spurenelemente	A	Z	A	Z	B	X	B	X
Druckfarben-reste (Folien-druck)								
Lösungsmittel (Foliendruck)	A	Z	A	Z	A	X	A	X
Getriebeöl								
....								
....								
....								
....								
....								
....								

Die grundlegende Umweltmanagement-Dokumentation nach der EG-Umw-AuditVO besteht aus zwei Teilen:

- **Beschreibung des Managementsystems (Soll-Zustandes)**
  (Anhang I Buchstabe B. Nr. 5 Satz 1)
  umfassende Darstellung von Umweltpolitik, -zielen und -programmen
  Beschreibung der Schlüsselfunktionen und -verantwortlichkeiten
  Beschreibung der Wechselwirkung zwischen den Systemelementen
- **Anwendung des Managementsystems (Ist-Zustand)**
  (Anhang I Buchstabe B. Nr. 5 Satz 2)
  Erstellung von Aufzeichnungen, um die Einhaltung der Anforderungen des Umweltmanagementsystems zu belegen und zu dokumentieren, inwieweit Umweltziele erreicht werden

Die *Beschreibung des Managementsystems* erfolgt zweckmäßigerweise im Umweltmanagementhandbuch; die Darstellung der *Anwendung des Managementsystems* sind am sinnvollsten in Richtlinien organisatorischer Einheiten, Umweltverfahrens- und -arbeitsanweisungen festzuschreiben. Die Hierarchie der UM-Dokumentation spiegelt eine Verwandschaft zum Qualitätsmanagement (s. auch Abb. 26) wieder:

- **Umweltmanagementhandbuch**
  Systembezogener Inhalt/Umfang: Grundsätze, Aufbau- und Ablauforganisation, standortbezogene Zusammenhänge, Verantwortlichkeiten, Hinweise auf mitgeltende Unterlagen (warum, was, wer, wann)
  Zugriff/Verteiler: extern: nach Ermessen der Geschäftsleitung; intern: Geschäfts- und Bereichsleitungen, Abteilungsleiter, Mitarbeiter zur uneingeschränkten Einsichtnahme
- **Richtlinien und UM-Verfahrensanweisungen**
  Produktbezogener Inhalt/Umfang: Detailbeschreibungen wie Strategie und Technik organisatorischer Einheiten, Prozeßprüfung, Prozeßüberwachung, Anforderung und Normen
  Zugriff/Verteiler: extern: nur Einsichtnahme nach Genehmigung durch die Geschäftsleitung; intern: bezogen auf Tätigkeiten
- **Arbeits- und Betriebsanweisungen**
  Inhalt/Umfang: Tätigkeiten, Arbeitsplatz, Stoffe, Regelung von Einzelheiten (wie, womit)
  Zugriff/Verteiler: nur intern: Verantwortliche, Beauftragte, „vor Ort"

Für die optionale Erstellung eines Umweltmanagementhandbuches und den zuordnungsfähigen „Systemelementen" ist der Anhang I der UmwAuditVO zu beachten (Abb. 122).

Da im Gegensatz zur QM-Norm DIN EN ISO 9001ff. keine starre Einhaltung der Elementfolge nötig ist, sind flexible Gliederungen möglich. Die nachstehende Abb. 123 zeigt zwei Gliederungen; eine ist an die Gliederung eines Qualitätsmanage-

Öko-Audit-Verordnung (EWG 1836/93) · DIN EN ISO 14001 und zuordnungsbare Systemelemente		
EG-Öko-Auditverordnung	Systemelemente	DIN EN ISO 14001
Anhang I, B.1.	Umweltpolitik	Kap. 4.1
Anhang I, B.3.	Umweltaspekte	Kap. 4.2.1
Anhang I, B.3.	Umweltgesetze u. -normen	Kap. 4.2.2
Anhang I, A.4.	Umweltziele u. -zielsetzungen	Kap. 4.2.3
Anhang I, A.5.	Umweltmanagementprogramm	Kap. 4.2.4
Anhang I, B.2.	Organisationsstruktur	Kap. 4.3.1
Anhang I, B.2.	Schulung, Bildung, Kompetenz	Kap. 4.3.2
Anhang I, B.2.	Kommunikation	Kap. 4.3.3
Anhang I, B.5.	Umweltmanagement-Dokumentation	Kap. 4.3.4
Anhang I, B.6.	Lenkung der Dokumente u. Daten	Kap. 4.3.5
Anhang I, B.4.	Ablauflenkung	Kap. 4.3.6
Anhang I, B.3.	Notfallvorsorge/Maßnahmeplanung	Kap. 4.3.7
Anhang I, B.4.	Überwachung u. Korrekturmaßnahmen	Kap. 4.4.1
Anhang I, B.5.	Aufzeichnungen	Kap. 4.4.3
Anhang I, B.6.	Umweltbetriebsprüfung resp. Audit	Kap. 4.4.4
Anhang I, B.6.	Bewertung durch die oberste Leitung	Kap. 4.5

Abb. 122. Zuordnungsfähige Systemelemente

Umweltmedienbezogene Gliederung n. Adams 1996	Gliederung in Anlehnung eines QM-Systems n. LfU 1994
– Leitlinien, strategische Zielsetzung – Rechtliche Grundlagen – Standards bzw. Mindestanforderungen Aufbauorganisation Organisation des Umweltschutzes im Unternehmen Beauftragte im Unternehmen Ablauforganisation Allgemeine Regelungen – Reinhaltung Luft – Reinhaltung Wasser – Reinhaltung Boden – Abfallvermeidung, -verwertung, -beseitigung – Gefahrstoffe – Lärm Einzelregelungen/Abläufe – Forschung und Entwicklung – Projektabwicklung – Planung und Auslegung – Auflageneinhaltung/Konzessionswesen – Instandhaltung/Änderung – Beschaffung – Lagerung – Transport – Verpackung – Personalqualifikation/Schulung – Durchführung interner Audits – Umweltberichterstattung – Aktualisierungsdienst	– Umweltmanagementsystem – Managementaufgaben – Unterlagenprüfung und Dokumentation – Marketing und Vertrieb – Entwicklung – Prozeß- u. Verfahrenstechnik – Materialwirtschaft – Produktion – Umweltbereiche – Logistik – Eigenkontrolle – Schulung – Prüfmittel – Umweltschutzaufzeichnungen – Umweltinformationssystem – Korrekturmaßnahmen – Umweltaudit – Umwelterklärung

Abb. 123. Mögliche Gliederungen eines Umweltmanagementhandbuches

mentsystems angelehnt (LfU 1994), die andere gliedert sich nach den zu schützenden Umweltmedien (Adams 1996).

Die Gliederung nach Adams (1996) eignet sich besonders für größere Unternehmen. Unterhalb eines straff gegliederten Umweltmanagementhandbuches dokumentieren Bereichshandbücher (Entwicklung, Produktion, Beschaffung, Instandhaltung etc.) den zu praktizierenden und aufrechtzuerhaltenden Umweltschutz.

12.2.3.1
Organisation und Schnittstellen

Umweltorientiertes Management bedeutet mehr als nur die Formulierung von Umweltleitlinien und Umweltpolitik – es erfordert die vollständige Integration des standortbezogenen Umweltschutzes in das unternehmerische Handeln – ein Teil der täglichen Arbeit der Unternehmensleitung. Der Umweltschutz ist als *ein* Aufgabenbereich zu sehen, der alle Teile des Unternehmens betrifft. Dies erfordert eine gute Organisation des betrieblichen Umweltschutzes, in der die unterschiedlichen Aufgaben und Verantwortlichkeiten im Betrieb genau beschrieben sind. Für den organisatorischen Aufbau des Systems mit seinen Schnittstellen und Verantwortungsbereichen eignen sich Zuständigkeitmatrizen (Abb. 124).

Die Abb. 124 zeigt eine beispielhafte Zuständigkeitsmatrix für den Einstieg in das betriebliche Umweltmanagement und verdeutlicht die besondere Verantwortung der obersten Leitung.

Die Matrix der nachfolgenden Abb. 125 berücksichtigt den Anhang I der EG-UmwAuditVO: „Vorschriften in bezug auf Umweltpolitik, -programme und -management", Buchstabe C mit den Nr. 1–11: „Zu behandelnde Gesichtspunkte".

Die Zusammenhänge von Funktionsbereichen und Umweltbereichen innerhalb des Umweltmanagement soll die Abb. 126 verdeutlichen.

Unterhalb des Umweltmanagementhandbuches sind zum einen die *ablaufbezogenen* Verfahrensanweisungen der Funktionsbereiche

- Marketing/Vertrieb,
- Forschung & Entwicklung,
- Prozeßtechnologien,
- Materialwirtschaft,
- Einkauf und
- Produktion angeordnet.

Diese Verfahrensanweisungen stehen in Wechselbeziehung mit den *technischen* Verfahrensanweisungen der Umweltbereiche, die sich auf die drei Umweltmedien Luft, Wasser, Boden sowie auf Energien beziehen.

Die technischen Verfahrensanweisungen mit den enthaltenden Vorgaben zum betrieblichen Umweltschutz lassen über das periodische Führen von Katastern innerhalb des Berichtswesens ein Soll-Ist-Vergleich zu, der Eingang in die „Umweltinformation" findet.

ABLÄUFE	Geschäftsleitung	Marketing/Vertrieb	Materialwirtschaft/Beschaffung	Entwicklung	Produktion	Qualitätswesen	Umweltschutz/Sicherheit	Lager/Logistik	BW/Controlling	Personalwesen	Bemerkungen
Unternehmensziele und Unternehmensleitlinien	V										
Standortbezogene Umweltpolitik	V	I			I	M	M			I	
Festlegung der Umweltziele	V	I	I	M	M	M	M	M		I	
Umweltproramm für den Standort	V	I			M	M	M		I	I	
Umweltmanagementsystem	V	I		M	M	M	M		I	I	
Umweltmanagementhandbuch	I				I	M	V			I	
Umweltverfahrens- und Umweltarbeitsanweisungen	Verantwortlich sind alle Vorgesetzten im Rahmen ihres Kompetenzgebietes										

V = Verantwortlich
M = zur Mitwirkung verpflichtet
I = Information

Abb. 124. Beispiel für eine Zuständigkeitsmatrix

12.2.3.2
Checklisten

Neben der Erstellung von Zuständigkeitsmatrizen (s. Abb. 124 u. 125) ist es erforderlich, themen- und bereichsspezifische Checklisten auszuarbeiten, um die Forderung des Anhangs I der EG-UmwAuditVO zu erfüllen. Nachstehend ist der Anhang I wiedergegeben und durch Fragebeispiele für Checklisten (VdTÜV 1995, Bayrisches Staatsministerium für Landesentwicklung und Umweltfragen 1995) ergänzt.
„Umweltpolitik, -programme und -managementsysteme"
EG-UmwAuditVO 1836/93 Anhang I Teil A, Nr. 1–5

B E R E I C H E → / ABLÄUFE ↓	Geschäftsleitung	Marketing/Vertrieb	Materialwirtschaft/Beschaffung	Entwicklung	Produktion	Qualitätswesen	Umweltschutz/Sicherheit	Lager/Logistik	BW/Controlling	Personalwesen	Bemerkungen
Tätigkeitsbezogene Beurteilung, Kontrolle zur Verringerung von Umwelteinflüssen	I		I	M	M	V	M				
Energiemanagement, Energieeinsparung, Auswahl von Energiequellen	I			M		V	I				
Wasserbewirtschaftung, -einsparung, Wahl von Transportmitteln	I			M		V	M	I			
Rückstandwirtschaft, Vermeidung, Verwertung und Beseitigung	I		M	M	I	V					
Emissionsbewertung Luft, Lärmbelästigung, Abwärme, Staub, Gerüche	I				M	V					
Änderung bestehender und Auswahl neuer Produktionsverfahren	I		M	V	I		I				
Produktplanung unter Umweltaspekten, Verpackung, Auswahl Rohstoffe	I	M	M	V	I	M					
Beurteilung des Umweltschutzes bei Unterauftragnehmern und Speditionen	I	V					M				
Verhütung und Begrenzung umweltschädigender Unfälle	I				M	V	M				
Information/Ausbildung des Personals bzgl. ökologischer Fragestellungen	I		I	I	I	I	M	I		V	

Bemerkungen (rechts, längs): *Grundlage: EG-UmwAuditVO Anhang I Buchstabe C. 1 – 11*

V = Verantwortlich
M = zur Mitwirkung verpflichtet
I = Information

Abb. 125. Zuständigkeitsmatrix operationell tätiger Verantwortungsbereiche

A. Umweltpolitik, -ziele und -programme

Die **Umweltpolitik** sowie das Umweltprogramm des Unternehmens für den betreffenden Standort werden in schriftlicher Form festgelegt. In den dazugehörigen Dokumenten wird erläutert, wie das Umweltprogramm und das Umweltmanagementsystem, die für den Standort gelten, auf die Politik und die Systeme des Unternehmens insgesamt bezogen sind.

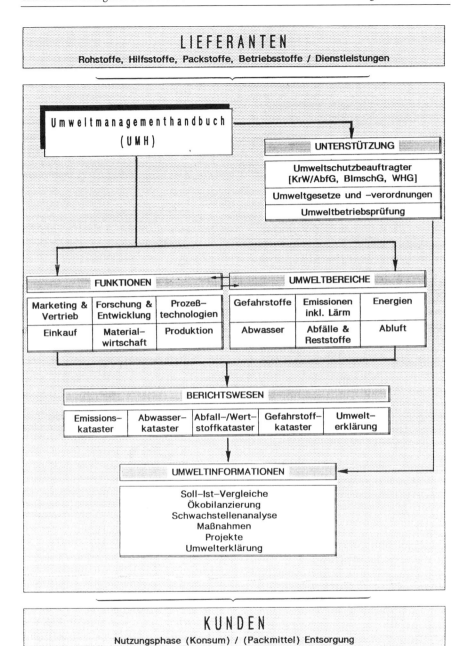

Abb. 126. Zusammenhänge im Umweltmanagement (n. LfU 1994)

Check
- Durch wen wurden die Umweltleitlinien für den Unternehmensstandort festgelegt?
- Erfolgte die Dokumentation z.B. innerhalb eines Umweltmanagementhandbuches?

Die **Umweltpolitik** des Unternehmens wird auf der höchsten Managementebene festgelegt und in regelmäßigen Zeitabständen insbesondere im Lichte von Umweltbetriebsprüfungen überprüft und gegebenenfalls angepaßt. Sie wird den Beschäftigten des Unternehmens mitgeteilt und der Öffentlichkeit zugänglich gemacht.

Check
- Sind die Umweltleitlinien vom Geschäftsführer per Visum und Datum in Kraft gesetzt worden?
- Erfolgt die Bekanntgabe z.B. auf einer Betriebsversammlung, durch die Firmenzeitung, am Schwarzen Brett?
- Wo ist das periodische Umweltmanagementreview festgehalten?

Die **Umweltpolitik** des Unternehmens beruht auf den in Teil D (EG-Umweltaudit VO) aufgeführten Handlungsgrundsätzen.
Über die Einhaltung der einschlägigen Umweltvorschriften hinaus bezweckt die Politik eine stetige Verbesserung des betrieblichen Umweltschutzes.
Die Umweltpolitik und das Umweltprogramm für den betreffenden Standort sind insbesondere auf die in Teil C aufgeführten Gesichtspunkte abgestellt.

Check
- Werden die Handlungsgrundsätze der „Guten Managementpraxis" nach Anhang I Teil D der EG-UmwAuditVO berücksichtigt (Förderung des Verantwortungsbewußtsein der Arbeitnehmer gegenüber der Umwelt; präventive Beurteilung von Tätigkeiten, neuer Produkte, neuer Verfahren auf Umweltauswirkungen; Überprüfung gegenwärtiger Tätigkeiten)?
- Enthalten die Leitlinien Verpflichtungen zur stetigen Verbesserung des standortbezogenen Umweltschutzes?
Wurden in den Leitlinien alle relevanten Gesichtspunkte nach Anhang I Teil C der EG-UmwAuditVO (s. Abläufe in Abb. 125) berücksichtigt?

Umweltziele: Das Unternehmen legt seine Umweltziele auf allen betroffenen Unternehmensebenen fest: Die Ziele müssen im Einklang mit der Umweltpolitik stehen und so formuliert sein, daß die Verpflichtung zur stetigen Verbesserung des betrieblichen Umweltschutzes, wo immer dies in der Praxis möglich ist, quantitativ bestimmt und mit Zeitvorgaben versehen wird.

Check
- Beruhen die aufgestellten Umweltziele auf Ergebnissen der ersten Umweltprüfung?
- Stehen die Umweltziele im Einklang mit der Umweltpolitik?

- Sind die Umweltziele quantifiziert und in einer Prioritätenliste dokumentiert?
- Sind die Zuständigkeiten sowie der Erfüllungsgrad der einzelnen Umweltziele festgelegt?
- Werden die Umweltziele stetig den Erfordernissen, insbesondere aber nach jeder Umweltbetriebsprüfung, angepaßt?

Umweltprogramm für den Standort: Vom Unternehmen wird ein Programm zur Verwirklichung der Ziele am Standort aufgestellt und fortgeschrieben. Das Programm umfaßt folgende Punkte:

- Festlegung und Verantwortung für die Erreichung der Ziele in jedem Aufgabenbereich und auf jeder Ebene des Unternehmens;
- die Mittel, mit denen die Ziele erreicht werden sollen.

Für Vorhaben im Zusammenhang mit neuen Entwicklungen oder neuen bzw. geänderten Produkten, Dienstleistungen oder Verfahren werden gesonderte Umweltmanagementprogramme aufgestellt, in denen folgendes festgelegt wird:

- die angestrebten Umweltziele;
- die Instrumente für die Verwirklichung dieser Ziele;
- die bei Änderung im Projektverlauf anzuwendenden förmlichen Verfahren;
- die erforderlichenfalls anzuwendenden Korrekturmaßnahmen, ihr Einsetzungsverfahren und das Verfahren, mit dem abgeschätzt werden soll, inwieweit die Korrekturmaßnahmen in jeder einzelnen Anwendungssituation angemessen sind.

Check
- Werden die Umweltziele in konkrete Programme abgeleitet (Abb. 127)?
- Sind die mit der Durchführung betrauten Verantwortlichen namentlich genannt, die Umsetzungsmaßnahmen korrekt formuliert und terminiert?
- Stehen entsprechende Mittel (genehmigtes Budget) zur Verfügung?
- Werden die betroffenen Mitarbeiter des Bereiches rechtzeitig informiert und bei der Programmgestaltung mit einbezogen?
- Wird die Umsetzung der Umweltprogramme kontrolliert und entsprechend dokumentiert?
- Ist ein Verfahren für eventuell notwendig werdende Korrekturmaßnahmen erarbeitet worden?
- Wie erfolgt die Fortschreibung der Umweltprogramme, um die Forderung der stetigen Verbesserung des betrieblichen Umweltschutzes erfüllen zu können?

EG-UmwAuditVO 1836/93 Anhang I Teil B, Nr. 1–6

B. Umweltmanagementsysteme
Das Umweltmanagementsystem wird so ausgestattet, angewandt und aufrechterhalten, daß es die Erfüllung der nachstehend definierten Anforderungen gewährleistet.

Umweltpolitik, -ziele und -programme: Festlegung und Überprüfung in regelmäßigen Zeitabständen sowie gegebenenfalls Anpassung von Umweltpolitik, -zielen und -programmen des Unternehmens für den Standort auf der höchsten geeigneten Managementebene.

Q-FOOD GMBH | UMWELTPROGRAMM FÜR DAS JAHR 1997

BEREICH	UMWELTZIEL	MASSNAHME	TERMIN	ZUSTÄNDIG	PRIORITÄT	UMSETZ.
Rohstoffe	Erhöhung des Anteils aus ökologischem Anbau um 10%	Suche nach neuen Lieferanten	15.6.97	Fr. Wolf	↗↗	50%
		Umstellung der Produktion	31.7.97	Hr. Peter	↗	80%
Packmittel	Umstellung von Kunststoffstülpdeckeln auf Pappstülpdeckeln	Maschinenumrüstung	31.7.97	Hr. Fuchs	↗	90%
		Stapelversuche	31.6.97	Hr. Kopf	↗↗	
Energie	Detaillierte Verbrauchserfassung	Einbau von Zählern	15.3.97	Hr. Hammer	↗	80%
Wasser	Reduzierung des Wasserverbrauchs um 15%	Regenwassersammelanlage installieren und Regenwasser nutzen	1.10.97	Hr. Otto	↗↗	100%
Abfall	Verringerung der Abfallmenge zur Beseitigung um 10%	Durchführung einer Abfallanalyse	31.6.97	Hr. Grün	↗↗	
		Einführung eines Wertstoffsammelsystems	15.3.97	Hr. Braun	↗↗↗	80%
interner Transport	Reduzierung der Kraftlinersäcke um 60%	Umstellung auf Containertransport	15.2.97	Fr. Weiß	↗↗↗	

Abb 127. Beispiel für ein Umweltprogramm

Check
- In welchem Dokument (evtl. UM-Handbuch) ist das Umweltmanagementreview festgeschrieben?
- Welche Beurteilungskennzahlen werden herangezogen?
- Ist ein internes Auditteam benannt?
- Auf welcher Grundlage werden Umweltpolitik, -ziele, -programme modifiziert?

Organisation und Personal; Verantwortung und Befugnisse: Definition und Beschreibung von Verantwortung, Befugnissen und Beziehungen zwischen den Beschäftigten in Schlüsselfunktionen, die die Arbeitsprozesse mit Auswirkungen auf die Umwelt leiten, durchführen und überwachen.

Check
- Existieren für alle umweltbedeutsamen Funktionen, die mit der Leitung, Durchführung oder Überwachung betraut sind Stellen- bzw. Funktionsbeschreibungen?
- Wurden Betriebsbeauftragte (§ 54 KrW/AbfG, § 53 BImSchG, § 21a WHG o. a.) bestellt?

Managementvertreter: Bestellung eines Managementvertreters mit Befugnissen und Verantwortung für die Anwendung und Auftrechterhaltung des Managementsystems.

Check
- Wie ist der Umweltmanagementvertreter hierarchisch im Unternehmen eingebunden (Stabsfunktion, funktionale Eingliederung, Matrixorganisation, Aufgabenerweiterung)?
- Ist das Vortragsrecht gegenüber der Geschäftsleitung in der Stellen- bzw. Funktionsbeschreibung festgeschrieben?

Personal, Kommunikation und Ausbildung: Vorkehrungen, die gewährleisten, daß sich die Beschäftigten auf allen Ebenen bewuß sind über

- die Bedeutung der Einhaltung der Umweltpolitik und -ziele sowie der Aufforderungen nach dem festgelegten Managementsystem;
- die möglichen Auswirkungen ihrer Arbeit auf die Umwelt und den ökologischen Nutzen eines verbesserten betrieblichen Umweltschutzes;
- ihre Rolle und Verantwortung bei der Einhaltung der Umweltpolitik und der Umweltziele sowie der Anforderungen des Managementsystems;
- die möglichen Folgen eines Abweichens von den festgelegten Arbeitsabläufen.

Ermittlung von Ausbildungsbedarf und Durchführung einschlägiger Ausbildungsmaßnahmen für alle Beschäftigten, deren Arbeit bedeutende Auswirkungen auf die Umwelt haben kann.
Vom Unternehmen werden Verfahren eingerichtet und fortgeschrieben, um in bezug auf die Umweltauswirkungen und das Umweltmanagement des Unterneh-

mens (interne und externe) Mitteilungen von betroffenen Parteien entgegenzu-
nehmen, zu dokumentieren und zu beantworten.

Check
- Ist sichergestellt, daß zur Umsetzung von Umweltpolitik, -zielen und -program-
  men ausgebildetes Personal zur Verfügung steht?
- Sind Verfahren und Zuständigkeiten für die Personalqualifikation festgelegt?
- Wird der Schulungsbedarf der Mitarbeiter regelmäßig ermittelt?
- Werden Schulungsmaßnahmen festgelegt und die Teilnahme dokumentiert?
- Gibt es spezielle Anforderungsprofile für Mitarbeiter mit umweltrelevanten Tä-
  tigkeiten?
- Werden neue Mitarbeiter über die potentiellen Umweltauswirkungen ihrer Tä-
  tigkeiten unterwiesen?
- Wie wird das Thema Umwelt in die vorhandenen Informationswege eingebun-
  den?

**Auswirkungen auf die Umwelt; Bewertung und Registrierung der Auswirkungen
auf die Umwelt:** Prüfung und Beurteilung der Umweltauswirkungen auf die Tätigkeit des Unternehmens am Standort sowie Erstellung eines Verzeichnisses der
Auswirkungen, deren besondere Bedeutung festgestellt worden ist. Dies schließt
gegebenenfalls die Berücksichtigung folgender Sachverhalte ein:

- kontrollierte und unkontrollierte Emissionen in die Atmosphäre;
- kontrollierte und unkontrollierte Ableitungen in Gewässer oder in die Kanali-
  sation;
- feste und andere Abfälle, insbesondere gefährliche Abfälle;
- Kontamination von Erdreich;
- Nutzung von Boden, Wasser, Brennstoffen und Energie sowie anderen natür-
  lichen Ressourcen;
- Freisetzen von Wärme, Lärm, Geruch, Staub, Erschütterungen und optische
  Einwirkungen;
- Auswirkung auf bestimmte Teilbereiche der Umwelt und auf Ökosysteme.

Dies umfaßt Auswirkungen, die sich unter folgenden Bedingungen ergeben

- normale Betriebsbedingungen;
- abnormale Betriebsbedingungen;
- Vorfälle, Unfälle und mögliche Notfälle;
- frühere, laufende und geplante Tätigkeiten.

Check
- Sind Verfahrenanweisungen für die Identifizierung und die Dokumentation
  der Auswirkungen des Unternehmensstandortes auf die Umwelt festgelegt, wie
  z.B. für:
  - kontrollierte und unkontrollierte Emissionen in die Atmosphäre,
  - kontrollierte und unkontrollierte Ableitungen von Abwässeren,

- ● Freisetzung von Geruch, Staub, Wärme, Lärm,
- ● Handhabung von Abfällen, insbesondere gefährliche Abfälle
- – Liegt ein Abfallwirtschaftskonzept vor?
- – Gibt es eine Abschätzung der vom Standort ausgehenden Umweltrisiken?
- – Sind Alarm- und Gefahrenabwehrpläne vorhanden?

Verzeichnis von Rechts- und Verwaltungsvorschriften und sonstigen umweltpolitischen Anforderungen: Von den Unternehmen werden Verfahren für die Registrierung aller Rechts- und Verwaltungsvorschriften und sonstiger umweltpolitischer Anforderungen in bezug auf die umweltrelevanten Aspekte der Unternehmenstätigkeiten, Produkte und Dienstleistungen eingerichtet und fortgeschrieben.

Check
- – Wie wird sichergestellt, daß umweltrechtliche Gesetzes-/Verordnungstexte, kommunale Satzungen etc. stets den neuesten Stand aufweisen?
- – Ist eine Stelle benannt, welche die Rechts- und Verwaltungsvorschriften etc. archiviert?

Aufbau- und Ablaufkontrolle; Festlegung von Aufbau- und Ablaufverfahren: Ermittlung von Funktionen, Tätigkeiten und Verfahren, die sich auf die Umwelt auswirken oder auswirken können und für Politik und Ziele des Unternehmens relevant sind.
Planung und Kontrolle derartiger Funktionen, Tätigkeiten und Verfahren, vor allem hinsichtlich

- – dokumentierten Arbeitsanweisungen, in denen festgelegt ist, wie die Tätigkeit entweder von den Beschäftigten des Unternehmens oder von anderen, die für sie handeln, durchgeführt werden muß. Derartige Anweisungen werden für Fälle vorbereitet, in denen ihr Fehlen zu einem Verstoß gegen die Umweltpolitik führen könnte;
- – Verfahren, die die Beschaffung und Tätigkeit von Vertragspartnern betreffen, um sicherzustellen, daß die Lieferanten und diejenigen, die im Auftrag des Unternehmens tätig werden, die entsprechenden ökologischen Anforderungen des Unternehmens einhalten;
- – Überwachung und Kontrolle der relevanten verfahrenstechnischen Aspekte (z.B. Verbleib von Abwässern und Beseitigung von Abfällen);
- – Billigung geplanter Verfahren und Ausrüstungen;
- – Kriterien von Leistungen im Umweltschutz, die in schriftlicher Form als Norm festgelegt werden.

Check
- – Sind alle Funktionen, Verfahren und Tätigkeiten, die für die Umweltauswirkungen und Ziele des Unternehmens relevant sind, ermittelt worden?
- – Sind Verfahrensanweisungen mit Querverweisen auf andere Anweisungen (z.B. Arbeitsanweisungen, Betriebsanweisungen, Überwachungspläne) erstellt?

- Wird bereits bei der Entwicklung neuer Produkte und bei der Produktpflege der Umweltschutz angemessen berücksichtigt, z.B.
  Produktionsverlauf,
  umweltorientierte Rohstoffe,
  Verpackung und Wiederverwendung,
  Endlagerung?
- Gibt es Verfahrensanweisungen für die Inspektion, Wartung und Reparatur aller Produktionsanlagen, bei denen umweltrelevante Aspekte berücksichtigt werden müssen?
- Gibt es festgelegte Verfahren zur Beschaffung von Produkten, Produktionsanlagen, Rohstoffen, Packmaterialien, Betriebsstoffen, Dienstleistungen, die die Umweltaspekte berücksichtigen?

Kontrolle: Durch das Unternehmen ausgeführte Kontrolle der Einhaltung der Anforderungen, die das Unternehmen im Rahmen seiner Umweltpolitik, seines Umweltprogramms und seines Umweltmanagementsystems für den Standort definiert hat, sowie die Einführung und Weiterführung von Ergebnisprotokollen. Dies beinhaltet für jede Tätigkeit bzw. jeden Bereich

- die Ermittlung und Dokumentierung der für die Kontrolle erforderlichen Informationen;
- die Spezifizierung und Dokumentierung der für die Kontrolle anzuwendenden Verfahren;
- die Definition und Dokumentierung von Akzeptanzkriterien und Maßnahmen, die im Fall unbefriedigender Ergebnisse zu ergreifen sind;
- die Beurteilung und Dokumentierung der Brauchbarkeit von Informationen aus früheren Kontrollmaßnahmen, wenn sich herausstellt, daß ein Kontrollsystem schlecht funktioniert.

Check
- Erfolgt die Erfassung der umweltrelevanten Daten anhand von festgelegten Prüfplänen?
- Enthalten diese Prüfpläne die notwendigen Vorgaben, wie z.B. die zuständige Organisationseinheit, Meßstellen und dazugehörige Prüfverfahren und -umfang?

Nichteinhaltung und Korrekturmaßnahmen: Untersuchung und Korrekturmaßnahmen im Fall der Nichteinhaltung der Umweltpolitik, der Umweltziele oder Umweltnormen des Unternehmens, um

- den Grund hierfür zu ermitteln;
- einen Aktionsplan aufzustellen;
- Vorbeugemaßnahmen einzuleiten, deren Umfang den aufgetretenen Risiken entspricht;
- Kontrollen durchzuführen, um die Wirksamkeit der ergriffenen Vorbeugemaßnahmen zu gewährleisten;

– alle Verfahrensänderungen festzuhalten, die sich aus den Korrekturmaßnahmen ergeben.

Check
– Existieren Melde- und Entscheidungsverfahren bei auftretenden Mängeln und Störungen?
– Gibt es Verfahren zur Ermittlung möglicher Fehlerursachen bei Abweichungen von
   Umweltpolitik, -zielen und -programmen,
   Verfahrens-, Arbeits-, Betriebsanweisungen,
   internen Normen?
– Liegt dem Korrekturmaßnahmeverfahren eine systematische Fehlererfassung und Fehleraufbereitung zugrunde?
– Wie werden die durchgeführten Korrekturmaßnahmen auf ihre Effizienz hin überprüft?
– Wer ist zuständig für die Überwachung von Korrektur- und Vorbeugemaßnahmen im Sinne einer Fortschrittskontrolle?

Umweltmanagement-Dokumentation: Erstellung einer Dokumentation mit Blick auf
– eine umfassende Darstellung von Umweltpolitik, -zielen und programmen;
– die Beschreibung der Schlüsselfunktionen und -verantwortlichkeiten;
– die Beschreibung der Wechselwirkungen zwischen den Systemelementen.

Erstellung von Aufzeichnungen, um die Einhaltung der Anforderungen des Umweltmanagementsystems zu belegen und zu dokumentieren; inwieweit wurden Umweltziele erreicht.

Check
– Existiert eine anweisende und protokollierende Umweltdokumentation (vergl. auch Abb. 25)?
– Gibt es im UM-Handbuch Querverweise sowohl auf Verfahrens-, Arbeits- und Betriebsanweisungen als auch auf Stellen- bzw. Funktionsbeschreibungen?
– Ist die regelmäßige Aktualisierung der Umweltdokumentation sichergestellt?
– Wie wird sichergestellt, daß stets die gültigen Versionen von Dokumenten vorliegen?
– Werden die Berichte der Betriebsbeauftragten für die einzelnen Umweltbereiche dokumentiert?
– Sind relevante Normen der Technik verfügbar?

Umweltbetriebsprüfung: Management, Durchführung und Prüfung eines systematischen und regelmäßig durchgeführten Programms betreffend

– die Frage, ob die Umweltmanagementtätigkeiten mit dem Umweltprogramm in Einklang stehen und effektiv durchgeführt werden;
– die Wirksamkeit des Umweltmanagementsystems für die Umsetzung der Umweltpolitk des Unternehmens.

Check

- Gibt es ein festgelegtes Verfahren für die Planung und Ausführung von Umweltbetriebsprüfungen?
- Beinhaltet dieses Verfahren
  - die Sammlung der für die Überprüfung erforderlichen Informationen,
  - die Spezifizierung der für die Überprüfung anzuwendenden Verfahrensabläufe,
  - die Definition von Akzeptanzkriterien und die Festlegung von Maßnahmen, die bei Abweichungen von Anforderungen zu ergreifen sind,
  - die Beurteilung der Brauchbarkeit von Informationen aus früheren Überprüfungen?
- Richten sich die Intervalle für zukünftige Umweltbetriebsprüfungsverfahren nach
  - den Auswirkungen einzelner Tätigkeiten auf die Umwelt,
  - den Ergebnissen vorangegangener Umweltbetriebsprüfungen?
- Besitzen die Umweltbetriebsprüfer Kenntnisse und Erfahrungen nach der DIN ISO 10011 Teil 1?
- Berücksichtigen die Umweltbetriebsprüfungsverfahren in angemessener Form die kontinuierliche Überprüfung der Anforderungen, die sich aus Umweltpolitik, -zielen, -programmen und dem UM-System ergeben?

12.2.4
EG Umwelt-Auditverordnung – Vorbehalte und Vorteile – Zeitlicher Aufwand

Als Unternehmer wird man sich fragen, welchen Vorteil die *freiwillige* Beteiligung des gewerblichen Unternehmens an einem Gemeinschaftssystem für das Umweltmanagement und die Umweltbetriebsprüfung für den Unternehmensstandort bringt. Es kann nicht bestritten werden, daß mit dem Einstieg ins Umweltmanagement Vorteile – aber auch Vorbehalte – verbunden sind.

12.2.4.1
Vorbehalte

Die (freiwillige) Teilnahme am Öko-System der EG-UmwAuditVO bedeutet zunächst die Unterwerfung des Unternehmens unter einer Reihe von Zwängen. Die „Flexibilität" der Unternehmen wird zu Gunsten einer Umweltdisziplin eingeschränkt, da zu den bestehenden weitere umweltrechtliche, aber auch wirtschaftliche Anforderungen hinzukommen, die der Verpflichtung („Zwang"?) einer angemessenen kontinuierlichen Verbesserung des betrieblichen Umweltschutzes unterliegen (Artikel 1, Abs. 2 der EG-UmwAuditVO). Eine weitere Verpflichtung zielt darauf ab – über die Einhaltung des Umweltrechts hinaus – Umwelteinwirkungen am Betriebsstandort zu verringern. Hinzu kommen innerbetriebliche Dokumentationen, Reglementierungen, Prüfungen. Damit verbunden – durch Bindung betrieblicher Ressourcen, Personalkosten beim Eigenaudit (Umweltbetriebsprüfung) – *können* beträchtliche Kosten entstehen.

Der Entschluß der Nichtteilnahme am EG-ÖkoAudit kann als ein mögliches Risiko in bezug des Wettbewerbsvorteils gewertet werden. Allerdings ist zu bedenken, daß ein Unternehmen, welches aus irgend einem Grund nicht mehr am freiwilligen System teilnehmen möchte – also einen Ausstieg aus dem EG-System nach anfänglicher Teilnahme beschließt – mit höheren Imageverlusten rechnen muß, als der Entschluß einer generellen Nichtteilnahme.

12.2.4.2
Vorteile

Neben den berechtigten Vorbehalten gegenüber dem EG-ÖkoAudit-System erwarten die Unternehmen einen ökonomischen Nutzen bzw. ein günstiges Kosten-Nutzen-Verhältnis – diese Erwartungen können mit Vorteilen – die das System bietet, erfüllt werden.

Für die Wettbewerbschancen am Markt ist das Image durch die Führung des EG-Umweltmanagement-Logos (Abb. 128) von entscheidender Bedeutung, wobei allerdings der Artikel 10 Abs. 3 der EG-UmwAuditVO 1836/93 zu beachten ist – signalisiert es doch die strategische Ausrichtung des Unternehmens auf umweltfreundliche Produktionsverfahren und somit unter ökologischen Gesichtspunkten hergestellte Erzeugnisse.

Das Öko-Audit-System dient nicht primär der Senkung der Umweltkosten. Allerdings können Maßnahmen zum betrieblichen Umweltschutz Kostenersparnisse mit sich bringen, so z.B.:

- **Abfallvermeidung**
  Einflußnahme auf Verpackungen von Vorlieferanten
  Kostenreduktion durch nicht Inanspruchnahme von Entsorgern
- **Abwärmenutzung**
  Kosteneinsparung durch geringeren Einkauf von Primärenergien
- **Nutzung von Regenwasser als Brauchwasser**
  Kostenersparnis im Trinkwasserbereich

In Reststoffen stecken beträchtliche Werte. Sie verlassen ein Unternehmen nicht als verkaufte Produkte, sondern im Abfallcontainer, durch das Abwasserrohr und den Schornstein.

Erfahrungen zeigen, daß jedes Unternehmen *dreimal* für seine Reststoffe bezahlt; bei:

- ihrem Einkauf in Form von Roh-, Hilfs- und Betriebsstoffen
- ihrem Weg durch den Betrieb (Transport, Anlagenkapazität, Personal)
- ihrer Entsorgung

Nach Berechnungen der Kienbaum Unternehmensberatung (Fischer 1996) kommen dafür in einem typischen Industrieunternehmen 5 bis 15 % der Gesamtkosten zusammen. Hochgerechnet auf das verarbeitende Gewerbe in Deutschland sind das 97 bis 292 Milliarden DM pro Jahr. Diese Werte gehen der Industrie mit Abwasser, Abluft und Abfall verloren.

Dieser Standort verfügt über ein Umweltmanagementsystem. Die Öffentlichkeit wird im Einklang mit dem Gemeinschaftssystem für das Umweltmanagement und die Umweltbetriebsprüfung über den betrieblichen Umweltschutz dieses Standortes unterrichtet. (Register-Nr. ...)

Alle Standorte innerhalb der EG, an denen wir gewerblich tätig sind, verfügen über ein Umweltmanagementsystem. Die Öffentlichkeit wird im Einklang mit dem Gemeinschaftssystem für das Umweltmanagement und die Umweltbetriebsprüfung über den betrieblichen Umweltschutz dieses Standorte unterrichtet. (Hier kann eine Erklärung bezüglich der Praktiken in Drittländern angefügt werden).

Alle Standorte in (Name(n) des (der) EG-Mitgliedstaats(staaten)), in denen wir gewerblich tätig sind, verfügen über ein Umweltmanagementsystem. Die Öffentlichkeit wird im Einklang mit dem Gemeinschaftssystem für das Umweltmanagement und die Umweltbetriebsprüfung über den betrieblichen Umwelt schutz dieser Standorte unterrichtet.

Die nachstehenden Standorte, in denen wir gewerblich tätig sind, verfügen über ein Umweltmanagementsystem. Die Öffentlichkeit wird gemäß dem Gemeinschaftssystem für das Umweltmanagement und die Umweltbetriebsprüfung über den betrieblichen Umweltschutz dieser Standorte   unterrichtet:

- Name des Standortes, Registernummer
- ...
- ...

Abb. 128. EG-Umweltlogo nach Anhang IV der Umwelt-Audit-Verordnung

Durch eine Umweltbetriebsprüfung werden zwangsläufig vielschichtige unternehmensinterne *Risikopotentiale* erkannt und *Schwachstellen* transparent gemacht. Dadurch können Risiken des Produkthaftungs- und des Umwelthaftungsrechts analysiert und somit minimiert werden. Auch können Unfälle, Störfälle und damit Anlagen- und Personenschäden vermieden werden.

Daraus ergibt sich ein weiterer wichtiger Aspekt für Versicherungsgeber von Haftpflichtrisiken, nämlich die mögliche *Senkung von Versicherungsprämien* für Umwelthaftpflichtversicherung. Unternehmen mit umweltfreundlichen Betriebsorganistionen senken das Schadensrisiko und minimieren dadurch auch das Erstattungsrisiko der Versicherungen. Das bedeutet, daß bei neuen Vertragsabschlüssen Umweltmanagementsysteme gefordert oder aber bei bestehenden Verträgen Beitragssenkungen erwogen werden können, falls ein Öko-Audit-System installiert wurde.

12.2.4.3
Zeitlicher Aufwand

An einem Pilotprojekt in Bayern (Bayerisches Staatsministerium für Landesentwicklung und Umweltfragen 1995) waren insgesamt acht Standorte, zwei davon aus dem Nahrungs- bzw. Genußmittelbereich, beteiligt.

Für die Einführung des EG-Umwelt-Audit-Systems in die betrieblichen Abläufe wurden die in Tabelle 18 genannten Zeiten angegeben.

Zeit- und somit auch kostenentscheidend sind insbesondere

- Komplexität der Abläufe,
- Mitarbeiterzahl,
- bereits erbrachte Vorleistungen hinsichtlich Umweltschutz,
- Tiefe der Umweltprüfung
- Detailtiefe der Dokumentation.

Tabelle 18. Benötigte Zeiten für die Einführung eines Umweltmanagementsystems nach der EG-UmwAuditVO 1836/93

Branche	Mitarbeiteranzahl im Projektbereich bzw. am Standort	Aufwand intern (Tage)	Aufwand extern (Tage)
Bäckerei	27	68	23
Weinbau	40	80	40
Maschinenbau	250	288	55
Maschinenbau	470	100	61
Bau	200	64	20
Schreiner–Innenbau	50	46	63
Textil	440	66	40
Bekleidung	65	226	48

Anhang

Anschriften von Akkreditierungsgesellschaften

Qualitätsmanagement

TGA-Trägergemeinschaft für Akkreditierung GmbH
Stresemannallee 13
D-60596 Frankfurt am Main

Bei der TGA können die akkreditierten Zertifizierungsstellen, deren Ansprechpartner und Anschrift in Erfahrung gebracht werden.

Umweltmanagement

DAU-Deutsche Akkreditierungs-
und Zulassungsgesellschaft für Umweltgutachter mbH
Adenauerallee 148
D-53113 Bonn

Die DAU verfügt über eine Liste der branchenabhängig zugelassenen Umweltgutachter. Allerdings können auch bei den Industrie- und Handelkammern und bei den Handwerkskammern Auskünfte eingeholt werden.

HACCP-Konzept. Richtlinie 91/493/EWG betreffend Eigenkontrolle bei Fischereierzeugnissen[1]

Allgemeine Prinzipien

Es wird empfohlen, ein logisches Konzept anzuwenden, das sich im wesentlichen auf folgende Grundsätze stützt:

- Identifizierung und Analyse der Risiken sowie Festlegung der Maßnahmen zu ihrer Beherrschung,
- Identifizierung der kritischen Punkte,
- Bestimmung der kritischen Grenzwerte für die einzelnen kritischen Punkte,
- Festlegung von Überwachungs- und Kontrollverfahren
- Festlegung der im Bedarfsfall zu treffenden Korrekturmaßnahmen,
- Festlegung von Überprüfungs- und Revisionsverfahren,
- Buchführung über sämtliche Verfahren und Aufzeichnungen.

Dieses Konzept bzw. die zugrundeliegenden Prinzipien sind je nach Situation mehr oder weniger flexibel anzuwenden.

Identifizierung der kritischen Punkte

Es wird empfohlen, in folgender Reihenfolge vorzugehen:

1. Benennung eines fachübergreifenden Teams

Dieses Team, in dem alle für das betreffende Erzeugnis zuständigen Betriebsbereiche vertreten sind, muß in allen Fragen der Produktion (Herstellung, Lagerung und Vertrieb), des Verbrauchs und der damit verbundenen potentiellen Hygienerisiken fach- und sachkundig sein. Im Bedarfsfall werden zur Risikoanalyse und zur Kontrolle der kritischen Punkte Fachleute hinzugezogen.
Das fachübergreifende Team kann sich folgendermaßen zusammensetzen:

- ein Spezialist für Qualitätskontrolle zur Abschätzung der mit einer bestimmten Erzeugniskategorie verbunden mit biologischen, chemischen oder physikalischen Risiken,
- ein Produktionsspezialist, zuständig für den technischen Produktionsablauf oder eng daran beteiligt,
- ein Techniker, erfahren im Umgang mit den zur Herstellung des Erzeugnisses eingesetzten Maschinen und Materialien, ihrer Funktionsweise und hygienemäßigen Beschaffenheit,
- andere Person mit spezifischen Kenntnissen auf den Gebieten der Mikrobiologie, der Hygiene und der Lebensmitteltechnologie.

---

[1] Anhang zur Entscheidung der Kommission vom 20. 05. 1994 (94/356/EG – ABl.37 Nr. L 156/50)

Vorausgesetzt, das Team verfügt über alle einschlägigen Informationen und setzt diese ein, um die Zuverlässigkeit des Eigenkontrollsystems zu prüfen, können diese Funktionen auch von einer einzigen Person wahrgenommen werden.

Ein Betrieb, der nicht über die erforderlichen Fachleute verfügt, sollte auf externe Hilfsmittel zurückgreifen (Unternehmensberatung, Verfahrenskodizes usw.).

2. Produktbeschreibung

Es sollte eine umfassende Beschreibung des Enderzeugnisses unter Berücksichtigung folgender Faktoren erstellt werden:

- Zusammensetzung (z.B. Rohstoffe, Zutaten, Zusatzstoffe usw.),
- Beschaffenheit und physikalisch-chemische Merkmale (z.B. fest, flüssig, gelförmig, Emulsionen, aw-Wert, pH-Wert usw.),
- Behandlungsform (z.B. gekocht, gefroren, getrocknet, gesalzen, geräuchert usw., mit entsprechenden Angaben),
- Aufmachung und Verpackung (z.B. hermetisch verschlossen, vakuumverpackt, in modifizierter Atmosphäre verpackt),
- Lagerungs- und Vertriebsbedingungen,
- Haltbarkeitsdauer (Verfallsdatum, bestes Verkaufsdatum),
- Zubereitungsanweisungen,
- gegebenenfalls anwendbare amtlich anerkannte mikrobiologische oder chemische Kriterien.

3. Bestimmung des voraussichtlichen Verwendungszwecks

Das Team sollte feststellen, zu welchem Zweck der Verbraucher das Erzeugnis normalerweise oder wahrscheinlich verwendet, und die Zielgruppen bestimmen, zu deren Verbrauch das Erzeugnis bestimmt ist. Gegebenenfalls ist zu prüfen, inwieweit sich das Erzeugnis für bestimmte Verbrauchergruppen (Großhaushalte, Reisende usw.) und für gesundheitlich empfindliche Verbrauchergruppen eignet.

4. Schematische Darstellung des Herstellprozesses (Beschreibung der Herstellbedingungen)

Ungeachtet des gewählten Schemas ist der gesamte Weg eines Erzeugnisses über alle Stufen des Herstellungsprozesses – einschließlich Verweilzeiten innerhalb von oder zwischen Prozeßstufen – beginnend mit der Ankunft der Rohstoffe im Betrieb über die Zubereitung, Behandlung, Verpackung, Lagerung und Verteilung bis hin zur Vermarktung des Enderzeugnisse zu prüfen und folgerichtig in Form ein ausführlichen Diagramms darzustellen, ergänzt durch die wichtigsten technischen Informationen.

Diese Informationen können umfassen (die Liste ist nicht erschöpfend):

- einen Plan über Arbeitsräume und Nebengebäude,
- eine Übersicht über Anordnung und technische Merkmale von Maschinen und Ausrüstungen,

- eine Übersicht über den Prozeßablauf (einschließlich Beimischung der Rohstoffe, weiterer Zutaten oder Zusatzstoffen sowie Verweilzeiten innerhalb oder
  zwischen Prozeßstufen),
- die technischen Parameter des Prozeßablaufs (insbesondere Temperatur-/Zeit-
  Beziehungen einschließlich Verweilzeiten,
- eine Übersicht über den innerbetrieblichen Produktverkehr (einschließlich
  Möglichkeiten einer Kreuzkontamination,
- Angaben über die Trennung in reine und unreine Bereiche (bzw. in Bereiche
  mit hohem bzw. niedrigem Kontaminationsrisiko,
- Angaben zur Reinigung und Desinfektion,
- Angaben zur Hygiene des Betriebsumfeldes,
- Angaben zu Personalverkehr und Personalhygiene,
- Angaben über Lagerungs- und Vertriebsbedingungen.

5. Bestätigung der schematischen Darstellung des Herstellprozesses

Das Team sollte die Zuverlässigkeit der schematischen Darstellung während der
Betriebszeit vor Ort prüfen und bestätigen. Werden Abweichungen festgestellt, so
ist das Diagramm den Fakten entsprechend zu ändern.

6. Erstellung eines Verzeichnisses der Risiken und Maßnahmen zu ihrer Beherrschung

Auf der Grundlage des zu prüfenden Diagramms sollte das Team folgendermaßen
vorgehen:

a) Erstellung eines Verzeichnisses der potentiellen biologischen, chemischen oder
physikalischen Risiken, mit deren Auftreten auf den einzelnen Produktionsstufen (einschließlich Beschaffung und Lagerung der Rohstoffe und Zutaten und
der Verweilzeiten innerhalb des Prozeßablaufs) gerechnet werden muß.
Als Risiko gilt jeder gesundheitsgefährdende Umstand, der unter die Hygiene-
ziele der Richtlinie 91/493/EWG fällt. Zu nennen seien insbesondere:

- jede biologisch (Mikroorganismen, Parasiten), chemisch oder physikalisch
  bedingte Kontamination (oder Rekontaminationen) von Rohstoffen, Zwi-
  schenerzeugnissen oder Enderzeugnissen in unannehmbarem Maß,
- das Überleben oder die Vermehrung von Krankheits- oder Verderbniserre-
  gern und das Freiwerden chemischer Stoffe in Zwischen und Enderzeugnissen, beim Produktionsablauf oder im Produktionsumfeld in unannehmbaren Maß,
- das Entstehen oder Fortbestehen von Giftstoffen oder anderen unerwünschten mikrobielle Stoffwechselprodukten in unannehmbaren Maß.

Die aufzulistenden Risiken müssen derart sein, daß ihre Beseitigung oder ihre
Reduzierung auf ein annehmbares Niveau für die Herstellung gesunder Lebensmittel unerläßlich ist;

b) Erwägung und Beschreibung gegebenenfalls existierender Maßnahmen zur Beherrschung der einzelnen Risiken.

Zur Risikobeherrschung können alle Maßnahmen und Vorkehrungen getroffen werden, die geeignet sind, ein Risiko zu verhüten oder zu beseitigen oder seine Auswirkungen bzw. die Möglichkeit seines Entstehens auf ein annehmbares Niveau zu reduzieren. Möglicherweise sind diverse Maßnahmen erforderlich, um ein identifiziertes Risiko zu beherrschen. Ebenso können mehrere Risiken durch eine einzige Maßnahme beherrscht werden. So können beispielsweise Salmonellen und Listerien durch Pasteurisierung oder kontrolliertes Garen auf ein annehmbares Niveau reduziert werden. Um ihre effiziente Anwendung zu gewährleisten, sind die Maßnahmen zur Risikobeherrschung durch bestimmte Verfahren und Spezifikationen zu untermauern, beispielsweise durch detaillierte Reinigungsprogramme, genaue Sterilisationsskalen und Spezifikationen hinsichtlich der Konzentration von Konservierungsmitteln, die unter Einhaltung der für Zusatzstoffe geltenden Gemeinschaftsvorschriften, insbesondere der Richtlinie 89/107 EWG des Rates (ABl. Nr. L40 vom 11. 2. 1989, S. 27), verwendete werden.

7. Methode zur Identifizierung der kritischen Punkte

Die Identifizierung eines kritischen Punktes zwecks Beherrschung eines Risikos erfordert ein logisches Konzept, das nach folgenden Entscheidungsbaumverfahren (je nach Sachkenntnis und Erfahrung des Teams sind auch andere Methoden zulässig) vereinfacht werden kann (siehe Abb. S. 328).

Für jede Prozeßstufe und jedes identifizierte Risiko sollten folgende Fragen in der angegebenen Reihenfolge beantwortet werden:

Beim Entscheidungsbaum werden nacheinander die einzelnen Prozeßstufen berücksichtigt, die in dem Diagramm zur schematischen Darstellung des Herstellprozesses identifiziert sind. Der Entscheidungsbaum ist auf jede Prozeßstufe und auf jedes identifizierte Risiko, mit dessen Auftreten gerechnet werden muß, sowie auf jede Maßnahme zur Risikobeherrschung anzuwenden.

Das Entscheidungsbaumverfahren ist mit Flexibilität und Überlegung anzuwenden, ohne dabei den Herstellungsprozeß als ganzen aus den Augen zu verlieren, damit eine unnötige Verdoppelung der kritischen Punkte weitestmöglich vermieden wird.

8. Verfahrensweise nach Identifizierung eines kritischen Punktes

Nach Identifizierung der kritischen Punkte trifft das fachübergreifende Team folgende Maßnahmen:

- Es ist zu überprüfen, ob effektiv geeignete Maßnahmen zur Risikobeherrschung konzipiert und eingeführt wurden. Sollte nämlich auf einer Prozeßstufe, bei der die Risikobeherrschung für die Genußtauglichkeit des Erzeugnisses unerläßlich ist, ein Risiko identifiziert worden sein, und sollte weder für diese noch für eine andere Stufe eine Maßnahme zur Risikobeherrschung existieren, so müßte das Erzeugnis oder das Herstellungsverfahren auf dieser oder einer vorangehenden oder einer anschließenden Prozeßstufe geändert werden, um eine Maßnahme zur Risikobeherrschung einführen zu können.

– Für jeden kritischen Punkt ist ein Überwachungs- und Kontrollverfahren festzulegen und durchzuführen.

Entscheidungsbaum zur Identifizierung der kritischen Punkte zwecks Risikobeherrschung.

Für jede Prozeßstufe und jedes identifizierte Risiko sollten folgende Fragen in der angegebenen Reihenfolge beantwortet werden:

Frage 1
Sind für ein gegebenes Risiko Maßnahmen zur Risikobeherrschung vorgesehen?

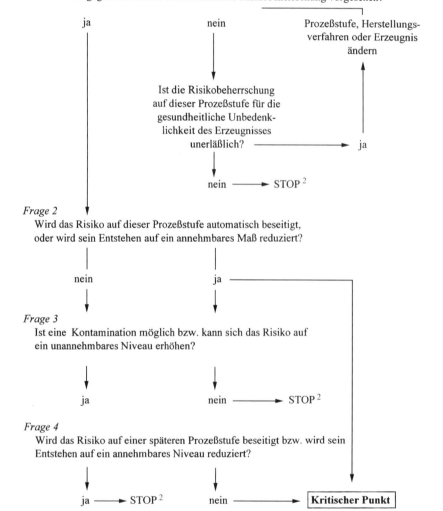

Frage 2
Wird das Risiko auf dieser Prozeßstufe automatisch beseitigt, oder wird sein Entstehen auf ein annehmbares Maß reduziert?

Frage 3
Ist eine Kontamination möglich bzw. kann sich das Risiko auf ein unannehmbares Niveau erhöhen?

Frage 4
Wird das Risiko auf einer späteren Prozeßstufe beseitigt bzw. wird sein Entstehen auf ein annehmbares Niveau reduziert?

---

[2] Die Prozeßstufe ist kein kritischer Punkt. Zur nächsten Prozeßstufe übergehen.

Festlegung und Durchführung eines Verfahrens zur Überwachung und Kontrolle der kritischen Punkte

Ein Überwachungs- und Kontrollverfahren ist zur effektiven Kontrolle der kritischen Punkte unerläßlich.

Zur Einführung eines derartigen Verfahrens werden folgende Maßnahmen vorgeschlagen:

1. Festlegung der kritischen Grenzwerte für die einzelnen Maßnahmen zur Kontrolle der kritischen Punkte

Für jede einen kritischen Punkt betreffende Kontrollmaßnahme sind kritische Grenzen festzulegen.

Diese kritischen Grenzen entsprechen den äußersten Werten, die hinsichtlich der Unbedenklichkeit des Erzeugnisses noch akzeptabel sind. Sie trennen das Annehmbare vom Unannehmbaren. Die Grenzwerte sind für sichtbare oder meßbare Parameter festzulegen, anhand deren sich die Kontrolle des Kritischen Punktes leicht feststellen läßt, wobei nachgewiesen sein sollte, daß das Verfahren beherrscht wird.

Als Parameter kommen in Frage: Temperatur, Zeit pH-Wert, Wassergehalt, Gehalt an Zusatzstoffen, an Konservierungsstoffen, an Salz sowie sensorielle Parameter wie Aussehen oder Beschaffenheit des Erzeugnisses usw.

Um das Risiko der Grenzwertüberschreitung infolge von Prozeßschwankungen zu mindern, kann es in bestimmten Fällen erforderlich werden, strengere Grenzwerte (Obergrenzen) festzusetzen, um die Einhaltung der kritischen Grenzwerte zu gewährleisten.

Die kritischen Grenzwerte können aus verschiedenen Quellen übernommen werden. Sofern sie nicht bereits in Rechtsvorschriften (z.B. für Gefriertemperaturen) oder in existierenden und bewährten Verfahrenskodizes verankert sind, sollte das fachübergreifende Team ihre Zuverlässigkeit hinsichtlich der Risikobeherrschung und der Kontrolle der kritischen Punkte prüfen.

2. Festlegung eines Überwachungs- und Kontrollverfahrens für die einzelnen kritischen Punkte

Als wesentlicher Teil des Eigenkontrollsystems, sind an jedem kritischen Punkt Beobachtungen oder Messungen durchzuführen, um sicherzustellen, daß die vorgeschriebenen kritischen Grenzwerte eingehalten werden. In einem entsprechenden Programm sind die anzuwendenden Verfahren, die Häufigkeit der Beobachtungen und das Aufzeichnungsverfahren festzulegen.

Die Beobachtungen bzw. Messungen sollten derart sein, daß jeder Kontrollverlust einwandfrei festgestellt werden kann, und sollten die einschlägigen Daten so rechtzeitig liefern, daß Korrekturmaßnahmen getroffen werden können.

Die Beobachtungen bzw. Messungen können kontinuierlich oder periodisch durchgeführt werden. Sofern sie auf einer gegebenen Prozeßstufe periodisch durchgeführt werden, sind sie so zu programmieren, daß zuverlässige Daten geliefert werden.

In dem Beobachtungs- und Messungsprogramm ist für jeden kritischen Punkt festzulegen,

- wer für die Überwachung und Kontrolle zuständig ist;
- wann die Überwachungs- und Kontrollmaßnahmen durchzuführen sind;
- wie die Überwachung und Kontrolle ablaufen soll.

3. Festlegung von Korrekturmaßnahmen

Die Beobachtungen bzw. Messungen können folgendes ergeben:

- Der überwachte Parameter bewegt sich um den festgesetzten kritischen Grenzwert, d.h. es besteht tendenziell die Gefahr eines Kontrollverlustes; geeignete Korrekturmaßnahmen, die Kontrolle des kritischen Punktes gewährleisten, sind in diesem Fall vor Entstehen des Hygienerisikos einzuleiten;
- der überwachte Parameter liegt über den festgesetzten kritischen Grenzwerten, d.h. es liegt eine Abweichung von der Norm, also ein Kontrollverlust vor. In diesem Fall sind Korrekturmaßnahmen einzuleiten, um die Norm, d.h. die Kontrolle, wiederherzustellen.

Das fachübergreifende Team setzt diese Korrekturmaßnahmen für jeden kritischen Kontrollpunkt im voraus fest, damit sie unverzüglich angewandt werden können, sobald eine Abweichung von der Norm festgestellt wird.

Die Kontrollmaßnahmen sollten umfassen:

- die Identifizierung der für die Einleitung der Maßnahmen zuständigen Person(en);
- eine Aufstellung der Mittel und Maßnahmen die zur Wiederherstellung der Norm anzuwenden sind;
- die Festlegung von Maßnahmen in bezug auf Erzeugnisse, die während des Zeitraums der Normababweichung hergestellt wurden;
- eine schriftliche Aufzeichnung der getroffenen Maßnahmen.

Überprüfung der Eigenkontrollsysteme

Um ihr reibungsloses Funktionieren zu gewährleisten, sind die eingeführten Eigenkontrollsysteme regelmäßig zu überprüfen. Das zuständige fachübergreifende Team legt die entsprechenden Prüfmethoden und -verfahren fest.

Zur Überprüfung sind insbesondere folgende Methoden geeignet: Stichprobenanalyse, verstärkte Analysen von Zwischen- oder Enderzeugnissen, Prüfung der gängigen Lagerungs-, Vertriebs- und Verkaufsbedingungen und Ermittlung der gängigen Produktverwendung.

Als Prüfverfahren kommen in Frage die Inspektion von Kontrollgängen, die Überprüfung der Einhaltung der kritischen Grenzwerte, die Prüfung auf Normabweichung, die Überprüfung eingeleiteter Korrekturmaßnahmen und sonstiger

Vorkehrungen für die betreffenden Erzeugnisse, die Revision des Eigenkontroll-systems sowie die Prüfung der Aufzeichnungen.

Anhand der Überprüfung muß sich die Zuverlässigkeit des Eigenkontrollsy-stems bestätigen lassen und muß im Wege regelmäßiger Inspektionen gewährlei-stet werden können, daß die vorgesehenen Kontrollmaßnahmen stets ordnungs-gemäß angewendet werden.

Darüber hinaus ist das Eigenkontrollsystem regelmäßig einer Revision zu un-terziehen, damit seine Zuverlässigkeit auch im Fall von Produkt- oder Prozeßän-derungen weiterhin gewährleistet ist (bzw. sein wird). Produkt- oder Prozeßän-derungen betreffen beispielsweise

- die Rohstoffe oder das Erzeugnis, die Herstellungsbedingungen (Räumlichkei-ten und Umwelt, Ausrüstungen, Reinigung und Desinfektion);
- die Verpackungs-, Lagerungs- und Vertriebsbedingungen;
- auf der Grundlage von Informationen, die auf ein neues produktbezogenes Hy-gienerisiko hinweisen;
- den Verwendungszweck des Erzeugnisses.

Die Revision des Eigenkontrollsystems führt gegebenenfalls zu einer Änderung der vorgesehenen Maßnahmen.

Jegliche Änderung des Eigenkontrollsystems sollte insgesamt in der Dokumen-tation aufgenommen werden, damit jederzeit aktuelle und zuverlässige Informa-tionen vorliegen.

Im Anhang zur Entscheidung der Durchführungsvorschriften zur Richtlinie 91/ 493/EWG betreffend Eigenkontrolle bei Fischereierzeugnissen vom 20. 5. 1994 empfiehlt die Kommission in welcher Weise die Grundsätze der Eigenkontrolle im Sinne eines HACCP-Konzeptes umgesetzt werden kann. Da diese grundlegende Empfehlung auch für andere Lebensmittelbranchen von Bedeutung ist, wird der Text im Anhang des Buches wiedergegeben.

Literatur

Adams HW (1996) Organisation und Personal, Teil 2: Organisation. In: Lutz U, Döttinger K, Roth K (Hrsg.) Betriebliches Umweltmanagement – Grundlagen, Methoden, Praxisbeispiele. SpringerLoseblattSystem. Springer Verlag, Berlin Heidelberg New York

Ahlert B (1994) Hygiene und Lebensmittelqualität. Lebensmitteltechnik 26(6):48–50

Baltes W (Hrsg) (1995) Schnellmethoden zur Beurteilung von Lebensmitteln und ihren Rohstoffen, 2. Aufl. Behr's Verlag, Hamburg

Bauer U (1981) Verpackung. Vogel Verlag, Würzburg

Baumgart J (1993) Mikrobiologische Untersuchung von Lebensmitteln, 3. Aufl. Behr's Verlag, Hamburg

Bayerisches Staatsministerium für Landesentwicklung und Umweltfragen, (Hrsg.) (1995) Das EG-Öko-Audit in der Praxis: Ein Leitfaden zur freiwilligen Beteiligung gewerblicher Unternehmen am Gemeinschaftssystem für das Umweltmanagement und die Umweltbetriebsprüfung, München

Becker H (1981) Analyse von Sammelproben und Enterobacteriaceae als Index-Mikroorganismen – Ein Beitrag zur Rationalisierung der Untersuchung von Trockenmilchprodukten auf Salmonellen. Diss. Ludwig-Maximilian-Universität, München

Becker H, Terplan G (1986) Salmonellen in Milchprodukten, demz 102(42):1398–1403

Berryman-Fink HB (1989) The Manager's Desk Reference. American Management Association AMACOM

BgVV (Bundesinstitut für gesundheitlichen Verbraucherschutz und Veterinärmedizin, Hrsg) (1996) Amtliche Sammlung von Untersuchungsverfahren nach § 35 LMBG. Loseblattsammlung. Beuth Verlag, Berlin

Birn H (1996) Kreislaufwirtschafts- und Abfallgesetz in der betrieblichen Praxis. Loseblattsammlung. Weka Fachverlag, Augsburg

Bieri E, Keller L (1996) Ökobilanz. In: Lutz U, Döttinger K, Roth K (Hrsg.) Betriebliches Umweltmanagement – Grundlagen, Methoden, Praxisbeispiele. SpringerLoseblattSystem. Springer Verlag, Berlin Heidelberg New York

BLL (Bund für Lebensmittelrecht und Lebensmittelkunde, Hrsg.) (1995) Qualitätssicherungs-Handbuch. Loseblattsammlung. Bonn

BLL (Bund für Lebensmittelrecht und Lebensmittelkunde, Hrsg.) (1995) HACCP-Konzept: Leitfaden. Bonn

Bozyk Z, Rudzki W (1971) Qualitätskontrolle von Lebensmitteln nach methematisch-statistischen Methoden. VEB Fachbuchverlag, Leipzig

Bundesumweltministerium/Bundesumweltamt (1995) Handbuch Umweltcontrolling. Verlag Franz Vahlen, München

Busse M, Jung W, Braatz R, Seiler H (1986) Salmonellen und Listerien in der Milchwirtschaft. Weihenstephaner Fortbildungsseminare. Sonderdruck dmz

Butz HJ (1993) Qualitätsmanagement angesichts schwieriger Zeiten. Die Herausforderung der Zukunft hat schon begonnen. Vortrag „Forum Qualitätsmanagement" 26. 11. 93 – TÜV Rheinland, Köln

Cerf O (1987) Die statistischen Kontrollen der UHT-Milch. In: Reuter H (Hrsg.) Aseptisches Verpacken von Lebensmitteln. Behr's Verlag, Hamburg

Cerny G, Hennlich W (1991) Minderung des Hygienerisikos bei Feinkostsalaten durch Schutzkulturen. Teil II: Kartoffelsalat. ZFL 42/1, 2:6–12

Cerny G, Hennlich W (1992) Minderung des Hygienerisikos bei Feinkostsalaten durch Schutzkulturen. Teil III: Kühlgelagerte Fleisch- und Kartoffelsalat. ZFL 43/6,2: 329–332

DGQ (Deutsche Gesellschaft für Qualität, Hrsg) (1972) Stichprobentabellen zur Attributprüfung-Erläuterung und Handhabung. Beuth Verlag Berlin

DGQ (Deutsche Gesellschaft für Qualität, Hrsg) (1985) Qualitätskosten, Rahmenempfehlungen zu ihrer Definition, Erfassung, Beurteilung. DGQ-Schrift 14–17. Beuth Verlag Berlin

Dilly P (1996) Handbuch Umweltaudit. Behr's Verlag, Hamburg

DIN (Deutsches Institut für Normung, Hrsg.) (1979) DIN 40080-Verfahren und Tabellen für Stichprobenprüfung anhand qualitativer Merkmale (Attributprüfung). Beuth Verlag, Berlin

DIN (Deutsches Institut für Normung, Hrsg.) (1982) DIN ISO 186-Probenahme für Prüfzwecke: Papier und Pappe. Beuth Verlag, Berlin

DIN (Deutsches Institut für Normung, Hrsg.) (1989) Packstoffe: Anforderungen, Prüfungen, Normen. DIN-Taschenbuch 135, 3. Aufl. Beuth Verlag, Berlin

DIN (Deutsches Institut für Normung, Hrsg.) (1989) Verpackung: Packmittel, Packhilfsmittel, Normen. DIN-Taschenbuch 136, 3. Aufl. Beuth Verlag, Berlin

DIN (Deutsches Institut für Normung, Hrsg.) (1994) DIN EN ISO 8402-Qualitätsmanagement und Qualitätssicherung. Begriffe. Beuth Verlag, Berlin

DIN (Deutsches Institut für Normung, Hrsg.) (1994) DIN EN ISO 9001-1 – Normen zum Qualitätsmanagement und zur Qualitätssicherung/QM-Darlegung. Teil 1: Leitfaden zur Auswahl und Anwendung. Beuth Verlag, Berlin

DIN (Deutsches Institut für Normung, Hrsg.) (1994) DIN EN ISO 9001 – Qualitätsmanagement-systeme-Modell zur Qualitätssicherung/QM-Darlegung in Design, Entwicklung, Produktion, Montage und Wartung. Beuth Verlag, Berlin

DIN (Deutsches Institut für Normung, Hrsg.) (1994) DIN EN ISO 9002 – Qualitätsmanagement-systeme-Modell zur Qualitätssicherung/QM-Darlegung in Produktion, Montage und Wartung. Beuth Verlag, Berlin

DIN (Deutsches Institut für Normung, Hrsg.) (1994) DIN EN ISO 9003 – Qualitätsmanagement-systeme-Modell zur Qualitätssicherung/QM-Darlegung bei der Endprüfung. Beuth Verlag, Berlin

DIN (Deutsches Institut für Normung, Hrsg.) (1994) DIN EN ISO 9004-1 – Qualitätsmanagement und Elemente eines Qualitätsmanagementsystems. Beuth Verlag, Berlin

DIN (Deutsches Institut für Normung, Hrsg.) (1995) DIN ISO 14001 Entwurf 10/95 – Umweltmanagementsysteme – Spezifikationen und Leitlinien zur Anwendung. Beuth Verlag, Berlin

DIN (Deutsches Institut für Normung, Hrsg.) (1995) DIN ISO 14010 Entwurf 10/95 – Allgemeine Grundsätze für die Durchführung von Umweltaudits. Beuth Verlag, Berlin

DIN (Deutsches Institut für Normung, Hrsg.) (1995) DIN ISO 14011-1 Entwurf 10/95 – Leitfäden für Umweltaudits-Auditverfahren, Teil 1: Audit von Umweltmanagementsystemen. Beuth Verlag, Berlin

DIN (Deutsches Institut für Normung, Hrsg.) (1995) DIN ISO 14012 Entwurf 10/95 – Leitfäden für Umweltaudits-Qualitätskriterien für Umweltauditoren. Beuth Verlag, Berlin

Emde H (1992) Neue Perspektiven in der Lebensmittelkontrolle oder innerbetriebliche Qualitätssicherung und amtliche Lebensmittelüberwachung. Archif f Lebensmittelhyg 43:44–48

EWG-Vorschlag zur Festlegung allgemeiner Gesundheitsvorschriften für die Herstellung und Vermarktung von Erzeugnissen tierischen Ursprungs sowie spezifischer Gesundheitsvorschriften. Abl. Nr. C 237 vom 30. 12. 1989. S. 29ff – 89/C 327/04-Art. 5 Abs. 1; auch Abl. Nr. C 193 vom 31. 07. 1989, S. 1-89/C193/01, Anhang II 2i

FDA (Food and Drug Administration, Ed.) (1995) Bacteriological Analytical Manual, 8th ed. AOAC International, McLean, VA

FIAL (Foederation der Schweizerischen Nahrungsmittel-Industrien, Hrsg.) (1991) Qualitätssicherungs-Handbuch der Schweizerischen Lebensmittelindustrie, 2. Aufl. Bern

Fischer H (1996) Reststoffe sind kein Peanuts. In: BMWi (Bundesministerium für Wirtschaft, Hrsg.) Standort Deutschland: Die Herausforderung annehmen. Referat Öfffentlichkeitsarbeit, Bonn

Foster EM (1971) The Control of Salmonella in Processed Foods: A Classification System and Sampling Plan. Journal of AOAC 54:259

Fraunhofer-Institut für Lebensmitteltechnologie und Verpackung, München, Hrsg. (1988) (Arbeitsgruppe „Mikrobiologie der Packstoffe") Mikrobiologische Prüfmethoden von Packstoffen. Keppler Verlag, Heusenstamm

Gaster D (1995) Produkt- oder Verfahrensaudit. DGQ-Schrift 13–41, 2. Aufl. Beuth Verlag, Berlin

Görlitz FH (1993) Umweltbezogene Informationspolitik im Unternehmen. In: Hiullejahn U, Mortsiefer J (Hrsg.) Praxishilfen für den Umweltschutzbeauftragten. Loseblattsammlung. Verlag TÜV Rheinland, Köln

Gorny D (1990) Das externe Lebensmittelaudit. Ein wichtiges Instrument der Qualitätssicherung. Behr's Verlag, Hamburg

Gorny D (1992) Unternehmenseigene Qualitätssicherungssysteme unter rechtlichen Aspekten. Seminar „Qualitätssicherungs-Handbuch" der BLL Arbeitsgemeinschaft

Habraken CIM, Mossel DAA, van den Reek (1986) Management of Salmonella Risks in the Production of Powdered Milk Products. Netherlands Milk Dairy Journal 40:99–116

Hahn P (1993) Produkthaftung und Qualitätssicherung: Leitfaden für die Lebensmittelwirtschaft. Behr's Verlag, Hamburg

Haist F, Fromm H (1991) Qualität im Unternehmen. Prinzipien-Methoden-Techniken, 2. Aufl. Carl Hanser Verlag, München Wien

Hauert W (1982) Verantwortung der Industrie bezüglich Qualitätssicherung bei der Nahrungsmittelherstellung. Alimenta-Sonderausgabe, S. 15–20

Hauert W (1984) Praktische Erfahrungen bei der mikrobiologischen Qualitätskontrolle. Mitt Gebiete Lebensm Hyg 75:143–156

Heger HD (1996) Interne Audits als Führungsinstrument. Neue Verpackung 49(4):156–165

Hennlich W, Cerny G (1990) Minderung des Hygienerisikos bei Feinkostsalaten durch Schutzkulturen. Teil I: Fleischsalat. ZFL 41/12:806–814

ICMSF (International Commission on Microbiological Specification for Foods, Ed.) (1974) Microorganisms in Foods 2. Sampling for microbiological analysis: Principles and specific application, reprinted with correction 1982. University of Toronto Press, Toronto Buffalo London

ICMSF (International Commission of Microbiological Specification for Foods, Ed.) (1978) Microorganisms in Foods 1. Their significance and methods of enumeration. 2nd edn. University of Toronto Press, Toronto Buffalo London

ICMSF (International Commission of Microbiological Specification for Foods, Ed.) (1988) Microorganisms in Foods 4. Applications of the hazard analysis critical control point (HACCP) system to ensure microbiological safety and quality. Blackwell Scientific Publication, Oxford London Edinburgh Boston Melbourne

IHK Rheinhessen (1996) Klarheit über den Begriff „Mittelstand". Rheinhessische Wirtschaft 7/8:6

ILSI Europe (International Life Science Institute, Ed.) (1993) A simple guide to understanding and applying the hazard analysis critical point concept. ILSI Press, Washington D.C.

ILSI Europe (International Life Science Institute, Hrsg.) (1994) Anleitung zum HACCP-Konzept: Gefährdungsanalyse, Kontrolle kritischer Punkte. ILSI Press, Washington D.C.

Jay JM (1984) Modern Food Microbiology. 3nd edn. D. Van Nostrand Comp., New York London Toronto Melbourne

Juran JM (1993) Der neue Juran. Qualität von Anfang an. Verlag Moderne Industrie, Landsberg/Lech

Kammerer E, Wagner B (1996) Ökocontrolling. In: Lutz U, Döttinger K, Roth K (Hrsg.) Betriebliches Umweltmanagement – Grundlagen, Methoden, Praxisbeispiele. SpringerLoseblattSystem. Springer Verlag, Berlin Heidelberg New York

Koppelmann A (1990) Der Lieferant unter der Lupe. Beschaff aktuell 2:26–30

Kuntzer J (1984) Temperaturanforderungen an Lebensmittel bzw. Räume, in denen Lebensmittel behandelt und gelagert werden. Deutsche Lebensm Rdsch 90(3):78–80

Leistner L (1978) Hurdle effect and energy saving. In: Downey WK (Ed.) Food quality and nutrition. Appl Science, London, pp 553–557

Leistner L (1979) Haltbarkeit und Haltbarmachung von Fleisch und Fleischerzeugnissen – Haltbarkeit und Hürdenkonzept. Die Fleischerei 2:148

LfU (Landesamt für Umweltschutz Baden-Württemberg, Hrsg.) (1995) Umweltmanagementsystem: Ein Modellhandbuch. Landesanstalt für Umweltschutz, Karlsruhe

LKV (Los-Kennzeichnungs-Verordnung) 23. Juni 1993, BGBl. I, S. 1022

Lösche K (1991) Enzymatische Lebensmittelkonservierung. Lebensmitteltechnik 23(1/2):43–45

Masser WJ (1957) The Quality Manager and Quality Costs. Industrial Control 14(4):5–8

Matissek R, Schnepel FM, Steiner G (1989) Lebensmittelanalytik. Grundzüge-Methoden-Anwendungen. Springer Verlag, Berlin Heidelberg New York

MIV (Milchindustrie-Verband, Hrsg) (1984) MIV-Handbuch Qualitätsmanagement. Ein Leitfaden zur Guten Herstellungpraxis und Zertifizierung. Behr's Verlag, Hamburg

Müller K (1993) Branchenübergreifendes Qualitätssicherungssystem Lebensmittelverpackung. Verpack Rdsch 44(11)73–78 (Tech.-wiss. Beilage)

NACMCF (National Advisory Committee for Microbiological Criteria for Foods, Ed.) (1989) HACCP-Principles for Food Production. USDA-FSIS Information Office, Washington D.C.

Nöhle U (1994) Präventives Qualitätsmanagement in der Lebensmittelindustrie, Teil II: Risikoanalyse nach HACCP. Deutsche Lebensm Rdsch 90(11):350–354

Pfeifer T (1993) Qualitätsmanagement: Strategien, Methoden, Techniken. Carl Hanser Verlag, München Wien

Pichhardt K (1983) Aspekte zu mikrobiologischen Stichprobenplänen. Lebensmitteltechnik 15(12):679

Pichhardt K (1991)Hygiene-Risiken im Vorfeld begegnen. Lebensmitteltechnik 23(10):571–573

Pichhardt K (1992) Kartonverpackungen – Stabilitätsprüfung mittels Hydrodynamik. Lebensmitteltechnik 24(4):177–178

Pichhardt K (1993) Lebensmittelmikrobiologie. 3. Auf. Springer Verlag, Berlin Heidelberg New York

Rauscher K, Engst R, Freimuth U (1986) Untersuchung von Lebensmitteln. 2. Aufl. VEB Fachbuchverlag, Leipzig

Ripperger S (1994) Qualitäts-Engineering bei der Produktionsplanung und Prozeßentwicklung. Lebensmitteltechnik 26(10):48–50

Röthlisberger K (1985) GHP bei diätetischen Lebenmitteln und Säuglingsnahrung. In: Gute Herstellungspraxis (GHP) für Lebensmittel. Schriftenreihe Heft 15; Schweiz. Gesellschaft für Lebensmittelhyg (SGLH)

Rudat B (1996) Vorstellung eines neuen Entscheidungsbaums für das HACCP-Konzept. Deutsche Lebensm Rdsch 92(1)10–13

Sachs L (1993) Statistische Methoden: Planung und Auswertung, 7. Aufl. Springer Verlag, Berlin Heidelberg New York

Schmidt-Lorenz W (Hrsg.) (1981) Sammlung von Vorschriften zur mikrobiologischen Untersuchung von Lebensmitteln – Loseblattsammlung. Verlag Chemie, Weinheim Deersfeld Beach Basel

Schubert M (1993) FMEA – Fehlermöglichkeits- und Einflußanalyse: Leitfaden. DGQ-Schrift 13–11. Beuth Verlag, Berlin

Schweizerisches Lebensmittelbuch (1985, Teilrevision 1988) 5. Aufl. 2. Band „Mikrobiologie", bearb. vom Redaktionsausschuß der Subkommission 21 (Hyg. Bakt. Kommission) Merk EH, Schwab H, Burki T, Illi H, Lüönd H. Bern

Sinell HJ (1990) Einführung in die Lebensmittelhygiene, 3 Aufl. Verlag Paul Parey, Berlin Hamburg

Sinell HJ, Kleer J (1995a) Prävention lebensmittelbedingter Salmonellosen durch HACCP, Teil 1. ZFL 46 (7/8):54

Sinell HJ, Kleer J (1995b) Prävention lebensmittelbedingter Salmonellosen durch HACCP, Teil 2. ZFL 46 (9):52

Speck ML (Ed.) (1984) Compendium of Methods for the Microbiological Examination of Foods, 2nd edn. American Public Health Association, Washington D.C.

Stark R (1994) Qualitäts- und Umweltmanagement, Analogien und Synergien. QZ Qualität und Zuverlässigkeit 39(9):978–982

Stehle G (1989) Lebensmittel verpacken. Milchwirtschaftlicher Fachverlag, Remagen-Rolandseck

Sturm W (1991) Probenahme. In: Frede W (Hrsg.) Taschenbuch für Lebensmittelchemiker und -technologen, Band 1. Springer Verlag, Berlin Heidelberg New York

Taguchi G (1986) Introduction to Quality Engineering. Deutsche Übersetzung: Schweitzer W, Baumgartner C (1989) Quality Engineering. Minimierung von Verlusten durch Prozeßbeherrschung

Teuber M (1987) Grundriß der praktischen Mikrobiologie für das Molkereifach, 2. Aufl. Verlag Th. Mann, Gelsenkirchen Buer

Untermann F (1995) Das HACCP-Konzept: Schwierigkeiten bei der praktischen Umsetzung. Mitt Gebiete Lebensm Hyg Band/Vol. 86(5):566–573

VdF (Verband der deutschen Fruchtsaft-Industrie, Hrsg.) (1994) VdF-Modell Qualitätsmanagementsystem für die Fruchtsaftindustrie, Bonn

VdTÜV (Verband der Technischen Überwachungsvereine e. V., Hrsg.) (1995) Auditleitfaden für die standortspezifische Prüfung von Umweltmanagementsystemen (UMS) nach VO(EWG) 1836/93. Essen

Vogel G (1995) Öko-Audit bald im Sonderangebot? Umwelttechnik (6):3

Waskow S (1994) Betriebliches Umweltmanagent. Anforderungen nach der Audit-Verordnung der EG

Weitere Literatur Qualitätsmanagement und -sicherung Lebensmittel

BLL (Bund für Lebensmittelrecht und Lebensmittelkunde, Hrsg.) (1986) Der Krise ausgeliefert? Ein Leitfaden für Krisenmanagement im Lebensmittelbereich. Bonn

BLL (Bund für Lebensmittelrecht und Lebensmittelkunde, Hrsg.) (1996) Sorgfaltspflicht beim Import von Lebensmitteln. Bonn

Claußen T, Lippert KD (1995) Qualitätsmenagement in der Lebensmittelindustrie. In: Lebensmittelrechts-Hdb. IIIE – Loseblattsammlung. Verlag C. H. Beck, München

DGQ (Deutsche Gesellschaft für Qualität, Hrsg.) (1992) Qualität von Lebensmitteln. Erläuterung zu den Elementen der Qualitätssicherung nach DIN ISO 9004. Beth Verlag, Berlin

ICMSF (International Commission on Microbiological Specification for Foods, Ed.) (1980) Microbial Ecology of Foods; Vol. 1, Factors Affecting Life and Death of Microorganisms; Vol. 2, Food Commodities. Academic Press, New York London Toronto Sydney San Francisco

Lamprecht JL (1993) ISO 9000: Vorbereitung zur Zertifizierung. Behr's Verlag, Hamburg

Person MD, Corlett jr DA (Hrsg.) (1993) HACCP-Grundlagen der produkt- und prozeßspezifischen Risikoanalyse. Behr's Verlag, Hamburg

SGLH (Schweizerische Gesellschaft für Lebensmittelhygien, Hrsg.) (1995) Gute Herstellungspraxis (GHP) für Lebensmittel, Schriftreihe Heft 15. CH-8603 Schwerzenbach

Sinell HJ, Meyer H (Hrsg.) (1996) HACCP in der Praxis. Behr's Verlag, Hamburg

Audiovisuelle Schulungsprogramme zum Thema Hygiene

AVA Scheiner AG: „Die ungebetenen Gäste", „Händehygiene", „Achtung! Umwelt", „Jeder Mitarbeiter, ein Detektiv an seinem Arbeitsplatz", „Q-Qualität ist kein Zufall". Mutschellenstraße 18, CH-8002 Zürich

Weitere Literatur zum Qualitätsmanagement

Bläsing JP (1992) Das qualitätsbewußte Unternehmen, 2. Aufl. Steinbeis-Stiftung, Stuttgart
Bläsing JP (Hrsg.) (1988) Praxishandbuch Qualitätssicherung, Band 4. gftm-Verlag, München
DGQ (Deutsche Gesellschaft für Qualität, Hrsg.) (1991) Qualitätssicherungs-Handbuch und Verfahrensanweisungen, ein Leitfaden für die Erstellung. DGQ-Schrift 12–62. Beuth Verlag, Berlin
Hansen W, Jansen HH, Kamiske GF (Hrsg.) (1996) Qualitätsmanagement im Unternehmen: Grundlagen, Methoden und Werkzeuge, Praxisbeispiele. SpringerLoseblattSystem. Springer Verlag, Berlin Heidelberg New York
Höhler G (1994) Führen von Führungskräften (die den Wandel vollziehen sollen). In: Kamiske GF (Hrsg.) Die Hohe Schule des Total Quality Management. Springer Verlag, Berlin Heidelberg New York
Johannsen D, Krieshammer G (1995) Was der Qualitätsmanager vom Recht wissen muß, 2. Aufl. Verlag TÜV Rheinland
Kamiske GF (Hrsg.) (1994) Die hohe Schule des Total Quality Management. Springer Verlag, Berlin Heidelberg New York
Masing W (Hrsg.) (1984) Handbuch Qualitätsmanagement, 3. Aufl. Carl Hanser Verlag, München Wien
Malorny C, Kassebohm K (1994) Brennpunkt TQM: Rechtliche Anforderungen, Führung und Organisation, Auditierung und Zertifizierung nach DIN ISO 9000ff.
Warnke HW (1993) Revolution der Unternehmenskultur: Das Fraktale Unternehmen, 2. Aufl. Springer Verlag, Berlin Heidelberg New York
Wilken C (1993) Strategische Qualitätsplanung und Qualitätskostenanalysen im Rahmen eines Total Quality Management. Physica-Verlag, Heidelberg
Zink KJ (Hrsg.) (1992) Qualität als Managementaufgabe, 2. Aufl. Verlag Moderne Industrie, Landberg/Lech

Weitere Literatur zum Umweltmanagement

Bayerisches Staatsministerium für Landesentwicklung und Umweltfragen (Hrsg.) (1995) Die umweltbewußte Brauerei: Ein Leitfaden für das Braugewerbe. München
Bayerisches Staatsministerium für Landesentwicklung und Umweltfragen, (Hrsg.) (1995) Der umweltbewußte Hotel- und Gaststättenbetrieb: Ein Leitfaden für das Gastgewerbe, 2. Aufl. München
Ensthaler J, Füßler A, Nuissl D, Funk M (1996) Umweltauditgesetz, EG-Öko-Audit-Verordnung. Darstellung der Rechtsgrundlagen und Anleitung zur Durchführung eines Öko-Audits. Erich Schmidt Verlag, Berlin
HWK Rheinhessen (Handwerkskammer Rheinhessen, Hrsg.) (1994) Umwelthandbuch Handwerk. Mainz
IHK Hessen (Arbeitsgemeinschaft hessischer Industrie- und Handelskammern, Hrsg.) (1994) Öko-Audit: Ein Leitfaden für Interessenten am EU-Umweltmanagement- und Betriebsprüfungssystem. Frankfurt
Keller A, Lück M (1996) Der Einstieg ins Öko-Audit für mittelständische Betriebe durch modulares Umweltmanagement. Springer Verlag, Berlin Heidelberg New York

Rechtsquellen zum Umweltrecht

Abfallrecht

Kreislaufwirtschafts- und Abfallgesetz (KrW/AbfG)	27. 09. 94, BGBl. I., S. 2707
Abfallverbringungsgesetz (AbfVerbrG),	30. 09. 94, BGBl. I, S. 2771

Abfall- und Reststoffüberwachungs-verordnung (AbfRestÜberwV)	letz. Änd.	03. 04. 90, BGBl. I, S. 648 30. 09. 94, BGBl. I, S. 2771
Abfallbestimmungsverordnung (AbfBestV)	letz. Änd.	03. 04. 90, BGBl. I, S. 614, 27. 12. 93, BGBl. I, S. 2378
Reststoffbestimmungs-Verordnung (RestBestV),	letz. Änd.	03. 04. 90, BGBl. I, S. 631, ber. S. 862, 27. 12. 93, BGBl. I, S. 2378
Altöl-Verordnung (AltölV)		27. 10. 87, BGBl. I, S. 2335
Technische Anleitung Abfall (TA Abfall),		12. 03. 91, GMBl, S. 139, ber. S. 469
Technische Anleitung zur Verwertung, Behandlung und sonstigen Entsorgung von Siedlungsabfällen (TA Siedlungsabfall),		14. 05. 93, BAnz. Nr. 99a
Verpackungsverordnung (VerpackV)	letz. Änd.	12. 03. 91, BGBl. I, S. 1234 26. 10. 93, BGBl. I, S. 1782
Abfallverbringungsgesetz (AbfverbrG)		30. 09. 94, BGBl. I, S. 2771

Luftreinhaltungsrecht

Bundes-Immissionsschutzgesetz (BImSchG)		15. 03. 74, BGBl. I. S. 721, 1193
	i.d.F. vom	14. 05. 90, BGBl. I, S. 880
	letz. Änd.	19. 07. 95, BGBl. I, S. 930

Verordnung zur Durchführung des Bundesimmissionsschutzgesetztes (BImSchV) *(Auszug)*

1. BImSchV – Kleinfeuerungsanlagen	letz. Änd.	15. 07. 88, BGBl. I, S. 1059 20. 07. 94, BGBl. I, S. 1680
2. BImSchV – Emissionsbegrenzung leichtflüchtiger HKW's	letz. Änd.	10. 12. 90, BGBl. I, S. 2694 05. 06. 91, BGBl. I, S. 1218
4. BImSchV – Genehmigungsbedürftige Anlagen	letz. Änd.	24. 07. 85, BGBl. I, S. 1586 26. 10. 93, BGBl. I, S. 1782
5. BImSchV – Immissionsschutz und Störfallbeauftragte		30. 07. 93, BGBl. I, S. 1433
8. BImSchV – Rasenmäherlärm	letz. Änd.	23. 07. 87, BGBl. I, S. 1687 27. 04. 93, BGBl. I, S. 512, ber. 1529, 2436
9. BImSchV – Genehmigungsverfahren	letz. Änd.	18. 02. 77, BGBl. I, S. 274 20. 04. 93, BGBl. I, S. 494
11. BImSchV – Emissionserklärung	letz. Änd.	12. 12. 91, BGBl. I, S. 2213 26. 10. 93, BGBl. I, S. 1782
12. BImSchV – Störfall	letz. Änd.	27. 06. 80, BGBl. I, S. 772 26. 10. 93, BGBl. I, S. 1782
13. BImSchV – Großfeuerungsanlagen	letz. Änd.	22. 06. 83, BGBl. I, S. 719 25. 09. 90, BGBl. I, S. 2106
17. BImSchV – Verbrennungsanlagen für Abfälle		23. 11. 90, BGBl. I, S. 2545, ber. 2832

22. BImSchV   26. 10. 93, BGBl. I, S. 1819
   – Imissionswerte   letz. Änd.   27. 05. 94, BGBl. I, S. 1095

Technische Anleitung zur   27. 02. 86, GMBl. S. 95, ber. 202
Reinerhaltung der Luft (TA Luft)

Technische Anleitung zum   16. 07. 68, Beilage BAnz. Nr. 137
Schutz gegen Lärm (TA Lärm)   vom 26. 07. 68

Gewässerschutzrecht

Wasserhaushaltsgesetz   23. 09. 86, BGBl. I, S. 1529, ber. 1654
(WHG)   letz. Änd.   27. 06. 94, BGBl. I, S. 1440

Abwasserherkunftsverordnung   03. 07. 87, BGBl. I, S. 1578
(AbwHerkV)   letz. Änd.   27. 05. 91, BGBl. I, S. 1197

Wasch- und Reinigungsmittelgesetz   i.d.F. vom   05. 03. 87, BGBl. I, S. 875
(WRMG)   letz. Änd.   27. 06. 94, BGBl. I, S. 1440

Tensidverordnung   30. 01. 77, BGBl. I, S. 244
(TensV)   letz. Änd.   04. 06. 87, BGBl. I, S. 851

Phosphathöchstmengenverordnung   04. 06. 80, BGBl. I, S. 851
(PHöchstMengV)

Abwassereigenkontrollverordnung   22. 02. 930, GVBl. I, S. 69
(EKVO)

Trinkwasserverordnung   05. 12. 90, BGBl. I, S. 2612
(TrinkwV)   i.d.F.   26. 02. 93, BGBl. I, S. 278

Verwaltungsvorschrift   18. 04. 94, GMBl. I, S. 327
wassergefährdender Stoffe (VwVwS)

Chemikalienrecht

Chemikaliengesetz   i.d.F. vom   25. 07. 94, BGBl. I, S. 1703
(ChemG)   letz. Änd.   27. 09. 94, BGBl. I, S. 2705

Gefahrstoffverordnung   26. 10. 93, BGBl. I, S. 1782, ber. 2049
(GefStoffV)   letz. Änd.   19. 09. 94, BGBl. I, S. 2557

Sonstiges Umweltverwaltungsrecht

Gesetz über die Umwelt-   12. 02. 90, BGBl. I, S. 205
verträglichkeitsprüfung (UVPG)   letz. Änd.   23. 11. 94, BGBl. I, S. 3486

Umweltinformationsgesetz (UIG)   08. 07. 94, BGBl. I, S. 1490

Umweltprivatrecht

Bürgerliches Gesetzbuch   18. 08. 1896, RGBl. I, S. 195
(BGB)   letz. Änd.   21. 08. 1995, BGBl. I, S. 1050

Umwelthaftungsgesetz   10. 12. 90, BGBl. I, S. 2634
(UmweltHG)

Produkthaftungsgesetz   15. 12. 89, BGBl. I, S. 2198
(ProdHG)

Umweltstrafrecht

Strafgesetzbuch (StGB)	i.d.F. vom	10. 03. 87, BGBl. I, S. 945, ber. 1160
	letz. Änd.	21. 08. 95, BGBl. I, S. 1050
Chemikalien Straf- und Bußgeldverordnung (ChemStrOWiVO)		25. 04. 96, BGBl. I, S. 662

Sachverzeichnis